园林规划设计案例

YUANLIN
GUIHUA SHEJI ANLI

胡长龙 主编

中国农业出版社

图书在版编目（CIP）数据

园林规划设计案例 / 胡长龙主编. —北京 ：中国农业出版社，2017.3
ISBN 978-7-109-22828-3

Ⅰ. ①园… Ⅱ. ①胡… Ⅲ. ①园林—规划—案例②园林设计—案例 Ⅳ.①TU986

中国版本图书馆CIP数据核字（2017）第062782号

内容提要

本书精选了37个园林规划设计典型案例，共四章，分别为：公园与风景区规划设计案例9个，道路、广场、滨水绿地规划设计案例9个，居住区绿地与单位附属绿地规划设计案例12个，观光农业园与美丽乡村规划设计案例7个。案例均为近年来的实际项目，每个案例由设计说明和典型设计图两部分组成。这些精选的案例有助于读者更好地理解园林规划设计有关理论、方法和规范，提高理论水平和实际动手能力，也便于参考再创作。

本书对于初入园林行业的设计人员具有很好的借鉴作用，高等院校园林、观赏园艺专业学生使用本书进行训练，毕业后能较快较好地适应实际工作需要。此外，本书对环境艺术、旅游管理、城乡规划、环境保护等相关专业与行业的学习者、从业者也有一定的参考价值。

中国农业出版社出版
（北京市朝阳区麦子店街18号楼）
（邮政编码 100125）
责任编辑 戴碧霞

中国农业出版社印刷厂印刷 新华书店北京发行所发行
2017年3月第1版 2017年3月北京第1次印刷

开本：787mm×1092mm 1/8 印张：22.5
字数：562 千字
定价：138.00 元
（凡本版图书出现印刷、装订错误，请向出版社发行部调换）

主　编 胡长龙
副主编 王至诚　马锦义　马军山　李　静
编　者（按姓名笔画排列）
马军山（浙江农林大学）
马锦义（南京农业大学）
王至诚（山东农业大学）
芦建国（南京林业大学）
李　静（安徽农业大学）
吴祥艳（中央美术学院）
余压芳（贵州大学）
汪　峰（重庆交通大学）
沈朝栋（浙江大学）
张　浪（上海市园林科学规划研究院）
张馨文（山东农业大学）
陈东田（山东农业大学）
陈永生（安徽农业大学）
陈　宇（南京农业大学）
胡长龙（南京农业大学）
姜卫兵（南京农业大学）
戴　洪（上海师范大学）
魏家星（南京农业大学）
审　稿 刘茂春（浙江大学）
龙岳林（湖南农业大学）

前 言

园林规划设计既是风景园林一级学科的重要研究方向，也是园林行业从业人员的核心工作内容。它涉及城乡绿地系统规划和各类园林绿地规划设计理论与方法，直接为城乡园林绿地和生态文明建设服务。它最终的成果是有生命的艺术品，是维护城乡生态平衡的保证，并具有明显的生态效益、社会效益和经济效益。

本书由全国多所高等院校风景园林学科园林规划设计教学一线老师，依据我国有关城乡规划、园林绿化相关法律、法规、标准，结合多年的教学与规划设计实践经验，吸收国内外最新研究成果，加以研究探索，逐步整理、编写而成。

本书精选了37个园林规划设计典型案例，共四章，分别为：公园与风景区规划设计案例9个，道路、广场、滨水绿地规划设计案例9个，居住区绿地与单位附属绿地规划设计案例12个，观光农业园与美丽乡村规划设计案例7个。案例均为近年来的实际项目，每个案例由设计说明和典型设计图两部分组成。这些案例有助于读者更好地理解园林规划设计的方法和程序，逐渐提高理论水平和实际动手能力，以便在设计实践中根据当地的自然、历史、人文、社会条件和实际需要进行再创作。

全书精选案例均由各个编者领衔设计，依托园林规划设计的基本理论、技术和方法，继承我国园林的优秀传统，也吸收国内外的先进经验，有探索，有创新，形成了较完整的训练体系，具有很强的实用性和实践指导价值。选取的设计案例不仅较好地适应了我国现代化城乡建设及未来发展的需要，还做到了城乡有机结合，其中乡村人居环境和绿色产业的发展规划和运行是一大亮点，高度契合我国城乡一体化与和谐社会发展的总目标要求。

本书对于初入园林行业的设计人员具有很好的借鉴作用，高等院校园林、观赏园艺专业学生使用本书进行训练，毕业后能较快较好地适应实际工作需要。此外，本书对环境艺术、旅游管理、城乡规划、环境保护等相关专业与行业的学习者、从业者也有一定的参考价值。

本书的编写得到了多个规划设计院（所）的支持，在此对各案例项目的设计单位表示真挚的谢意！在编写过程中参考了国内外专家、学者的文献和资料，谨向各位同行专家、学者表示衷心感谢！同时鉴于时间仓促、水平所限，书中疏漏和不到之处请广大读者给予批评指正！

编　者

2016年10月

目　录

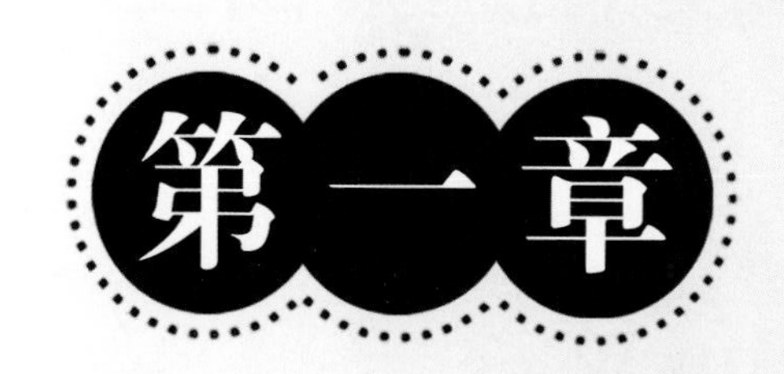

公园与风景区规划设计案例

一、江苏南通狼山生态植物园规划设计

（一）项目概况

1. 位置及范围　狼山生态植物园地处江苏南通狼山风景区的腹地，狼山南麓，剑山西侧，西有狼山村，南接长江堤岸。全园面积为31hm²。

2. 性质　狼山生态植物园功能定位为生态型植物公园，其主要功能为娱乐休闲、科普、园林植物研究等。服务于周边大城市特别是南通市广大市民，青年学生，也是中小学生的生物学实践基地。建成后将成为狼山风景区的一颗明珠，为旅游业作出更大贡献。

3. 自然条件（略）

4. 规划指导思想和规划原则

①因地制宜，以自然山水地形为基础，以生态植物造景为主，充分利用当地植物资源，建设具有南通乡土特色的生态型植物园。

②规划风景建筑和服务建筑，所有人工设施都要与自然环境取得协调和统一，建设一个可持续发展的乐园。

③合理利用现有景区景点、植被及古树名木。进一步开发有价值的景区景点，突出个性，充实旅游服务内容。

④以人为本，形成以旅游服务为主的新的结构模式，使环境效益、社会效益、经济效益相互依存，稳定发展。

5. 规划依据　《风景名胜区管理暂行条例实施办法》《江苏省风景名胜区管理条例》《江苏省城市绿化管理条例》《公园设计规范》《江苏省狼山风景名胜区总体规划》。

（二）规划部分

1. 总体规划

（1）出入口设置

①近期：北出入口，设在西北部，面积为6 210m²。

②中期：东出入口，设在东北部，面积为4 807m²。

③远期：南出入口，设在东南部，面积为19 232m²。

（2）分区规划　根据本园所处的地理位置、功能性质定位、地形、地势、周围环境，现将本园划分为生态乐园区、水上森林区、情侣园区、科教园区、市民乐园区、景园管理区几个分区。

①生态乐园区：全区面积为50 930m²，其中有生态植物馆、世界名花园、室外文化娱乐活动中心。

生态植物馆：造型为三大球体组合，作为本园形象建筑。室内加以人工设施，热带植物可周年生长，展示热带植物生态景观，兼有室内水上活动、休闲等，面积为2 000m²。

世界名花园：以春、夏、秋、冬四季花卉为基础，表现南通四季的季相变化。展示世界各国名花，烘托本园形象建筑生态植物馆，为游人提供休闲茶座，建筑总面积为300m²。

室外文化娱乐活动中心：开展大型露天文艺活动。

②水上森林区：全区面积为18 143m²，以镜湖水面为基础，其中设有码头、蓬莱三岛，表现水上森林生态特色，又利于水上休闲活动。小木屋等总面积为150m²，码头总面积为100m²。

③情侣园区：全区面积为55 784m²，设有情侣园、垂钓中心、水上舞台等，为年轻人提供交友的理想环境。

情侣园：全园环境优美，设有中国南通传统结婚礼仪场、西洋结婚礼仪场，适宜婚礼拍照等，建筑面积为200m²。

垂钓中心：作为钓鱼协会活动中心，展示水生动物和钓鱼常识，建筑面积为100m²。

水上舞台：面积为500m²，社会文艺爱好者协会活动中心，开展社会宣传演讲活动，公众文艺演出活动。建筑面积为80m²。

④科教园区：全区面积为62 800m²，设有科教馆、水文化馆、水景园、藤本植物园、盆景园、小动物园、爱鸟园等，广泛开展生态保护的宣传教育，通过游人参与提高游园兴趣，以达到科普教育目的。

科教馆：通过生动活泼的现代影视、图片、报告等形式，普及教育广大游客，使游客在参与活动中增长知识。建筑面积为300m²。

水文化馆：展示长江文化，特别是长江下游南通地区水域变迁、水利、水害等科学文化知识。建筑面积为300m²。

水景园：人工喷泉与自然河水融为一体，展示音乐、灯光、喷泉造型艺术，以利儿童、青少年戏水活动。建筑面积为200m²。

藤本植物园：以花廊、花架的形式展示藤本植物造型，表现藤本植物和树木的生态关系。建筑廊架面积为500m²。

盆景园：在室内外展示通派盆景并销售，游人来园可参与盆景生产和养护管理、制作，以提高广大游客对盆景的热爱与兴趣。建筑面积为200m²。

小动物园：表现人与小动物的和谐关系，展示小动物表演。建筑面积为100m²。

爱鸟园：展示鸟与人类相关图片，并设有鸟类表演舞台，在密林中设有人工鸟巢，表现森林与鸟的生态关系。建筑面积为80m²。

⑤市民乐园区：全区面积为50 966m²，将本园的土地出租给市民种植，或租给中小学作为实习园地。方便市民特别是学生种植花木、蔬菜、中草药、果树等，以提高人们热爱劳动、热爱大自然、热爱生活的优良品质。也可使本园在经济上获得收益。

服务中心：展示园艺知识，设有休息室、工具房等。建筑面积为100m²。

园地：设有花园、菜园、中草药园、果园。

⑥景园管理区：全区面积为28 510m²，给本园干部、职工提供一个安定、优良的工作、生活环境，使生态景观得到长期持续发展。

办公科研信息中心：办公室为300m²，研究室为200m²，信息中心200m²。

机械等工具房：200m²。

职工宿舍：1 000m²。

（3）游览序列规划　本园游览规划陆上、水上两条游览路线。

2. 竖向规划（略）

3. 绿化规划

（1）绿色基调树　樟树、青冈栎、苦槠、石楠、桂花、女贞、湿地松、柳杉、黑松、罗汉松、圆柏、桧柏、竹类。

（2）骨干及行道树　银杏、国槐、鹅掌楸、乌桕、黄连木、枫香、槭树。

（3）花木类　梅花、樱花、石榴、海棠、紫薇、珍珠花、棣棠。

（4）引种国家重点保护植物　冷杉、伯乐树、鹅耳枥、银杉、珙桐、秃杉、三尖杉、连香树、香果树、杜仲、香柏、水松、七子花、黄山梅、鹅掌楸、天目铁木、大别山五针松、金钱松、黄杉、秤锤树、猬实、凹叶厚朴、小花木兰、红豆树、青檀、木莲、花楸、巨紫荆、银鹊树、琅琊榆、醉翁榆。

（5）植物分类区域规划

单子叶植物区：情侣园西南部。

双子叶植物区：爱鸟园中。

裸子植物区：情侣园东北部。

被子植物区：科教园内。

（6）专类园规划　适当集中设置如下景观专类园：牡丹、木樨、杜鹃、海棠、樱花、玉兰、梅、山茶、芙蓉、红枫、藤本、竹、棕榈等。

（7）四季景观园规划

①春：梅、桃、玉兰、杜鹃。

②夏：石榴、含笑、紫薇、栀子。

③秋：桂花、槭、三角枫。

④冬：蜡梅、南天竹、枸骨冬青。

（8）沿路及行道树下地被　多年生宿根花卉，如秋牡丹、金鸡菊、耧斗菜、桔梗、紫菀、波斯菊、蛇目菊、万年青、蕨类等。

（9）各分区绿化规划

①生态乐园区：用世界各国国花、名花表现名花生态环境，衬托主体建筑生态植物馆。用人工创造热带植物生态环境，有利于观赏识别、保护、利用热带观赏植物。

各国名花园：玫瑰（美国）、月季（英国）、合欢-杜鹃（朝鲜）、樱花-杜鹃（日本）、石榴（西班牙）、向日葵（俄罗斯）、石竹（德国）、兰花（新加坡）、郁金香（荷兰）、牡丹（中国）、百合-虞美人（法国）、大丽花（墨西哥）、荷花（印度）、梅花（中国）、睡莲（埃及）。

生态植物馆：苏铁、南洋杉、花叶榕、巴西木、虎尾兰、花叶芋、龟背竹、绿萝、黛粉叶、白掌、袖珍椰子、散尾葵、棕竹、富贵竹、朱蕉、酒瓶兰、马拉巴栗（发财树）、印度橡皮树等。

露天表演场：东西侧种大枫杨、柳树。

②水上森林区：表现丰富多彩的水生植物生态景观，使游客了解水中生长的树木及花卉的特性，又有利于人们水上休闲活动。

镜湖（水上休闲）：水中配置池杉、落羽杉、水杉、柳树、水松、香蒲、芦苇、菱、荷花、睡莲、芡实，形成自然的水上森林景观。岸边配置柳树、水杉、乌桕、枫杨、中山杉、枫香、无患子、槭树、杜鹃、南天竹、山茶、吉祥草、水生鸢尾。

岛上：配置水杉、中山杉、棕榈、樟树、万年青、海金沙、蹄盖蕨、贯众、石韦。

码头和工具房：配置柳树、水杉、乌桕、枫杨、中山杉、芦苇。

③情侣园区：表现林中休闲空间生态景观。

情侣园：配置竹林、松林、梅林、银杏，梅林中种植榆树、槐树、枫香、三角枫等的大树。

垂钓中心：配置柳树、枫杨、乌桕等。

水上舞台：配置红枫、枫杨、紫薇等。

④科教园区：表现专类植物特色，形成专类植物生态景观。

科教馆、水文化馆、小动物园、爱鸟园：配置榆树、槐树、杨树、丁香、枫香、黄连木、乌桕、松树。

水景园：配置柳树、中山杉、水杉。

藤本园：配置常春藤、络石、爬山虎、扶芳藤、紫藤、凌霄、木香、金银花、葡萄、薜荔等。

盆景园：为人工树木造型园，有蜀桧、龙柏、桧柏等。

⑤市民乐园区：表现南通市花、市树的群体生态景观。

花园：市花、市树及市民自选的花木。

中草药园：市民自选中草药如人参、丹参、天门冬、长春花、玉竹、洋金花、百合、红花、芍药、西红花、何首乌、佛手、芦荟、牡丹、连翘、麦冬、金银花、射干、桔梗、南天星、板蓝根、甜叶菊。

蔬菜园：市民自选蔬菜如香椿、榆树、四季萝卜、菠菜、青菜、韭菜、番茄、落葵、细香葱、朝天椒、豌豆、大蒜、黄瓜、网纹甜瓜、茄子、菜豆、扁豆、青花菜、叶用莴苣等。

果园：市民喜爱的果树如猕猴桃、无花果、梅、苹果、梨、山楂、枇杷、杏、李、杨梅、石榴、柿、葡萄、草莓、柑橘、枣、桃等。

服务中心：水杉、214杨。

⑥景园管理区：以乡土树林景观为主。

办公室：花台、花坛。

研究室：雪松、龙柏、玉兰、榆树、槐树。

工具房：214杨、水杉、柳树。

职工宿舍区：榉树、国槐、樟树、水杉、垂柳。

4. 道路、广场、桥、水系规划（略）

5. 水电规划（略）

6. 投资概算（略）

7. 效益估算（略）

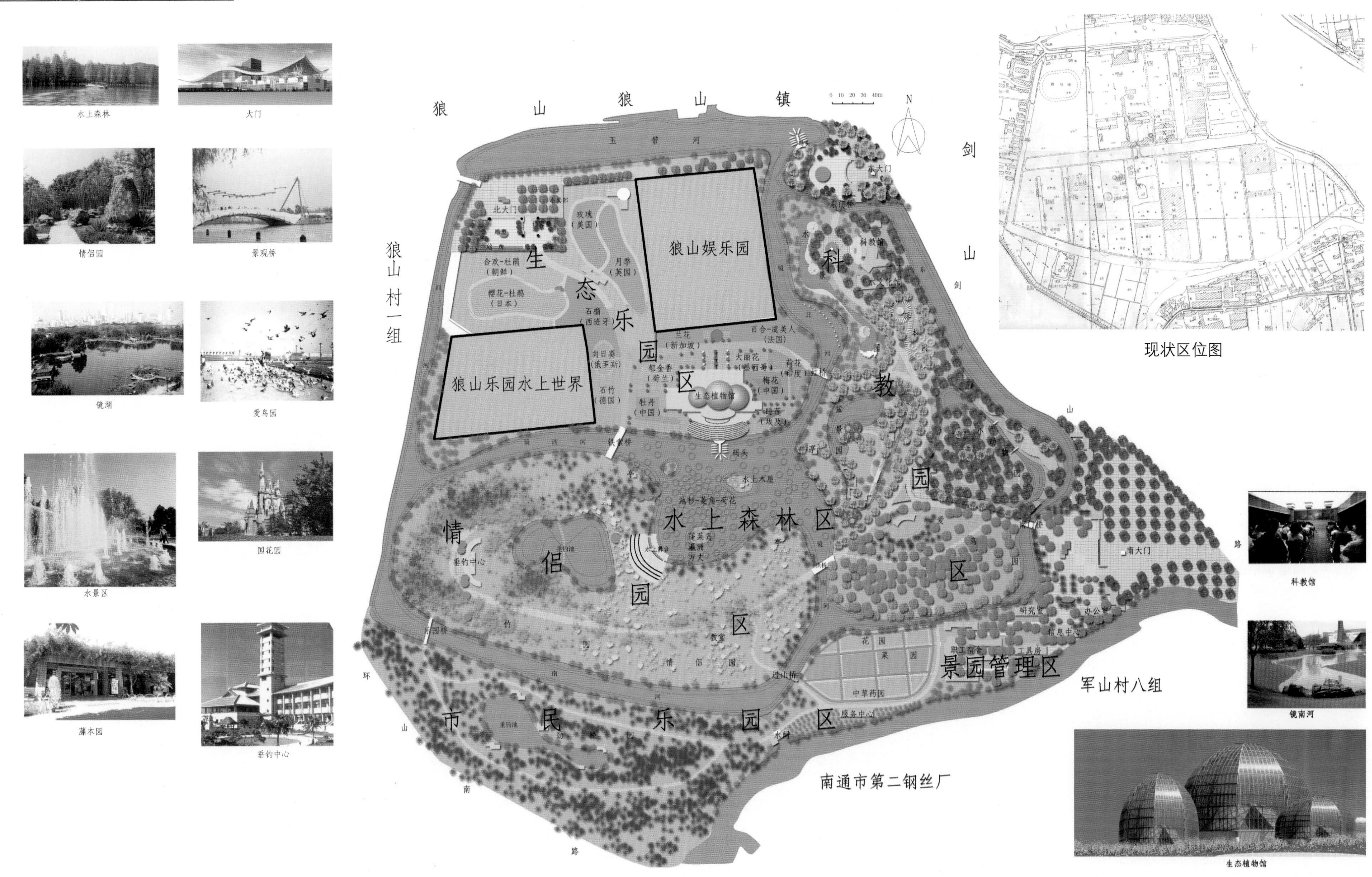

水上森林

大门

情侣园

景观桥

镜湖

爱鸟园

水景区

国花园

藤本园

垂钓中心

现状区位图

科教馆

镜南河

生态植物馆

总体规划图

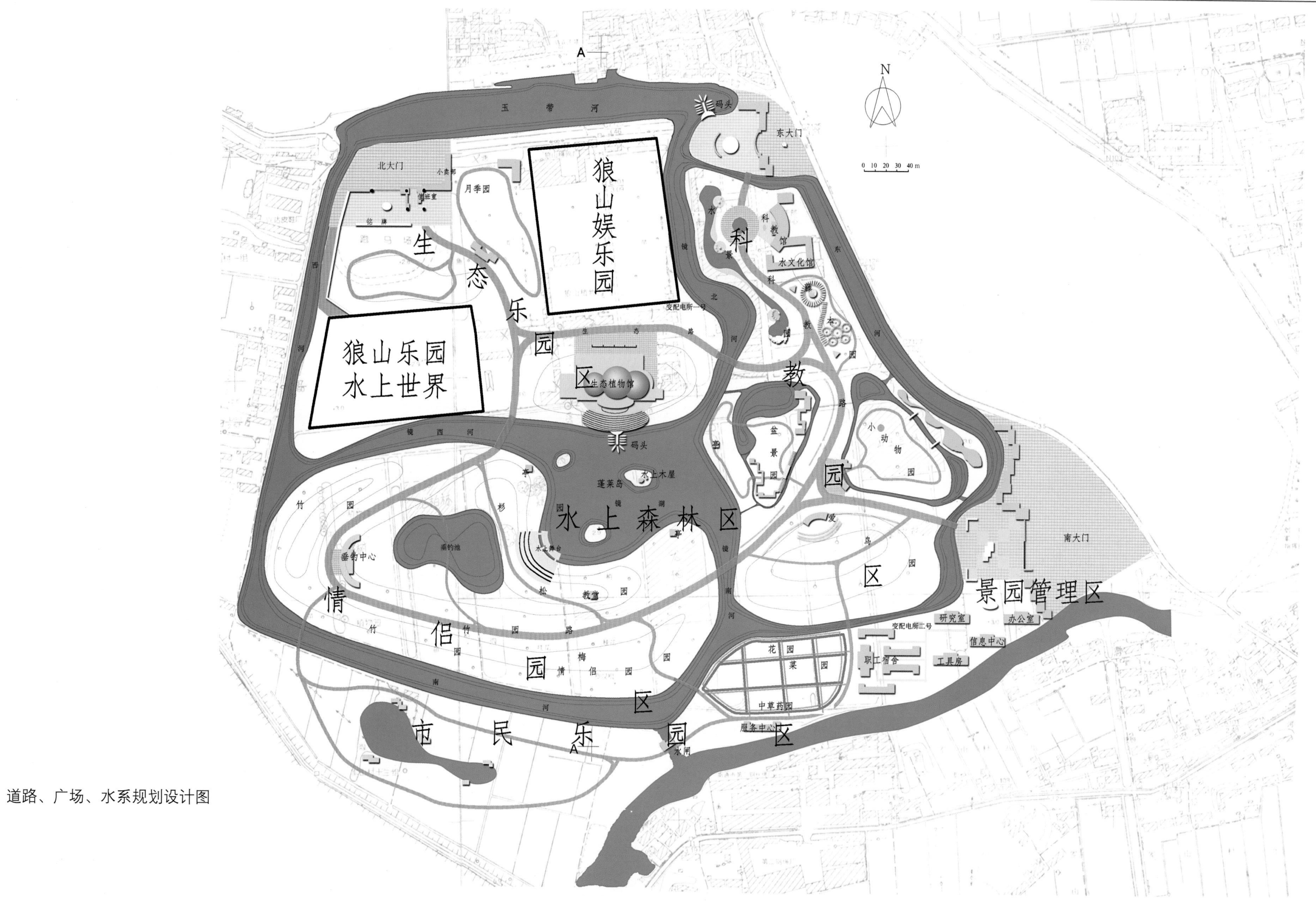

道路、广场、水系规划设计图

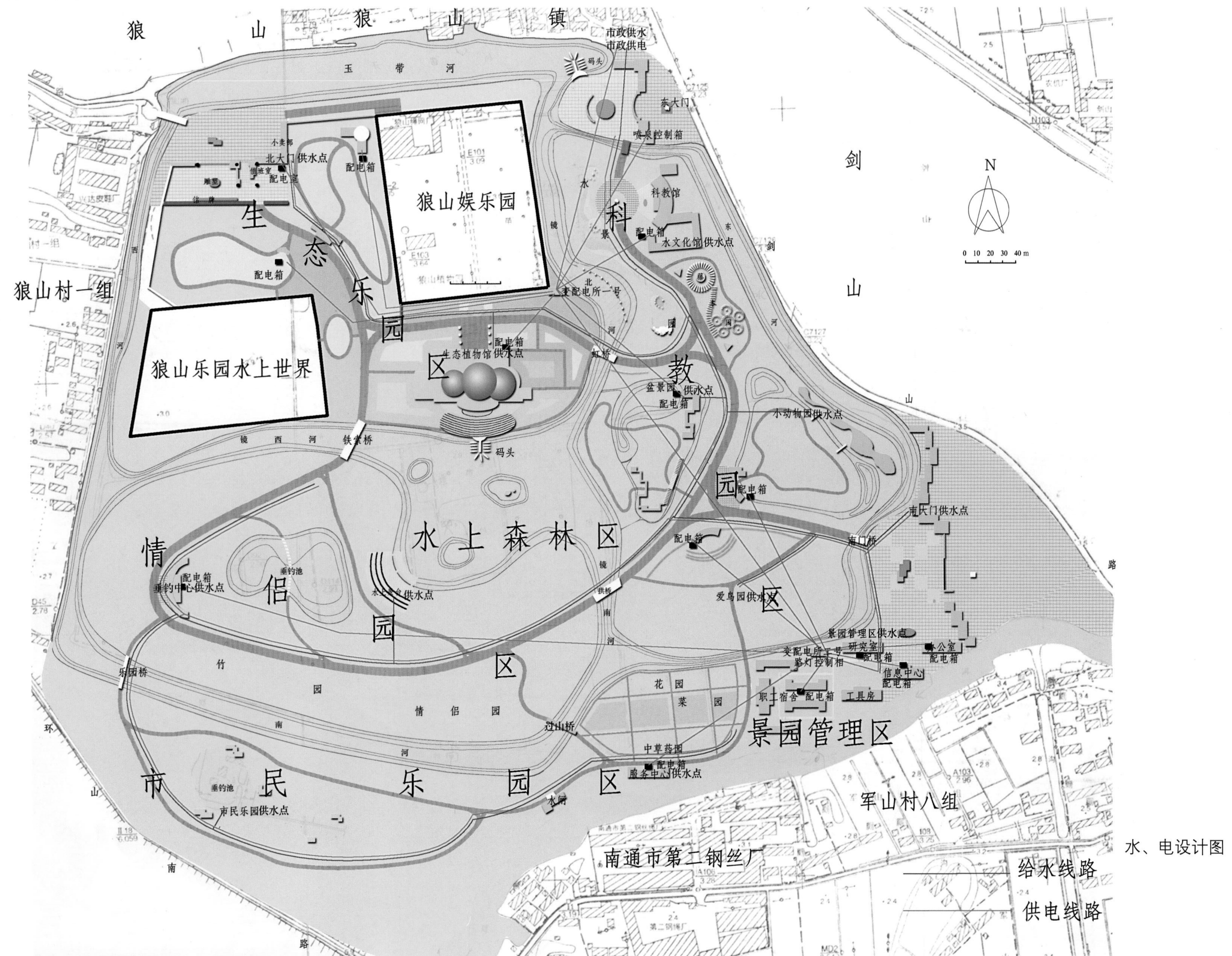
狼山狼山镇
玉带河
码头
市政供水
市政供电
东大门
喷泉控制箱
北大门供水点
配电室
配电箱
狼山娱乐园
生态乐园区
科教园区
科教馆
配电箱
水文化馆供水点
狼山村一组
配电箱
变配电所一号
狼山乐园水上世界
生态植物馆供水点
配电箱
虹桥
盆景园供水点
配电箱
小动物园供水点
镜西河
铁索桥
码头
配电箱
南大门供水点
水上森林区
情侣园区
配电箱
南门桥
配电箱
垂钓中心供水点
垂钓池
爱鸟园供水点
景园管理区供水点
变配电所二号
研究室
配电箱
路灯控制箱
办公室
配电箱
信息中心
配电箱
乐园桥
竹园
花园
菜园
职工宿舍
配电箱
工具房
情侣园
过山桥
景园管理区
中草药圃
配电箱
服务中心供水点
市民乐园区
垂钓池
水厕
市民乐园供水点
军山村八组
南通市第二钢丝厂
剑山
N
0 10 20 30 40 m
给水线路
供电线路
水、电设计图

玉带河
北大门
东大门
南大门
N
狼山娱乐园
狼山乐园水上世界
生态乐园区
科教园区
水上森林区
情侣园区
市民乐园区
景园管理区
生态植物馆
双子叶植物区
单子叶植物区
被子植物区
裸子植物区
水上木屋
码头
垂钓中心
垂钓池
果园
花园
菜园
中草药园
服务中心
研究室
办公室
信息中心
工具房
过山桥
水文化馆

绿化规划设计图

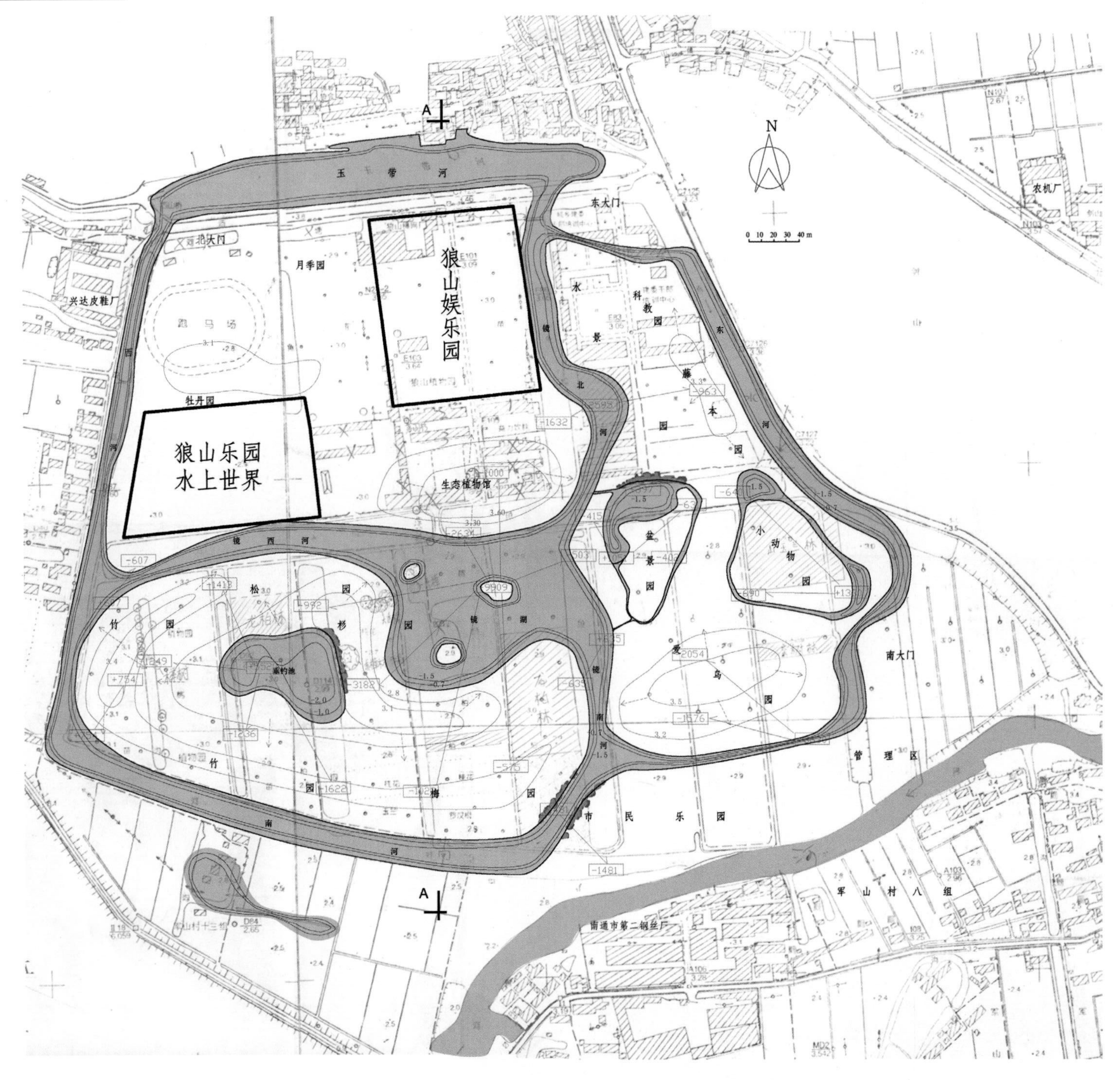

竖向设计图

镜南河 竹园路 梅园 镜湖 情人岛 镜湖 生态广场 生态路 玉带河

3.1 3.6 3.0

A—A剖面图

二、山东蒙山风景名胜区蒙阴风景区总体规划

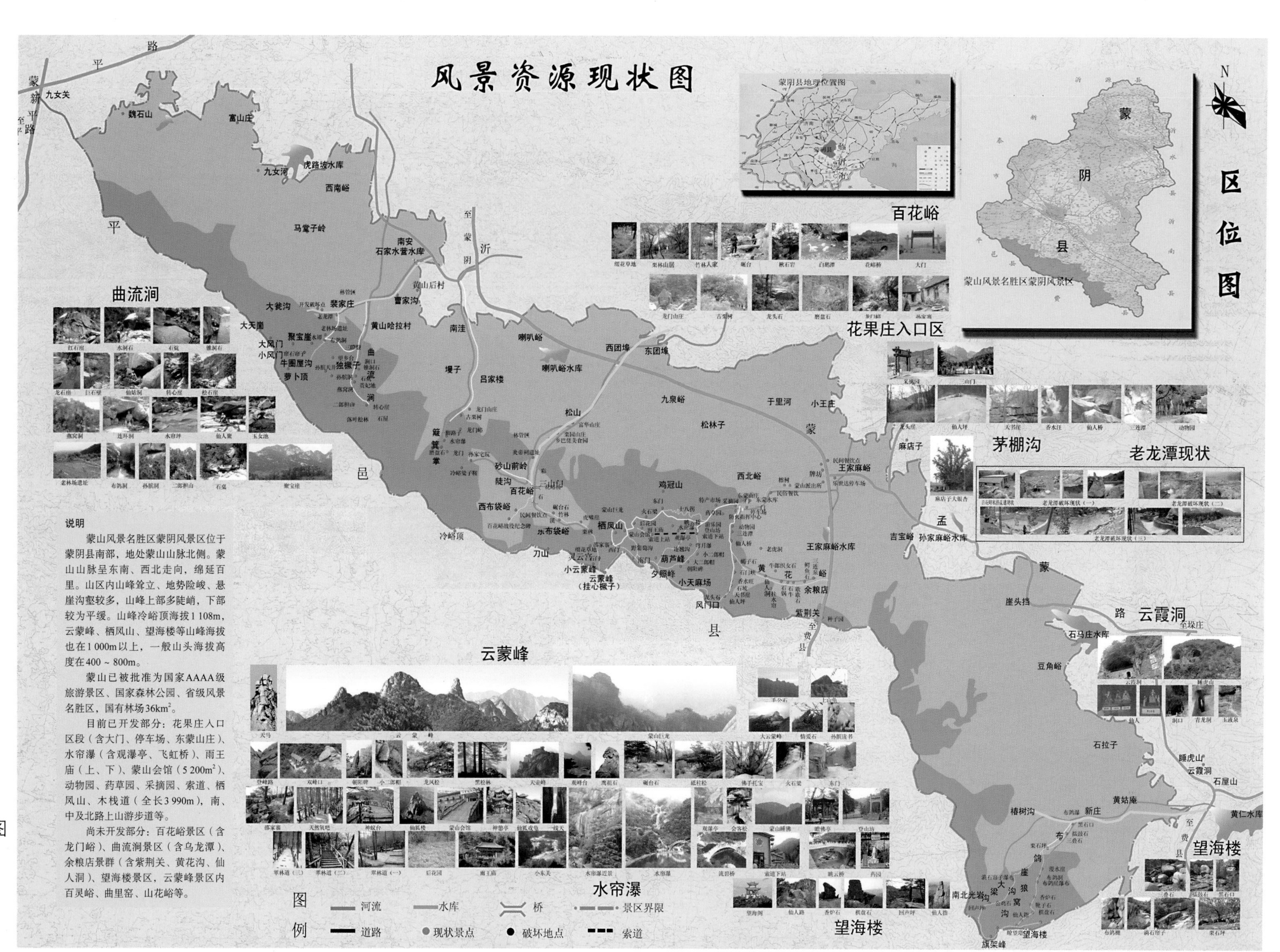

风景资源现状图

总体规划图
N
说明
蒙山风景名胜区蒙阴风景区位于蒙阴县南部，地处蒙山山脉山脊线北侧，包括25个相关村庄。总面积127km²。其中森林公园36km²，接壤乡村91km²。
规划原则
1. 统一规划、分期实施、合理开发、永续利用。
2. 保护资源、有序发展、扩大游览区、满足游人需求。
3. 突出自然景观特色，加强植物景观培育，发挥生态因子优势。
4. 加强现状整合，及时纠正无序开发弊病。
5. 调整分区，完善道路系统，充实游览内容，扩大游人容量。
6. 确定范围，理顺体制，加强管理，确保国家、集体、个体利益的综合平衡与统筹兼顾。
规划内容
主要自然景观有：云蒙峰、栖凤山、夕照峰、仙壶峰、鸡冠山、望海楼、水帘瀑、曲流涧、乌龙潭、百丈崖、毛公石、淌石帘子瀑布等。
主要人文景观有：雨王庙、孙膑洞、邵家寨、余粮店、花果庄、百花峪、竹林人家、栗林山居等。
游览用地指标
总面积36km²，其中道路广场面积0.330 6km²、建筑面积0.036km²、绿化面积35.633 4km²。
新蒙平路
九女关
至平邑
平邑县
至蒙阴
沂蒙路
蒙孟路
至垛庄
孟蒙路
至费县
费县
路
至费县
图例
管理中心
游览建筑
规划景点
规划服务点
山峰
古遗址
松林
奇石
桥
古树名木
陡崖
水潭
瀑布
岩洞
瞭望塔
百鸟园
动物园
游乐区
宗教建筑
大门、广场
停车场
马车站
索道站
汽车站
垂钓区
接待服务
宾馆
餐饮点
野营地
商业购物
风景区界线
水上运动
采摘果园
森林公园区域
乡村区域
道路
河流

总体规划图

分区规划图
N
曲流涧景区
百花峪景区
云蒙峰景区
花果庄管理服务区
望海楼景区
乌龙潭景群
曲流洞景群
百花峪景群
水帘瀑景群
龙门峪景群
百灵峪景群
黄花峪景群
云蒙峰景群
望海楼景群
新蒙平路
九女关
至平邑
平邑
至蒙阴
沂蒙路
至费县
孟蒙路
至垛庄
至费县
费县
说明
蒙山风景名胜区蒙阴风景区总面积127km²。其中游览区面积36km²。各景区面积如下：曲流涧景区32.48km²，百花峪景区26.80km²，云蒙峰景区22.82km²，花果庄管理服务区5.84km²，望海楼景区39.06km²。
区域划分及主要内容
花果庄管理服务区
风景区管理中心、东大门广场、乐世达停车场、商贸市场街、新居住小区、游人接待服务区、马车场、民俗餐饮集中区、东蒙山庄服务区、工艺品小市场、水上活动中心、西北峪新居民点、休疗养区。
云蒙峰景区
百灵峪景群
茅棚沟垂钓区、游乐园、放养动物园、百鸟园、工艺品市场、余粮店休闲点、仙人洞、野营地、香水旺瀑布、石门峡、天书崖。
水帘瀑景群
药草园、戏台停车场、索道下站（近期）、登山坊、彩虹桥、观瀑亭、会客松、木栈道、水帘瀑、香水涧、弯月瀑、曲里窑、山花涧。
云蒙峰景群
大小二郎帽、观景台、朝阳碑、雨王庙（上、下）、光明亭、后花园、蒙山会馆、栖凤山、百丈崖、毛公石、栖凤阁、翠林道、氧吧中心、邵家寨、神蚁台、观日台、观峰台、夕照峰、葫芦峰、野葡萄沟、西门、南门、北门、东门、火石梁、佛手托宝、蒙山巨龙、云蒙峰、双峰口、鸡冠山、索道上站（近期）、索道上站（远期）、东部消防车道、停车场、西部车道、山上停车场。
黄花峪景群
紫荆关关口、民间工艺品小市场、余粮店黄花峪生态游览及民俗休闲区。
百花峪景区
百花峪景群
一山门、二山门、三山门、管理处、彩石溪、炎帝祠遗址、百花峪、花峪桥、索道下站、车道下站、游人服务中心、羊石滩、白鹅潭、竹林人家、栗林山居、松草地野营区、凌云轩服务点、瞻公亭、红叶谷、刀山、陡沟、冷峪梁子、孙家寨、簸箕掌。
龙门峪景群
龙门峪、龙头石、龙溪峪、三连潭、画纹石、蛙石、古栗树、龙门山庄餐饮点。
曲流涧景区
曲流涧景群
三瞪眼、涧峡口、锥顶石、仙女池、燕窝洞、会心亭、对瀑棚、转心崖瀑布、问心亭、转心斋服务点、二郎担山、孙膑洞、孙膑天井、兵书亭。
乌龙潭景群
卧龙斋服务点、乌龙潭、观景台、十八连潭、簸箕瀑、乌龙亭、萝卜顶。
望海楼景区
花溪口、擂鼓石、三叠石、漫水崖、布鸽崖瀑布、靴子石、棋盘石、香炉石、瞭望塔、望海楼、旗架峰、大梁沟、杜鹃坡、公鸡石、狼窝沟、淌石帘子瀑布、椿树沟出口。
图例
规划景点
规划服务点
森林公园区域
乡村区域
道路
河流
风景区边界
景区边界

分区规划图

保育规划图与植物景观规划图

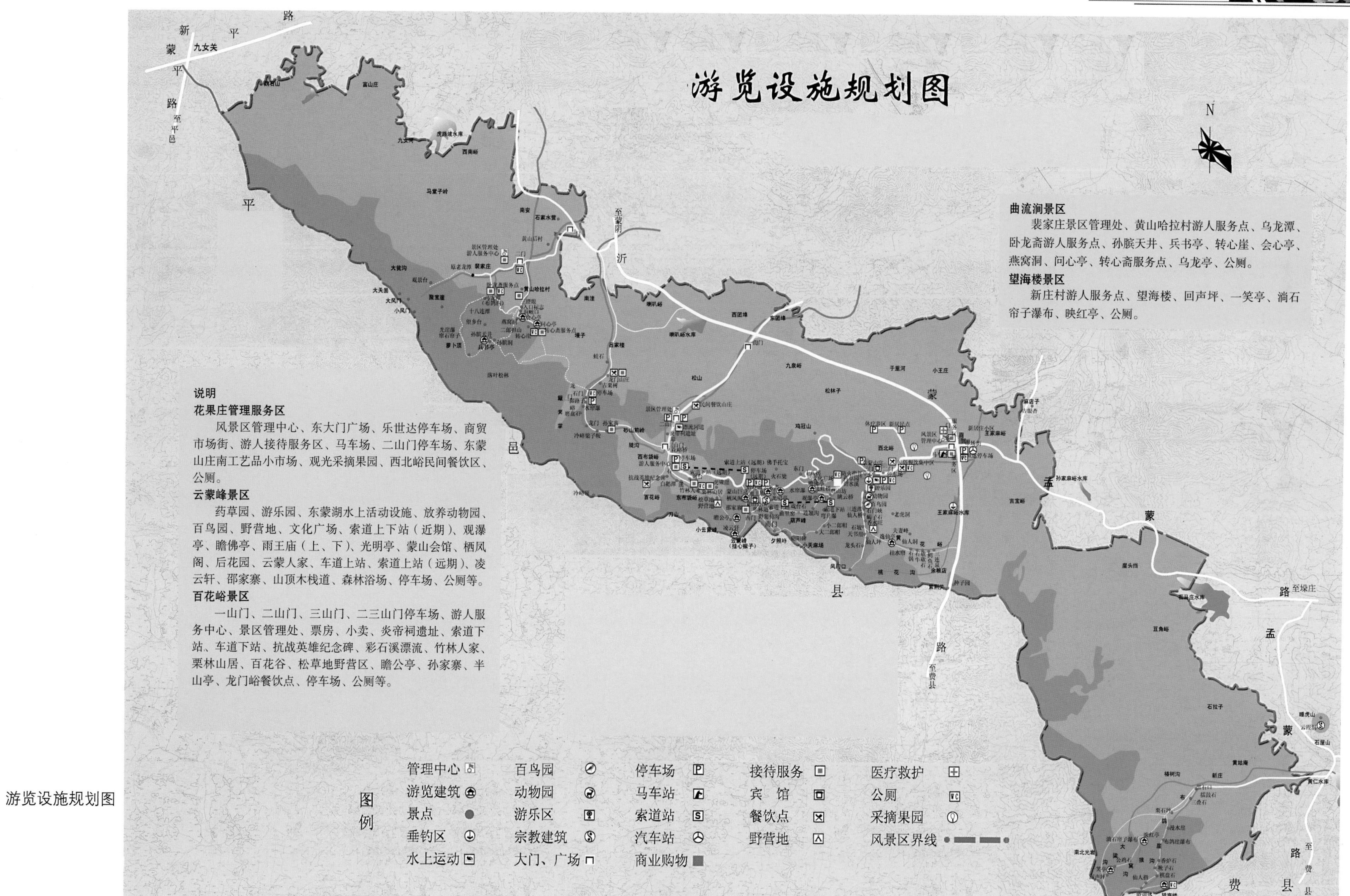

游览设施规划图
N
曲流涧景区
裴家庄景区管理处、黄山哈拉村游人服务点、乌龙潭、卧龙斋游人服务点、孙膑天井、兵书亭、转心崖、会心亭、燕窝洞、问心亭、转心斋服务点、乌龙亭、公厕。
望海楼景区
新庄村游人服务点、望海楼、回声坪、一笑亭、淌石帘子瀑布、映红亭、公厕。
说明
花果庄管理服务区
风景区管理中心、东大门广场、乐世达停车场、商贸市场街、游人接待服务区、马车场、二山门停车场、东蒙山庄南工艺品小市场、观光采摘果园、西北峪民间餐饮区、公厕。
云蒙峰景区
药草园、游乐园、东蒙湖水上活动设施、放养动物园、百鸟园、野营地、文化广场、索道上下站（近期）、观瀑亭、瞻佛亭、雨王庙（上、下）、光明亭、蒙山会馆、栖凤阁、后花园、云蒙人家、车道上站、索道上站（远期）、凌云轩、邵家寨、山顶木栈道、森林浴场、停车场、公厕等。
百花峪景区
一山门、二山门、三山门、二三山门停车场、游人服务中心、景区管理处、票房、小卖、炎帝祠遗址、索道下站、车道下站、抗战英雄纪念碑、彩石溪漂流、竹林人家、栗林山居、百花谷、松草地野营区、瞻公亭、孙家寨、半山亭、龙门峪餐饮点、停车场、公厕等。
新蒙平路
九女关
至平邑
平邑
至蒙阴
沂蒙路
至费县
蒙县
孟蒙路
至垛庄
费县
图例
管理中心
游览建筑
景点
垂钓区
水上运动
百鸟园
动物园
游乐区
宗教建筑
大门、广场
停车场
马车站
索道站
汽车站
商业购物
接待服务
宾馆
餐饮点
野营地
医疗救护
公厕
采摘果园
风景区界线

游览设施规划图

一、景观特征分析

蒙山以自然森林景观为主体，兼有雄、险、奇、秀、幽等特点，高含负氧离子，对健身养生十分有利。为生态旅游、休闲、度假、科学考察、生存锻炼和生态教育的天然场所。

二、景观展示构思

花果庄林荫夹道、硕果飘香-云蒙峰高山云游、水瀑飞流-百灵峪游乐垂钓、鹿鸣鸟悦-百花峪山花烂漫、彩溪漂流-曲流涧峡高谷深、潭溪瀑下-望海楼登高望海、探险野游。一方宽阔的空间，一幅优美的画卷，一曲生态的赞歌，一处回归的天堂。

三、游线组织

1. 一级游线（主游线）药草园-水帘瀑-雨王庙-栖凤阁-云蒙峰-百花峪。

2. 二级游线（次游线）

（1）百花峪二山门-游人服务中心-白鹅潭-栗林山居-松草地野营区-瞻公亭-凌云轩-云蒙峰-栖凤阁-雨王庙-水帘瀑。

（2）裴家村-卧龙斋-乌龙潭-十八连潭-乌龙亭-光崖瀑-萝卜顶-孙膑天井-孙膑洞-三瞪眼-涧峡口-燕窝洞-转心崖瀑布。

3. 三级游线（支游线）

（1）龙门峪线：百花峪三山门-冷峪顶梁子鞍-龙门-龙门峪-三连潭-栗园龙门山庄。

（2）百灵峪线：花果庄三山门-游乐园-动物园-百鸟园-石门峡-香水旺-雨王庙。

（3）曲里窑、山花峪线：响水涧-连翘谷-月牙瀑-曲里窑-雄狮岭-雨王庙。

（4）紫荆关-黄花峪-三连泉-歇歇石-仙人洞-逸仙亭-百灵峪-香水旺。

（5）黑石口-擂鼓石-漫水崖-布鸽崖石梁瀑-仙人路-靴子石-仙人指-瞭望架-望海楼-旗架山-回声台-公鸡石-滴石帘子瀑布。

（6）马车道、马道游览线

①花果庄—山门西南-茅棚沟下游水上活动区（百花峪）。

②百花峪二山门-百花峪东西游线。

四、游程安排

1. 一日

（1）药草园-水帘瀑-雨王庙-蒙山会馆-栖凤阁-氧吧中心-云蒙峰。

（2）游乐园-动物园-百鸟园-小天麻场-雨王庙。

（3）百花峪-龙门峪。

（4）乌龙潭-曲流涧。

（5）望海楼-云霞洞-古银杏。

2. 二日

（1）

第一天：花果庄-水帘瀑-雨王庙-栖凤阁-蒙山会馆住宿。

第二天：云蒙峰-凌云轩-瞻公亭-百花谷-松草地-栗园山居-三山门游人服务中心-彩石溪漂流-二山门停车场返回。

（2）

第一天：百花峪-瞻公亭-凌云轩-云蒙峰-栖凤阁-氧吧中心-蒙山会馆住宿。

第二天：蒙山会馆-雨王庙-水帘瀑-药草园-动物园-百鸟园-二山门乘马车-一山门广场返回。

3. 三日游 以二日游路线为基础，选择其他参与性活动增加一日游程。

风景游赏规划图

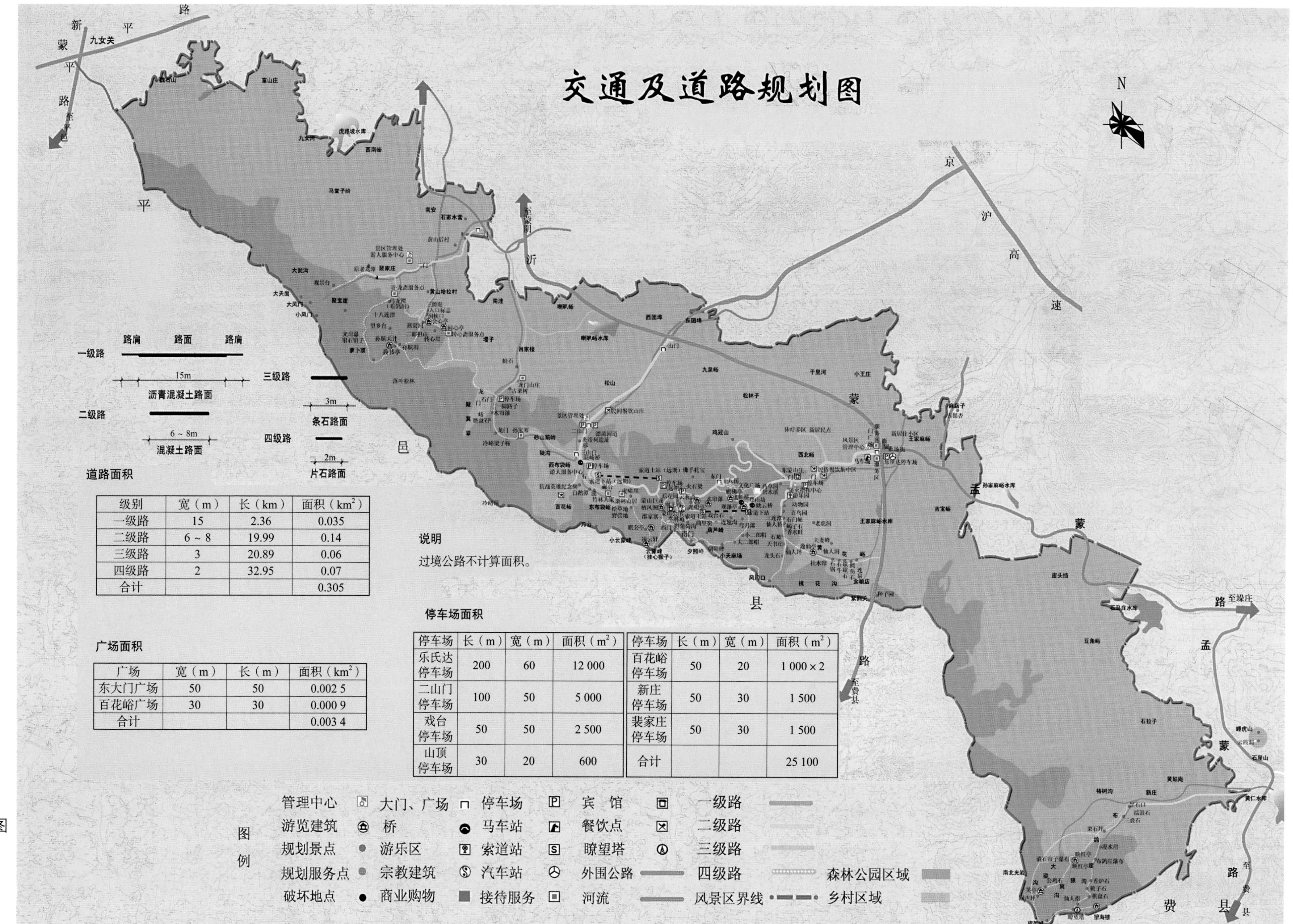

道路面积

级别	宽（m）	长（km）	面积（km^2）
一级路	15	2.36	0.035
二级路	6 ~ 8	19.99	0.14
三级路	3	20.89	0.06
四级路	2	32.95	0.07
合计			0.305

广场面积

广场	宽（m）	长（m）	面积（km^2）
东大门广场	50	50	0.002 5
百花峪广场	30	30	0.000 9
合计			0.003 4

停车场面积

停车场	长（m）	宽（m）	面积（m^2）	停车场	长（m）	宽（m）	面积（m^2）
乐氏达停车场	200	60	12 000	百花峪停车场	50	20	1 000 × 2
二山门停车场	100	50	5 000	新庄停车场	50	30	1 500
戏台停车场	50	50	2 500	裴家庄停车场	50	30	1 500
山顶停车场	30	20	600	合计			25 100

交通及道路规划图

基础工程规划图
N
新
路
九女关
平
蒙
平
路
至平邑
至蒙阴
沂
蒙
孟
蒙
路
至垛庄
孟
蒙
路
至费县
费
县
说明
1. 供电规划
（1）花果庄管理服务中心
主电源10kV，花果庄沂蒙路北头东侧变电所 - 风景区管委会控制中心 - 二山门
防火指挥中心 - 百灵峪
雨王庙 - 蒙山会馆
索道下站 - 索道上站
后花园
云蒙人家
停车场
栖凤阁 - 邵家寨 - 凌云轩
（2）百花峪景区
城南电网 - 二山门林管区 - 三山门 - 游人服务中心
索道下站 - 索道上站
汽车下站停车场 - 汽车上站
竹林人家 - 栗林山居
（3）曲流涧景区
城南电网 - 林管区
黄山哈拉村
裴家庄 - 乌龙潭服务点
2. 通信规划
（1）控制中心设在风景区管理处，线路接入方向同供电线路。
（2）通信设施包括程控电话、移动通信、宽带网。
3. 给水规划
（1）东部水源供水
王家麻峪深井 - 风景区管委会 - 二山门
防火指挥中心 - 游乐园 - 动物园 - 百鸟园
索道下站 - 索道上站 - 雨王庙 - 蒙山会馆 - 栖凤阁
东蒙山庄 - 南河水上活动场
（2）西部水源供水
二山门彩石溪深井 - 游人服务中心
索道下站（远期）
索道上站
汽车上站
汽车下站
竹林人家 - 栗林山居
（3）第二水源 ①蒙山会馆二山门临河水源；②防火指挥中心以东茅棚沟水源；③索道下站响水涧水源；④雨王庙古泉井；⑤后花园泉井；⑥蒙山会馆东泉井；⑦百花峪百丈崖水源；⑧百花峪彩石溪水源；⑨曲流涧林管区水源；⑩乌龙潭水源。
4. 排水规划
（1）东部排污主管线：栖凤阁 - 蒙山会馆 - 雨王庙 - 索道上站 - 索道下站 - 防火指挥中心 - 东蒙山庄 - 风景区管理中心 - 乐世达停车场 - 王家麻峪。
（2）西部排污主管线：游人服务中心 - 二山门景区管理处 - 富华山庄河道下游。
（3）排污次要管线：①百灵峪支线 - 主管线；②后花园支线 - 火石梁南沟；③邵家寨 - 凌云轩 - 山南沟；④西布袋峪村 - 陡沟下游；⑤黄山哈拉村 - 裴家庄 - 管理处；⑥各独立厕所经化粪池就地渗井排放，以不影响游览和保持卫生为原则。
5. 环保措施 ①东部景区垃圾全部运至花果庄东岭垃圾场；②西部景区在各管理处附近择地掩埋；③沿路每40m设防燃垃圾桶；④沿游览路两侧10m清除枯枝落叶，种植常绿地被，各独立厕所必须保证游人卫生使用，人工清理粪便；⑤各景区配备专职人员不断巡查道路及游览点，及时清除垃圾；⑥发现严重病虫危害，及时防治并清除病株。
图例
管理中心
大门
民俗接待
宾馆
停车场
商业购物
餐饮点
桥
电缆线
饮用水线
通信线
污水线
供水点
变电站
绿化供水井
排污渗坑
道路
河流
森林公园区域
乡村区域
风景区边界

基础工程规划图

三、山东荣成俚岛镇旅游发展总体规划

（一）区位分析

俚岛镇隶属山东省荣成市，位于山东半岛东端，划入山东省二号旅游区（烟/威地区）。西临埠柳镇、夏庄镇，北接成山镇，南与荣成市市区接壤，东临黄海，与韩国、日本隔海相望。综合区位优势突出，距荣成城区25km，距威海机场、火车站30km，距烟台机场、火场站50km，距韩国93海里，距日本174海里。301省道、俚夏线（303省道）、国家一级环海公路贯穿境内，城区道路较密，已形成完整的道路系统。俚岛港可停泊3 000t客货轮，所在的荣成市有龙眼港、石岛港、蜊江港三处国家一类对外开放港口，开通了龙眼港至韩国平泽港、石岛港至韩国仁川港两条国际客货航线。青—烟—威城际铁路正在规划建设中。与周边成熟区域连接形成较为便捷的交通网络，并与韩国、日本建立海上联系，旅游初具规模。

（二）综合现状

俚岛镇旅游资源以海滨风景为主体，以海湾、沙滩、优越气候为特色，并兼有名山、茂林、珍奇鸟类和民俗风情等，是国家重点风景区胶东半岛海滨风景名胜区的重要组成部分。俚岛镇旅游基础设施日趋完善，旅游产品开发初步形成规模效益。百里黄金海岸线、数万亩海珍品养殖区、山东省造船工业基地、"中华海上第一奇石""中国北方植物物种宝库"等旅游资源开发已初具规模。体验游、工业游、文化游、生态游四大参与、互动的时尚旅游项目已逐步开展并取得一定的成效。

（三）市场分析

近期以国内客源市场为主，首选目标市场为荣成及周边地区、山东中西部内陆地区；国际以日本、韩国为主，兼顾俄罗斯市场。中期国内以京津地区为重点目标；国际以韩国、日本为主，俄罗斯为辅。远期目标为全国市场（如东北地区、冀、豫、皖等地）；国际以汉文化区的韩国、日本以及新加坡等东南亚国家为主，俄罗斯为辅。

（四）资源分布

俚岛镇共有具有良好景观价值的旅游单体83个，覆盖范围广，由海岸线至内陆山地均有分布，资源类型包括地文景观、水域风光、生物景观、天象与气候景观、遗址遗迹、建筑与设施、旅游商品、人文活动八大类旅游资源，涉及100多种基本类型，约占155种全部基本类型的70%，资源丰度属中等水平，形成了较丰富的旅游产品体系。在各类资源构成中，地文景观、水域风光、建筑与设施类集聚度较高，反映了俚岛镇旅游资源的优势是以自然景观为主、自然景观与人文景观相互交融的基本特征。

（五）资源评价

旅游资源单体总量大，主类全，亚类多，基类比重大，属资源丰沛区；资源结构中，自然类资源优势突出，人文类资源有较强的互补性，有多项资源具有较大开发潜力；资源单体空间密度高，有中心地和地带集聚性，并拥有一些较高知名度的旅游资源；总体区位优良，近市场性优势突出，开发条件较好，区域经济实力强，人才智力资源雄厚，资源转换产品周期短，收效快，回报率高；整个俚岛镇的工业、港口等都可视为整体性的旅游资源来进行开发，如工业旅游、港口旅游等；具有突出的四大优势旅游资源，优美的自然环境，丰富的海洋文化特色，具有自然民俗特色的景观以及深厚的历史文化底蕴。展示出俚岛"海洋为魂、文化为魄、山水为形、生态为体"的丰富多彩的旅游特色。

目前俚岛旅游资源开发程度浅，尚处于初级阶段，集聚效应不突出，有的资源开发缺乏深度谋划，未达到应有的资源效应，环境保护与培育有待进一步提高。

（六）总体规划

充分发挥俚岛旅游发展的综合优势，实施旅游经济总量倍增计划，实现产业发展经济目标，成为俚岛现代服务业的核心和国民经济重要支柱，逐步建设成为：胶东半岛海滨风景名胜区中心旅游目的地；山东省内一流的旅游经济城镇；以海洋、民俗、休闲、生态有机交融为主要特色的现代化北方滨海旅游名镇。旅游形象定位：璀璨黄金海岸，中国海带之都。

（七）功能分区

俚岛旅游划分为七大功能区，分别为花斑彩石风景区（核心发展区）、现代工业游览区（鼓励发展区）、民俗文化展示区（核心发展区）、滨海旅游度假区（重点发展区）、森林休闲游憩区（重点发展区）、生态农业示范区（鼓励发展区）、水上养殖游览区（重点发展区）。七大功能区各具特色，同时又有机融合在一起，形成互利互补、相互依存、协调发展的关系，共同促进俚岛旅游业的整体提升。

（八）景点规划

主要包括花斑彩石、崮山揽秀、天鹅恋歌、巨轮扬波、俚岛老巷、红色海港、峨石瀛波、渔家风情、绿色氧吧、龙眼神井、锦绣大地、海上牧场十二个大景点。

（九）规划结构

总体空间布局为“一轴两核七区连”。一轴是指301省道，是贯穿俚岛南北的主要道路，同样也是拉动俚岛经济发展的主轴线。以301省道为界，山、海景区分别位于其西翼和东翼，东翼以民俗文化展示区为核心，连接花斑彩石风景区、现代工业游览区（工业游览部分）、滨海旅游度假区、水上养殖游览区；西翼以森林休闲游憩区为核心，与生态农业示范区、现代工业游览区（水产加工游览部分）相联系。七大功能分区以两核心为主体，与主轴之间紧密相连，形成互动，重点突出，有序发展。

（十）产业发展规划

俚岛旅游形成七大旅游产业板块，分别是奇石旅游产业、休闲度假旅游产业、休闲渔业旅游产业、民俗文化旅游产业、现代工业旅游产业、森林生态旅游产业和生态农业旅游产业。

（十一）交通规划

交通规划包括对外交通、内部交通、海上游线和空中游线。对外交通主要有两纵四横。两纵即省道301和成俚线，四横即俚李线、两条俚埠线、俚夏线。俚岛镇内部交通网络主要形成三纵五横的总体结构。三纵为快速路、省道301和环海路，五横指通向花斑彩石风景区、现代工业游览区、民俗文化展示区、滨海旅游度假区、森林休闲游憩区的五条横向主干道。为方便内部景区之间的串联，建议在俚埠线与俚李线之间沿山区增设一条南北向连接道路。在镇域范围内开通旅游巴士，主要运行路线为两环，即东翼环海路、301省道环线和西翼俚埠线、山区道路、俚李线。巴士主要中转站与三处长途客运站站点并用，并在两环线沿途分设停靠点。另外，由于位于民俗文化展示区的俚岛老巷改为步行街，原有机动车道改由峨石山西侧向北绕道行驶。海上游线主要指自滨海旅游度假区至花斑彩石风景区的南北向游览线，于香山前、俚岛港、南我岛分设专用游船码头，游客可根据需求进行分段游览。空中游线主要指游客乘坐热气球由滨海旅游度假区至水上养殖游览区的环线游览。

（十二）游线组织规划

总体游线可为主线、环线加海上游线、空中游线的游线布局。主要包括贯穿南北的中心游览线、西部的生态旅游游览线和东部的海上牧场游览线三条游线。旅游形象口号为：花斑彩石天然奇葩，碧水金沙人间仙境。

（十三）服务设施规划

服务设施主要包括住宿设施和餐饮设施。规划以俚岛镇中心作为接待中心，重点建设商务型、会议型酒店和经济型酒店，酒店高、中、低档合理配置，形成商务、会议、经济型酒店为一体的俚岛旅游酒店体系。

对沿岸分布的各村，应结合各自旅游发展规划，形成既适应本身小区域范围的条件，又充分考虑总体布局需要的合理旅游饭店布局。对重点规划发展的旅游景区要重点建设，保证饭店数量和提高饭店等级，交通干道旁的景区或公路沿途可以适当布置汽车旅馆。丰富海洋特色休闲饭店的数量与品位档次，建设海岸旅游住宿设施等具有俚岛海洋风情的接待体系。饭店应尽可能采用相应的主题与风格，与周边环境保持和谐，与周边文化环境相互融合，形成俚岛镇独特的饭店建筑景观。重点整体打造山珍特色、海鲜特色、地方特色三大饮食精品线。

（十四）开发时序规划

1. 近期发展项目（2008—2010） 主要建设项目包括：花斑彩石风景区的花斑彩石、极地馆、百名中国当代书法家书法长廊、石语阁、风俗苑、书画馆、渔家乐、天鹅湖、钓鱼台、天鹅写生基地、摄影基地；民俗文化展示区的俚岛老商号、俚岛民生、渔歌唱晚（夜景一条街）、俚岛码头纪念碑、小推车纪念广场、瀛波传说；滨海旅游度假区的海滨游乐场；森林休闲游憩区的龙眼神井。

2. 中期发展项目（2011—2015） 主要建设项目包括：花斑彩石风景区的海天阁、妈祖庙、烟墩遗址、空中索道、赏鹅亭；现代工业游览区的山东国际修造船基地工业游、海产品加工区工业游；民俗文化展示区的日韩餐馆、胶东人家、烟墩山烽火台、杨氏祠堂、许家祠堂；滨海旅游度假区的海带广场、海带馆、海带交易博览中心、异域情调（酒吧一条街）、海草石屋度假村；森林休闲游憩区的宫家山温泉SPA、凉水泉矿泉水、黄宝山矿泉水、写生基地、野营、拓展训练、芳香理疗、名人植树林；生态农业示范区的动物乐园、荷香鱼肥、水泽农院（农家乐）、千亩梨园、东崮菜园、蔬菜大棚；水上养殖游览区的海上牧场。

3. 远期发展项目（2016—2020） 主要建设项目包括：现代工业游览区的船模展示体验馆；民俗文化展示区的海上升明月（星级海上餐厅）；滨海旅游度假区的海上剧场、湿地公园；森林休闲游憩区的空中栈道、天涯海阁、龙王庙、明庆殿、仙人台；生态农业示范区的生态温室。

（十五）重点项目规划

花斑彩石风景区、民俗文化展示区、滨海旅游度假区、森林休闲游憩区四个区为重点项目区。

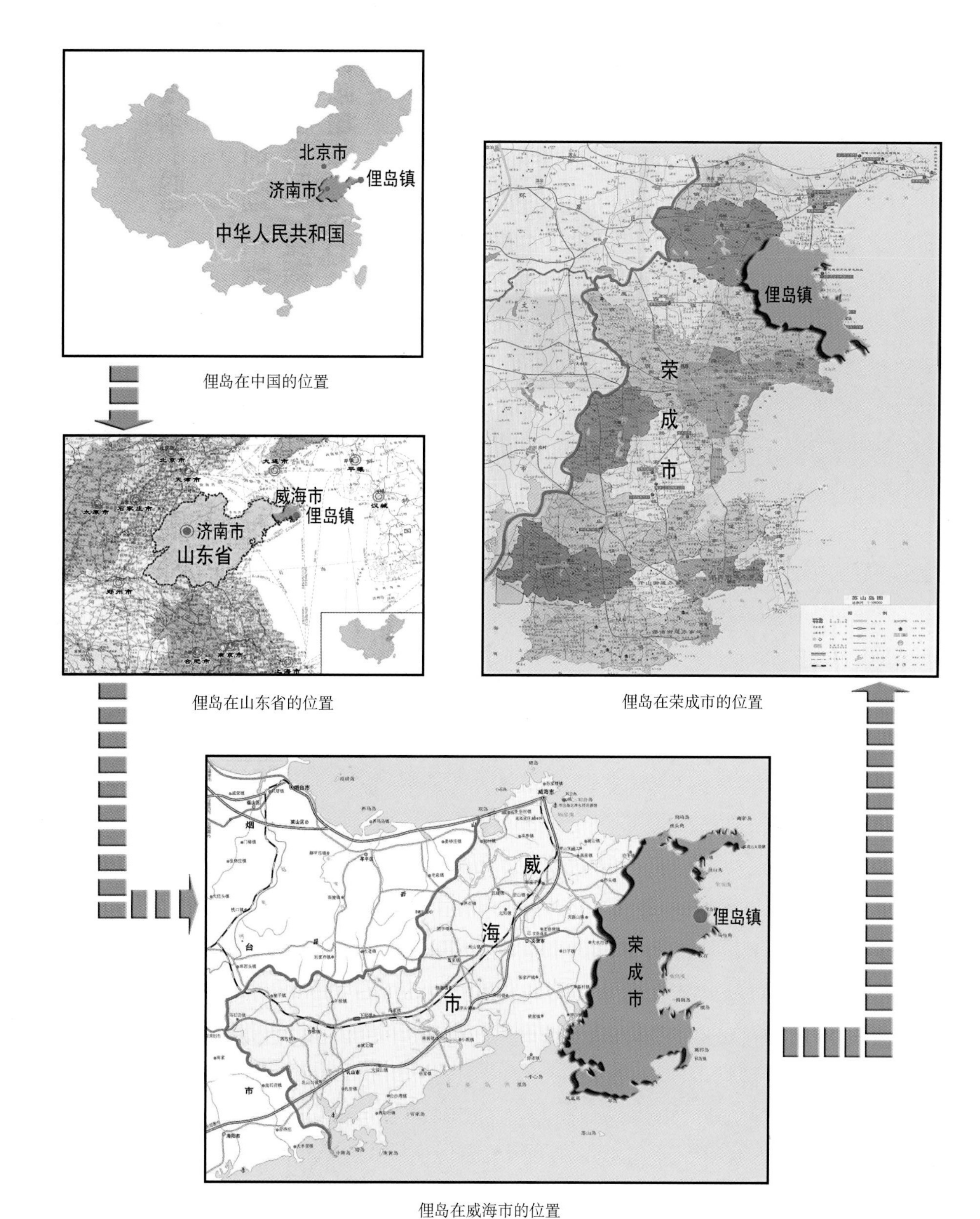

俚岛在中国的位置

俚岛在山东省的位置

俚岛在荣成市的位置

俚岛在威海市的位置

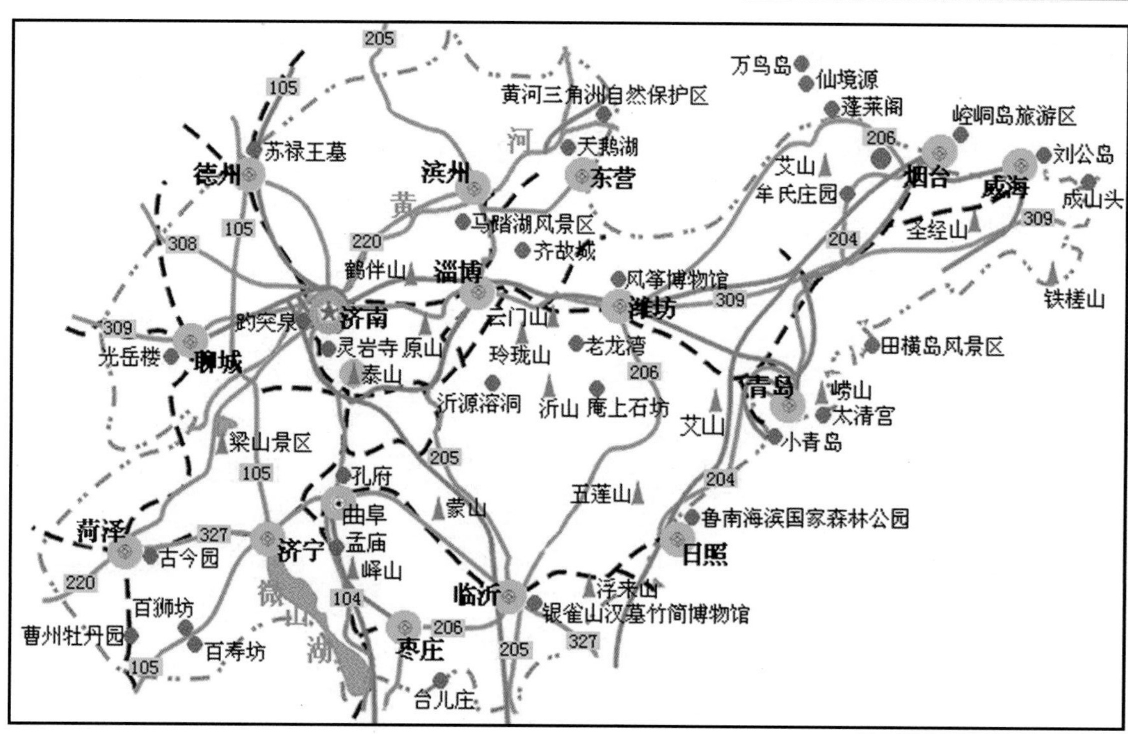

山东省主要旅游景点

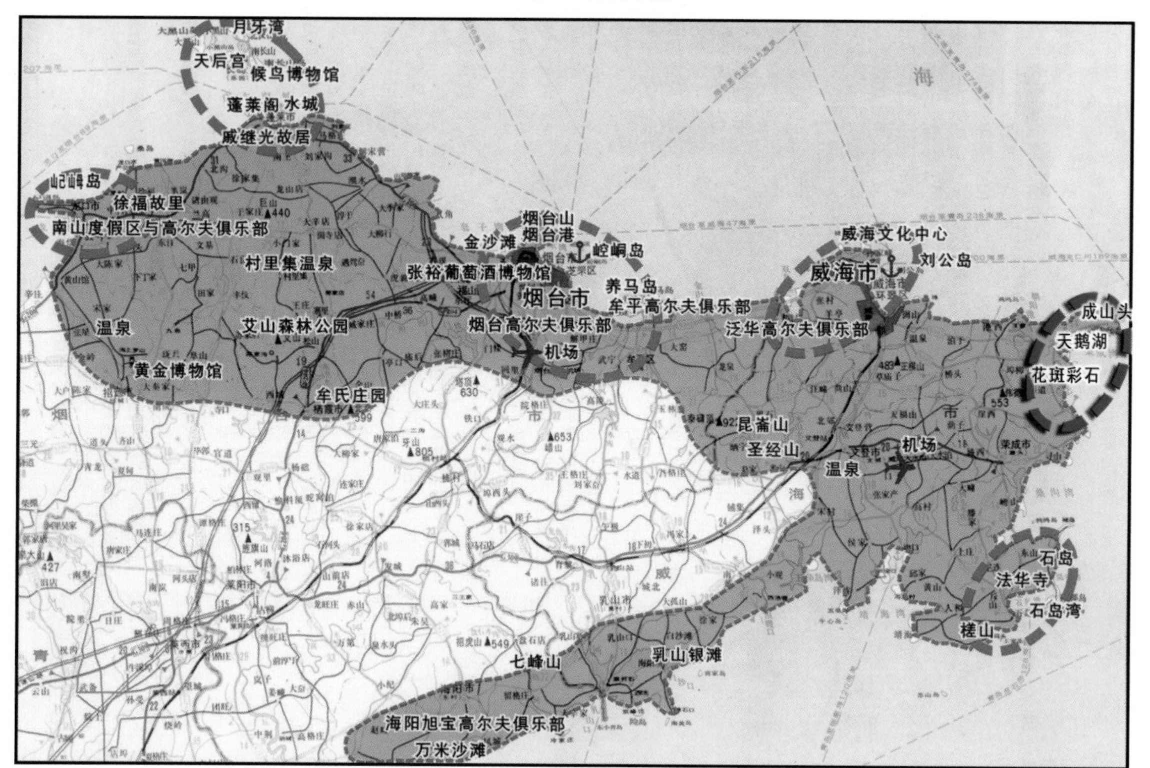

山东省二号旅游区（烟/威地区）旅游景点

区位分析图

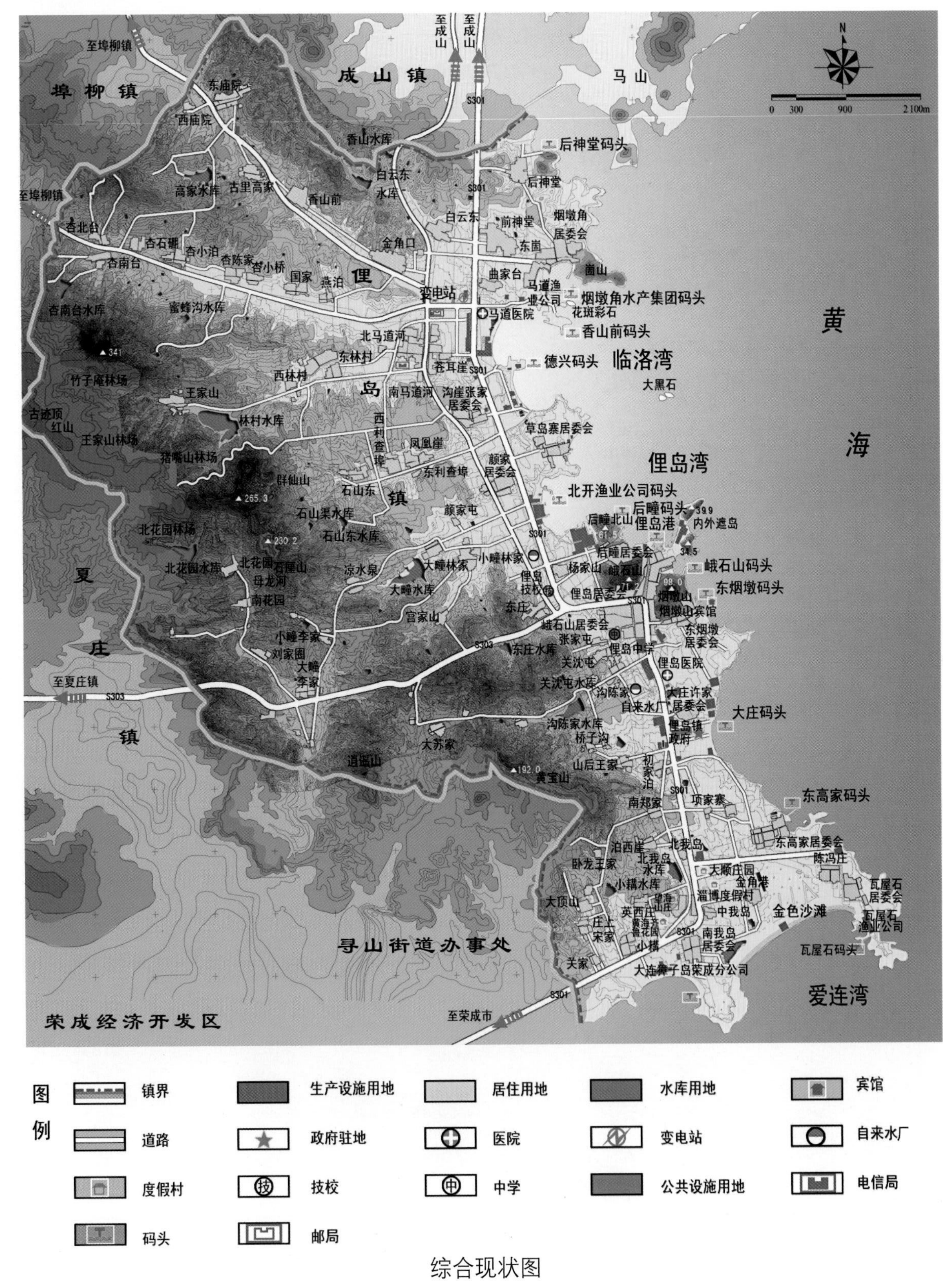

综合现状图

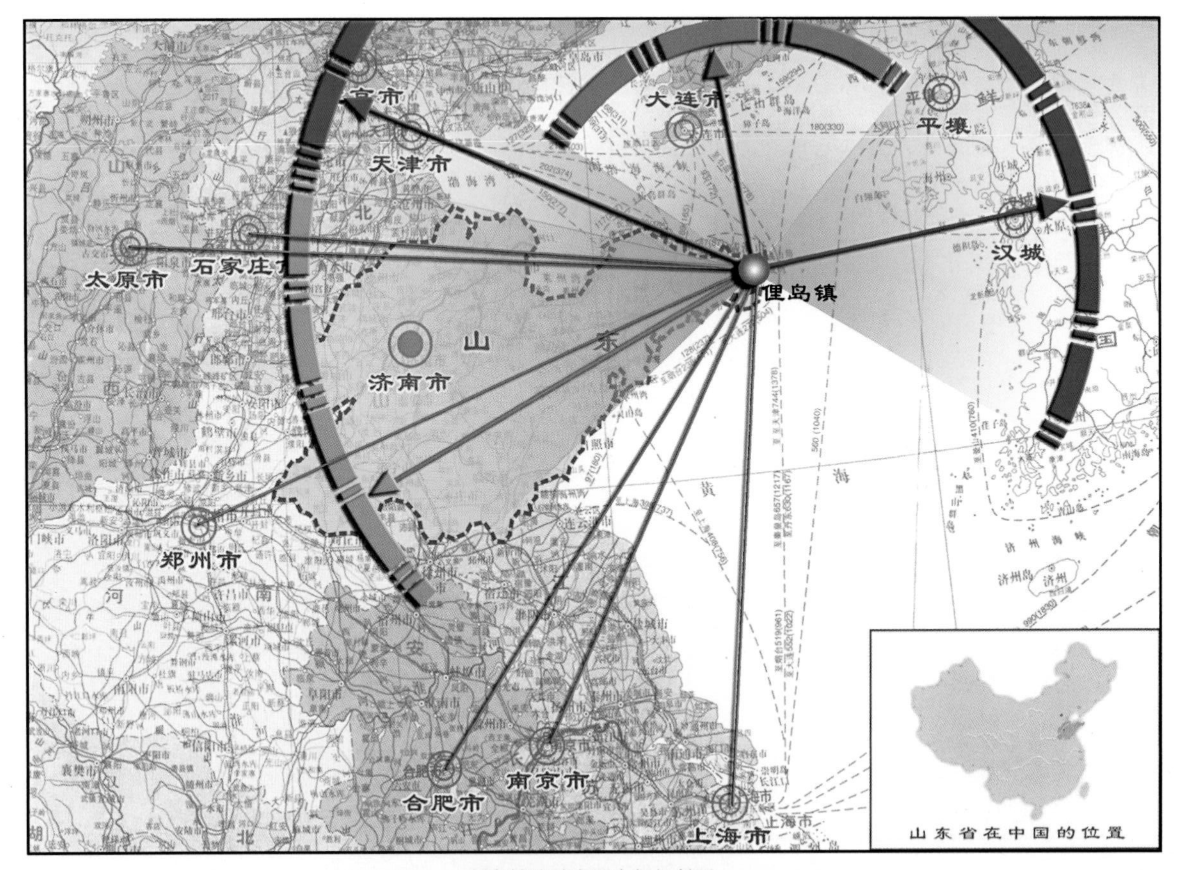

俚岛镇旅游客源市场辐射图

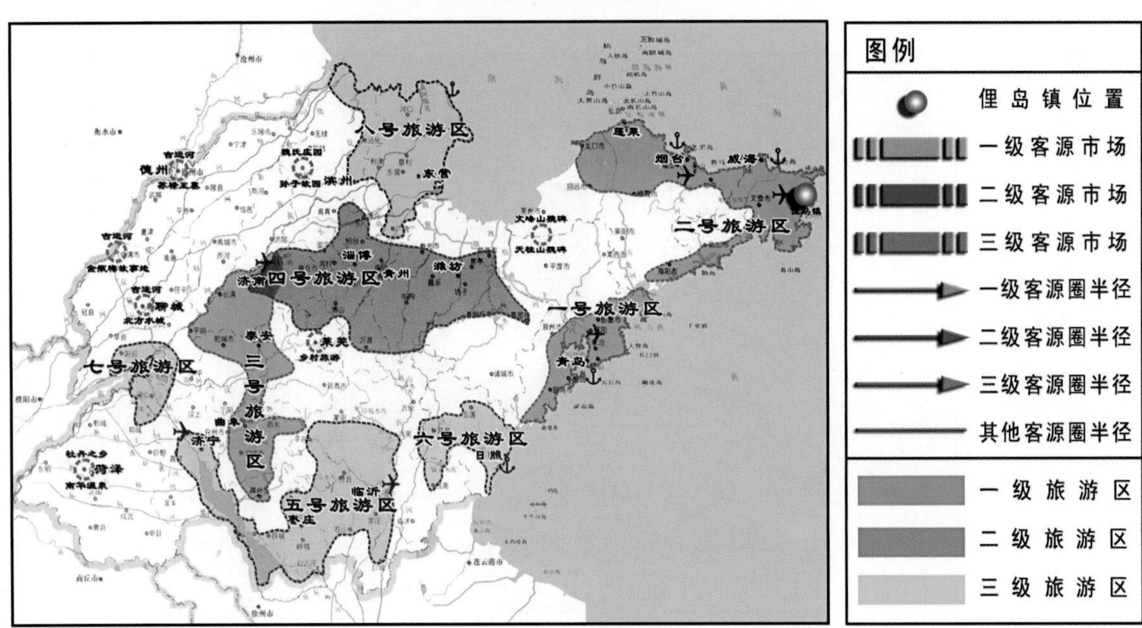

山东省分区旅游发展战略图

市场分析图

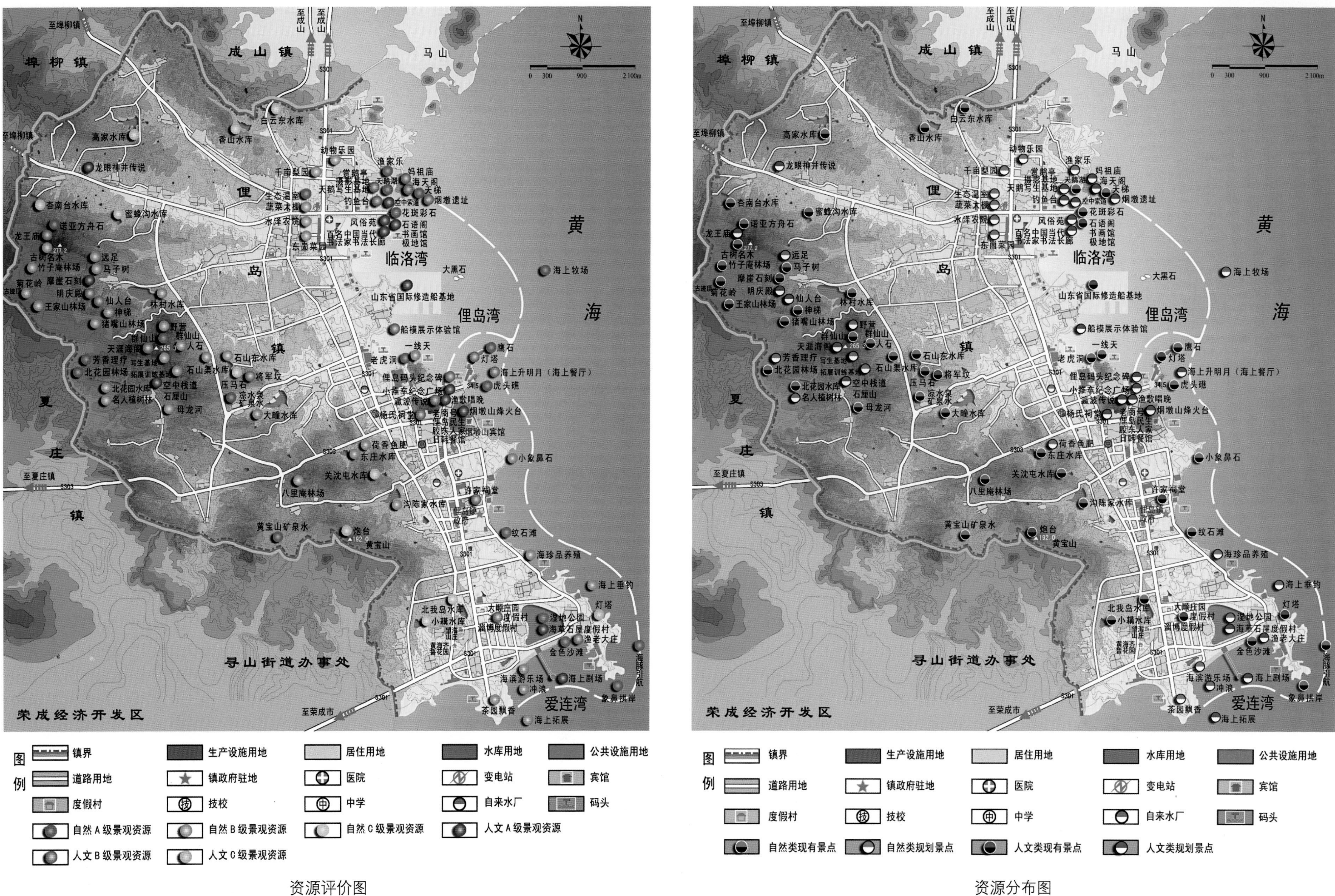
成山镇
埠柳镇
马山
俚岛镇
夏庄镇
寻山街道办事处
荣成经济开发区
黄海
临洛湾
俚岛湾
爱连湾
至埠柳镇
至成山
至夏庄镇
至荣成市
白云东水库
香山水库
高家水库
龙眼神井传说
杏南台水库
蜜蜂沟水库
诺亚方舟石
龙王庙
古树名木
竹子庵林场
远足
马子树
菊花岭
摩崖石刻
明庆殿
仙人台
王家山林场
神梯
猪嘴山林场
林村水库
野营
群仙山
天涯海阁
人石
芳香理疗
写生基地
北花园林场
拓展训练基地
石山栗水库
石山东水库
将军孜
压马石
空中栈道
北花园水库
名人植树林
石厘山
母龙河
凉水泉
大疃水库
动物乐园
渔家乐
千亩梨园
赏鹅亭
摄影基地
天鹅写生基地
妈祖庙
海天阁
天梯
烟墩遗址
生态温室
蔬菜大棚
钓鱼台
花斑彩石
水泽农院
风俗苑
石语阁
书画馆
极地馆
东園菜园
百名中国当代书法家书法长廊
大黑石
山东省国际修造船基地
海上牧场
船模展示体验馆
老虎洞
一线天
俚岛码头纪念碑
小推车纪念广场
赢波传说
渔歌唱晚
鹰石
灯塔
海上升明月（海上餐厅）
虎头礁
老南岛
烟墩山烽火台
杨氏祠堂
俚岛民生
胶东人家
烟墩山宾馆
日韩餐馆
荷香鱼肥
东庄水库
小象鼻石
关沈屯水库
八里庵林场
许家祠堂
沟陈家水库
黄宝山矿泉水
炮台
黄宝山
纹石滩
海珍品养殖
海上垂钓
北我岛水库
小耩水库
大疃庄园
度假村
淄博度假村
湿地公园
海草石屋度假村
渔老大庄
金色沙滩
海滨游乐场
海上剧场
冲浪
海豚引航
象鼻拱岸
茶园飘香
海上拓展
图例
镇界
生产设施用地
居住用地
水库用地
公共设施用地
道路用地
镇政府驻地
医院
变电站
宾馆
度假村
技校
中学
自来水厂
码头
自然A级景观资源
自然B级景观资源
自然C级景观资源
人文A级景观资源
人文B级景观资源
人文C级景观资源
自然类现有景点
自然类规划景点
人文类现有景点
人文类规划景点
0 300 900 2100m

资源评价图

资源分布图

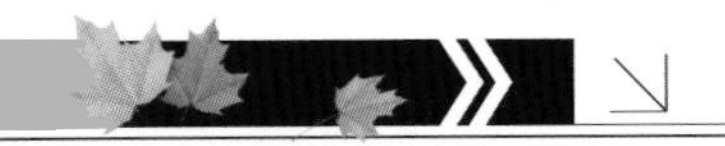

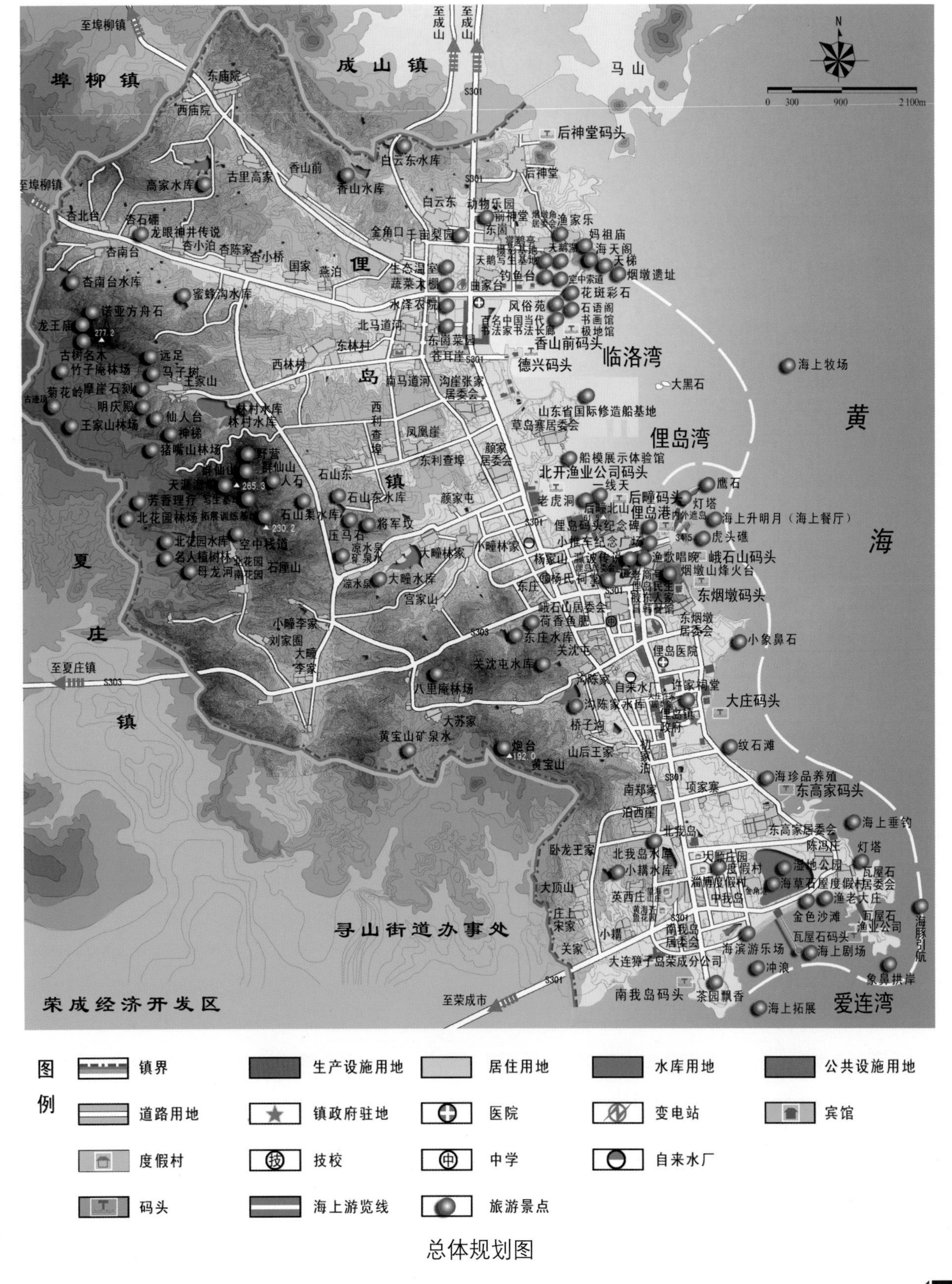
埠柳镇
成山镇
马山
俚岛镇
夏庄镇
寻山街道办事处
荣成经济开发区
临洛湾
俚岛湾
爱连湾
黄海
至埠柳镇
至成山
至夏庄镇
至荣成市
后神堂码头
海上牧场
大黑石
香山前码头
德兴码头
山东省国际修造船基地
北开渔业公司码头
后疃码头
峨石山码头
东烟墩码头
大庄码头
东高家码头
南我岛码头
龙眼神井传说
花斑彩石
烟墩遗址
海上升明月（海上餐厅）
小象鼻石
纹石滩
海上垂钓
金色沙滩
海上剧场
海滨游乐场
海上拓展
象鼻拱岸
图例
镇界
生产设施用地
居住用地
水库用地
公共设施用地
道路用地
镇政府驻地
医院
变电站
宾馆
度假村
技校
中学
自来水厂
码头
海上游览线
旅游景点
总体规划图

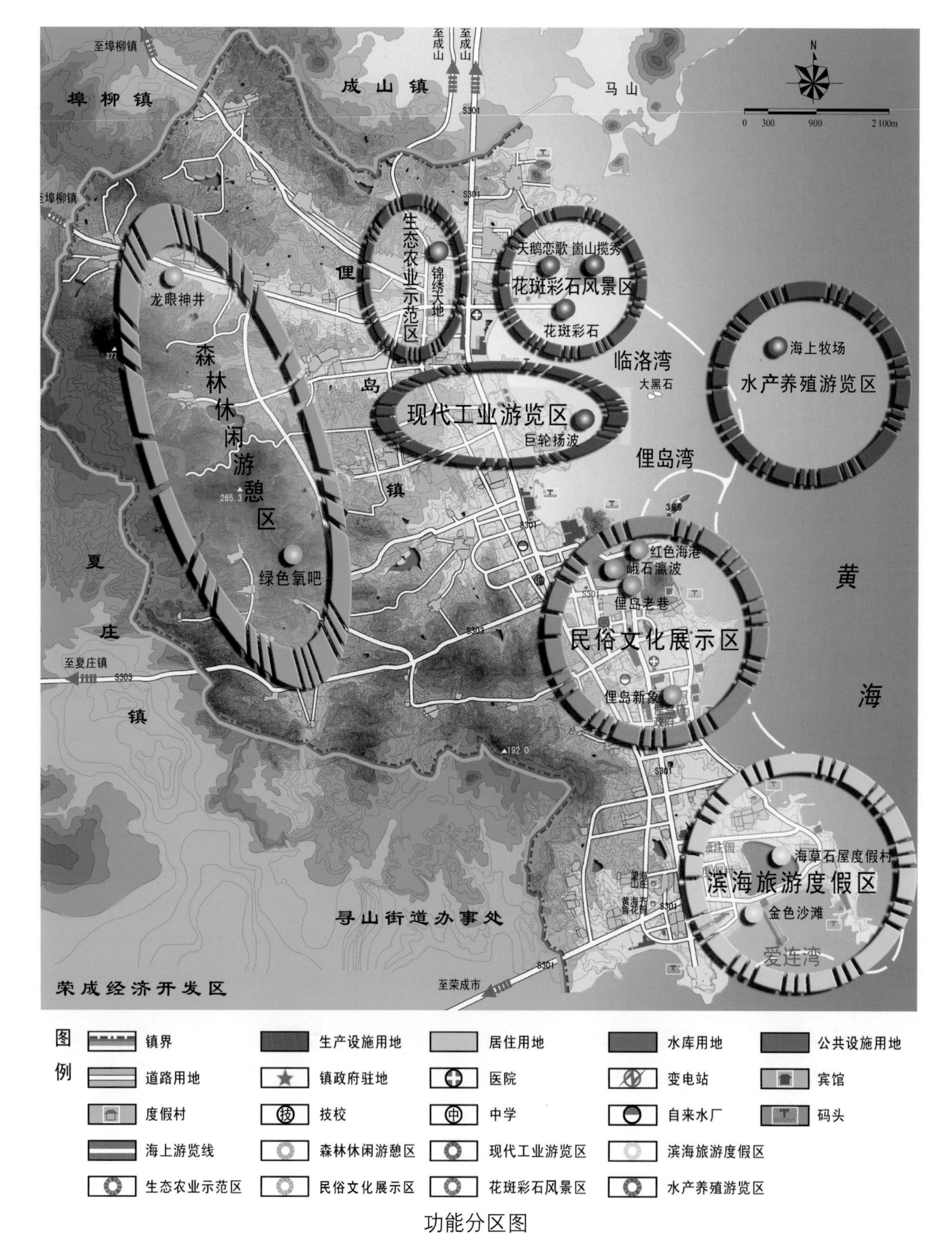
埠柳镇
成山镇
马山
俚岛镇
夏庄镇
寻山街道办事处
荣成经济开发区
临洛湾
俚岛湾
爱连湾
黄海
森林休闲游憩区
龙眼神井
绿色氧吧
生态农业示范区
锦绣大地
花斑彩石风景区
天鹅恋歌
崮山揽秀
花斑彩石
现代工业游览区
巨轮扬波
水产养殖游览区
海上牧场
民俗文化展示区
红色海港
峨石灜波
俚岛老巷
俚岛新象
滨海旅游度假区
海草石屋度假村
金色沙滩
大黑石
图例
镇界
生产设施用地
居住用地
水库用地
公共设施用地
道路用地
镇政府驻地
医院
变电站
宾馆
度假村
技校
中学
自来水厂
码头
海上游览线
森林休闲游憩区
现代工业游览区
滨海旅游度假区
生态农业示范区
民俗文化展示区
花斑彩石风景区
水产养殖游览区
功能分区图

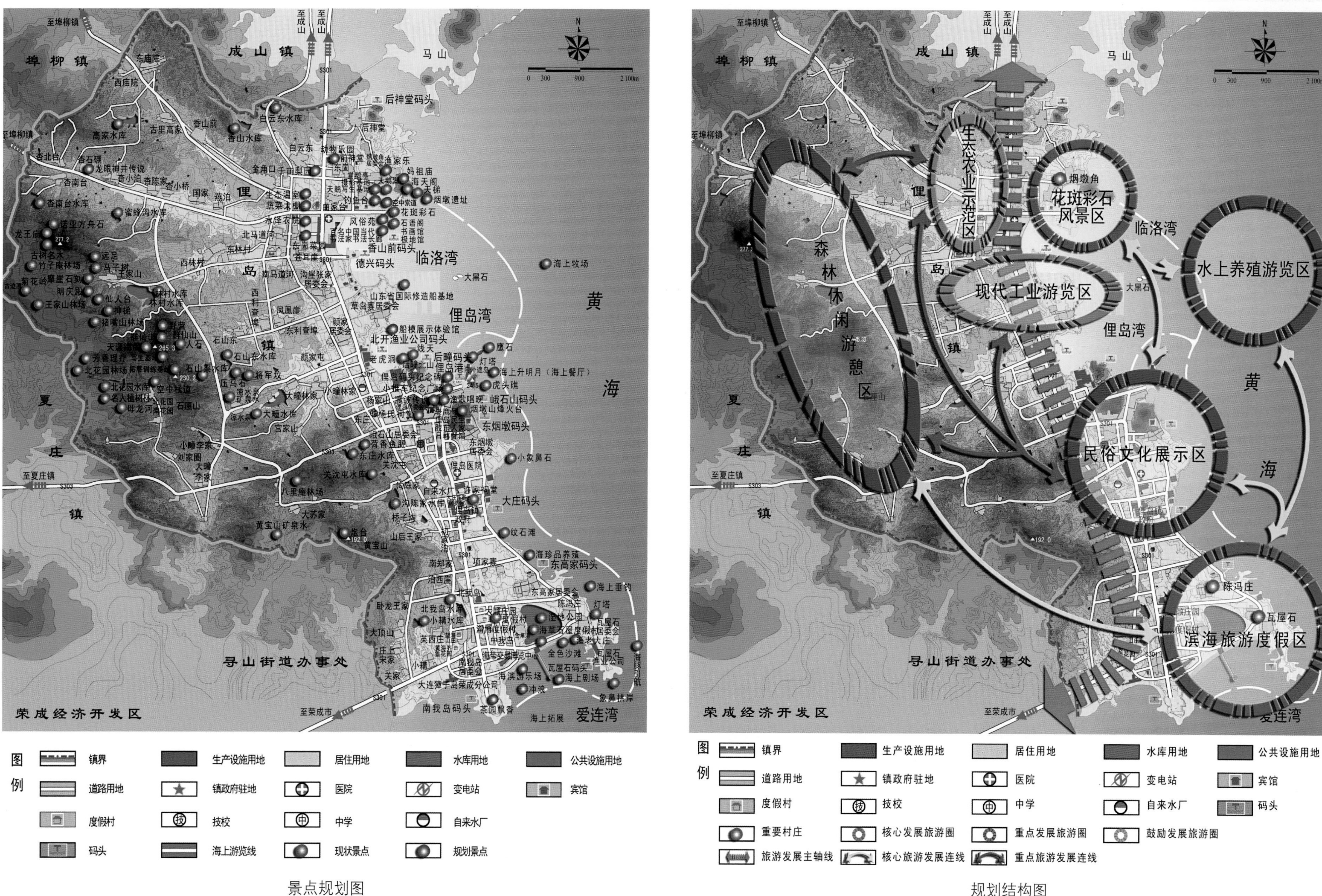
成山镇
埠柳镇
俚岛镇
夏庄镇
寻山街道办事处
荣成经济开发区
临洛湾
俚岛湾
爱连湾
黄海
森林休闲游憩区
生态农业示范区
花斑彩石风景区
现代工业游览区
水上养殖游览区
民俗文化展示区
滨海旅游度假区
图例
镇界
道路用地
度假村
码头
生产设施用地
镇政府驻地
技校
海上游览线
居住用地
医院
中学
现状景点
水库用地
变电站
自来水厂
规划景点
公共设施用地
宾馆
重要村庄
核心发展旅游圈
重点发展旅游圈
鼓励发展旅游圈
旅游发展主轴线
核心旅游发展连线
重点旅游发展连线

景点规划图

规划结构图

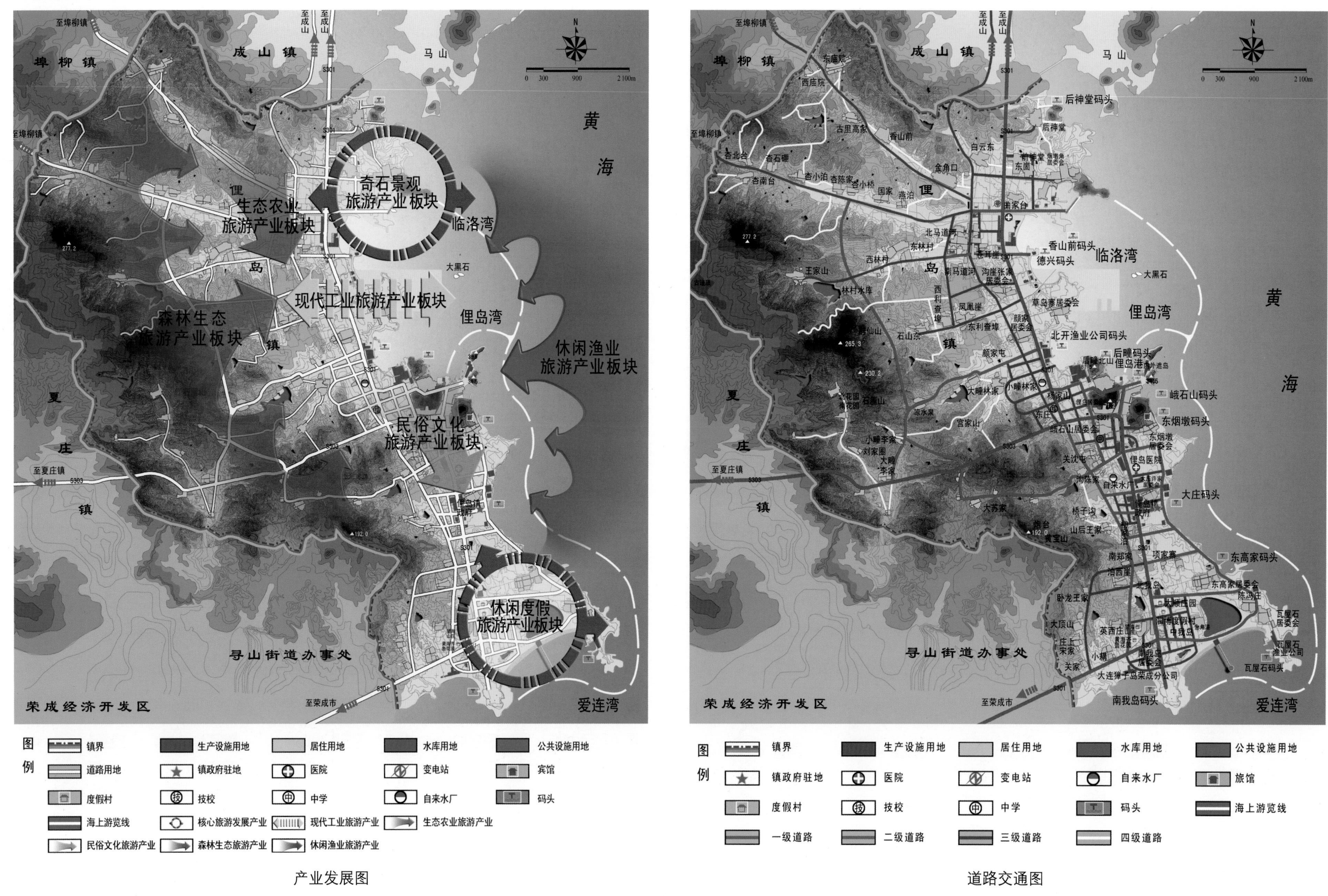

阜柳镇
成山镇
马山
黄海
临洛湾
俚岛湾
爱连湾
夏庄镇
寻山街道办事处
荣成经济开发区
至成山
至埠柳镇
至夏庄镇
至荣成市
奇石景观旅游产业板块
生态农业旅游产业板块
现代工业旅游产业板块
森林生态旅游产业板块
休闲渔业旅游产业板块
民俗文化旅游产业板块
休闲度假旅游产业板块
大黑石
后神堂码头
香山前码头
德兴码头
北开渔业公司码头
后疃码头
峨石山码头
东烟墩码头
大庄码头
东高家码头
瓦屋石码头
南我岛码头
大连獐子岛荣成分公司
图例
镇界
生产设施用地
居住用地
水库用地
公共设施用地
道路用地
镇政府驻地
医院
变电站
宾馆
旅馆
度假村
技校
中学
自来水厂
码头
海上游览线
核心旅游发展产业
现代工业旅游产业
生态农业旅游产业
民俗文化旅游产业
森林生态旅游产业
休闲渔业旅游产业
一级道路
二级道路
三级道路
四级道路

产业发展图　　道路交通图

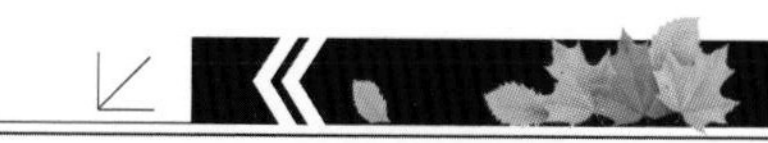

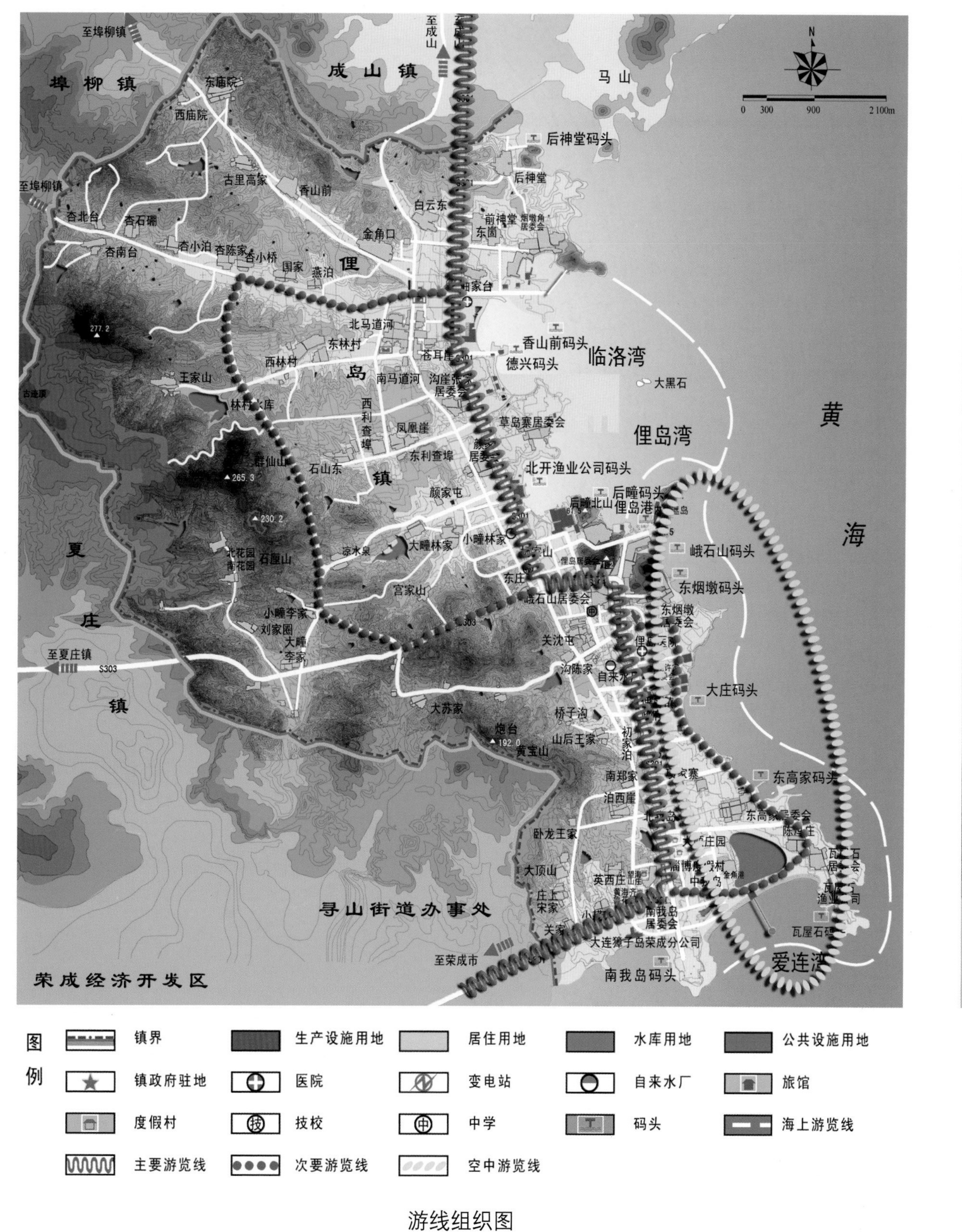

至埠柳镇
至成山
埠柳镇
成山镇
马山
后神堂码头
后神堂
东庙院
西庙院
古里高家
香山前
白云东
前神堂
东菌
金角口
杏北台
杏石硼
杏南台
杏小泊
杏陈家
杏小桥
国家
燕泊
俚
北马道河
东林村
西林村
南马道河
沟崖张家居委会
香山前码头
德兴码头
临洛湾
大黑石
王家山
岛
林村水库
西利查埠
凤凰崖
草岛寨居委会
俚岛湾
黄
群仙山
石山东
镇
东利查埠
北开渔业公司码头
颜家屯
后疃码头
俚岛港
峨石山码头
海
夏
大疃林家
小疃林家
北花园
南花园
石匣山
凉水泉
东烟墩码头
宫家山
峨石山居委会
东烟墩居委会
庄
小疃李家
刘家圈
关沈屯
至夏庄镇
S303
大疃李家
自来水厂
大庄码头
镇
大苏家
炮台
桥子泊
山后王家
黄宝山
初家泊
南郑家
东高家码头
泊西崖
东高家居委会
卧龙王家
大顶山
英西庄
瓦屋石居委会
庄上宋家
寻山街道办事处
南我岛居委会
关家
大连獐子岛荣成分公司
瓦屋石码头
至荣成市
爱连湾
荣成经济开发区
南我岛码头
0
300
900
2 100m
N
图例
镇界
生产设施用地
居住用地
水库用地
公共设施用地
镇政府驻地
医院
变电站
自来水厂
旅馆
度假村
技校
中学
码头
海上游览线
主要游览线
次要游览线
空中游览线

游线组织图

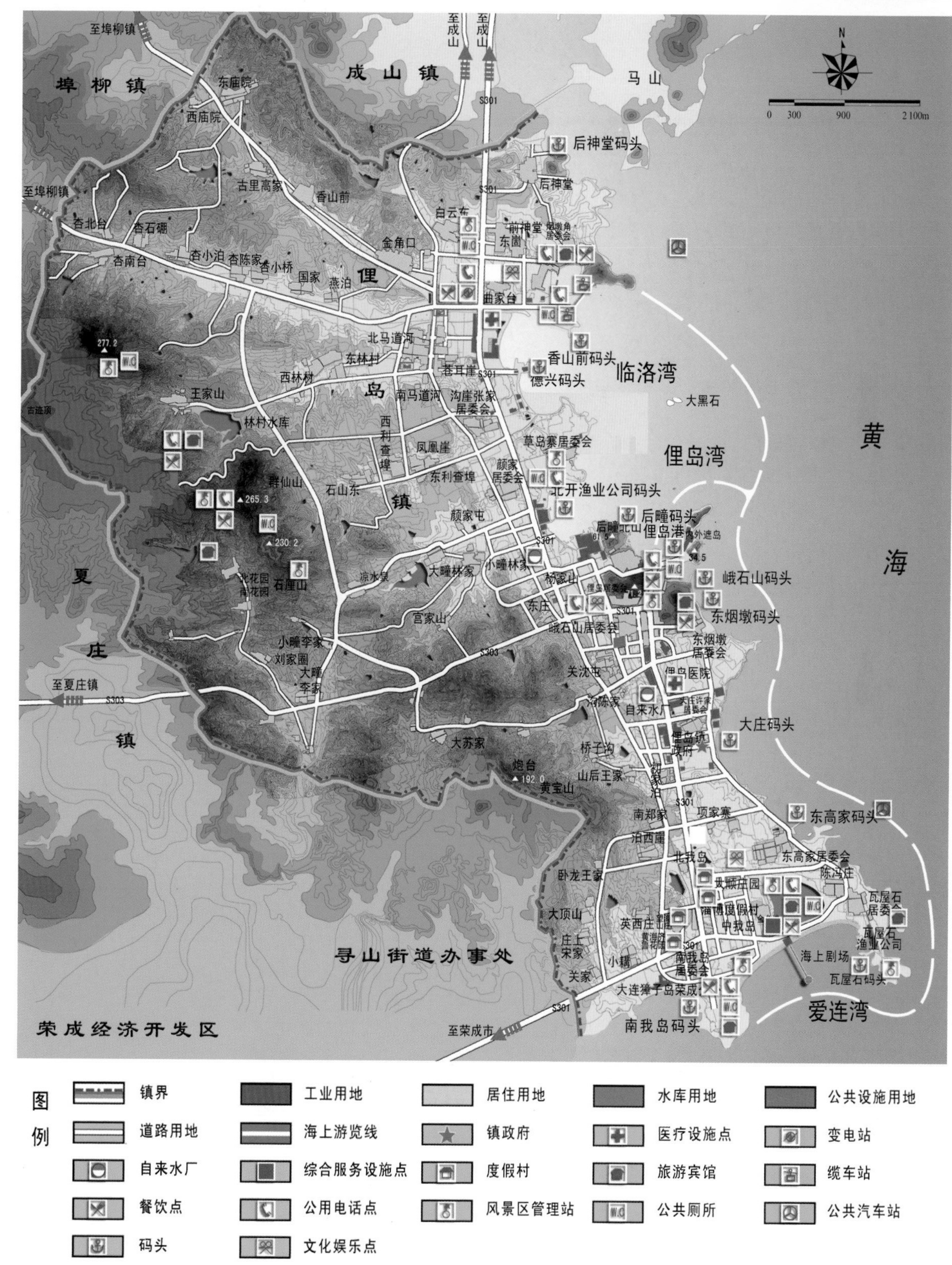

至埠柳镇
至成山
至成山
埠柳镇
成山镇
马山
S301
后神堂码头
后神堂
临洛湾
俚岛湾
黄
海
香山前码头
德兴码头
北开渔业公司码头
后疃码头
俚岛港
峨石山码头
东烟墩码头
大庄码头
东高家码头
东高家居委会
海上剧场
瓦屋石码头
爱连湾
夏
庄
镇
至夏庄镇
S303
寻山街道办事处
荣成经济开发区
至荣成市
南我岛码头
0
300
900
2 100m
N
图例
镇界
工业用地
居住用地
水库用地
公共设施用地
道路用地
海上游览线
镇政府
医疗设施点
变电站
自来水厂
综合服务设施点
度假村
旅游宾馆
缆车站
餐饮点
公用电话点
风景区管理站
公共厕所
公共汽车站
码头
文化娱乐点

服务设施图

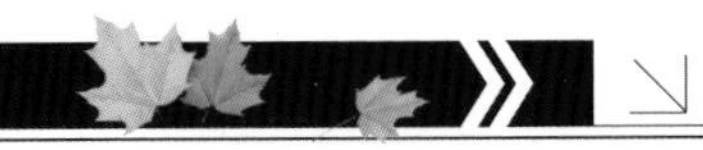

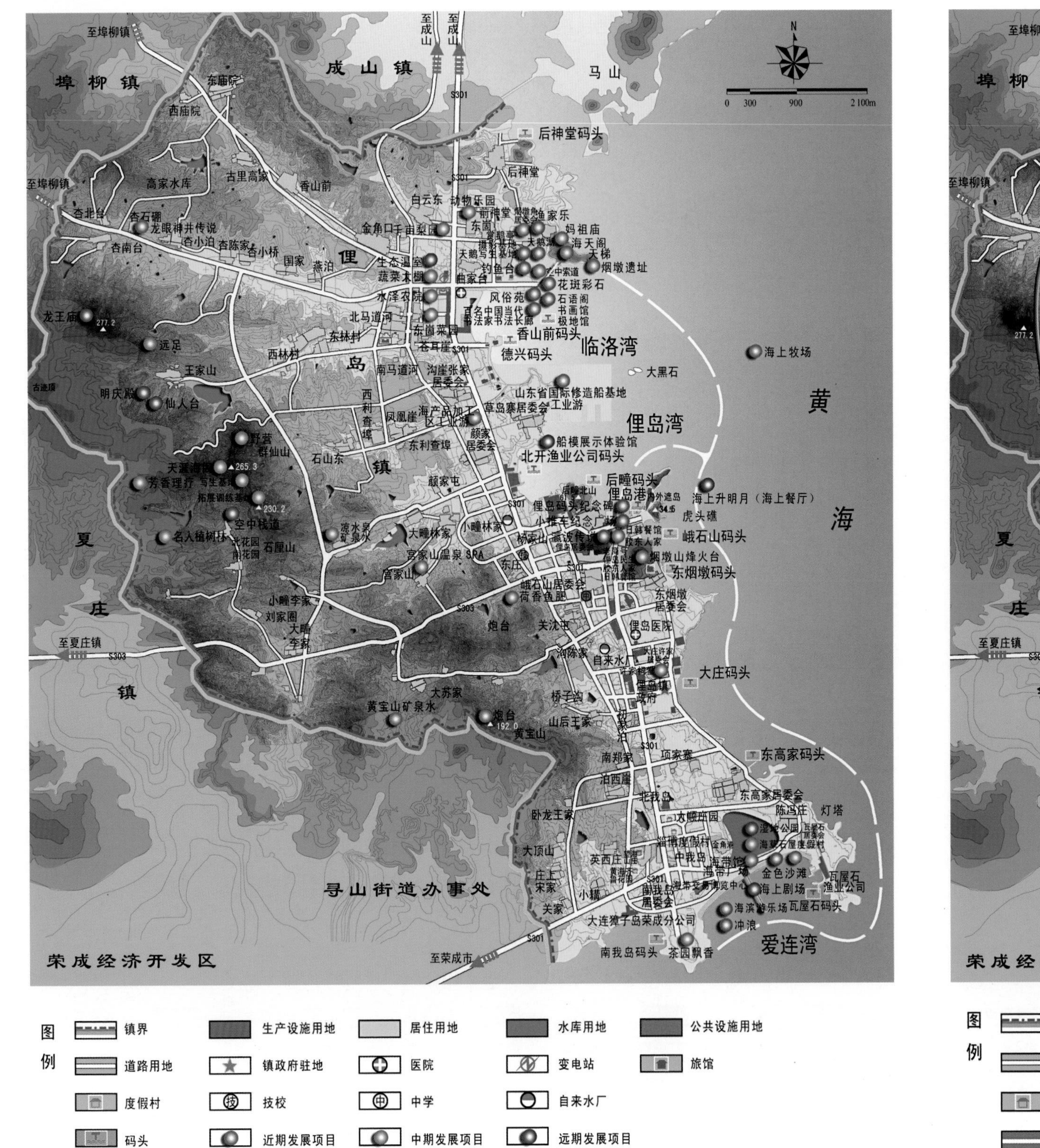

开发时序图

埠柳镇　成山镇　马山　至埠柳镇　至成山

花斑彩石风景区

森林休闲游憩区

民俗文化展示区

滨海旅游度假区

临洛湾　俚岛湾　黄海　俚岛镇　夏庄镇　至夏庄镇　寻山街道办事处　荣成经济开发区　至荣成市　爱连湾

图例

镇界　生产设施用地　居住用地　水库用地　公共设施用地

道路用地　镇政府驻地　医院　变电站　旅馆

度假村　技校　中学　自来水厂　码头

海上游览线　重点发展项目

重点项目图

四、山东莱州湾金仓国家湿地公园总体规划

全国区位图　　省域区位图　　市域区位图

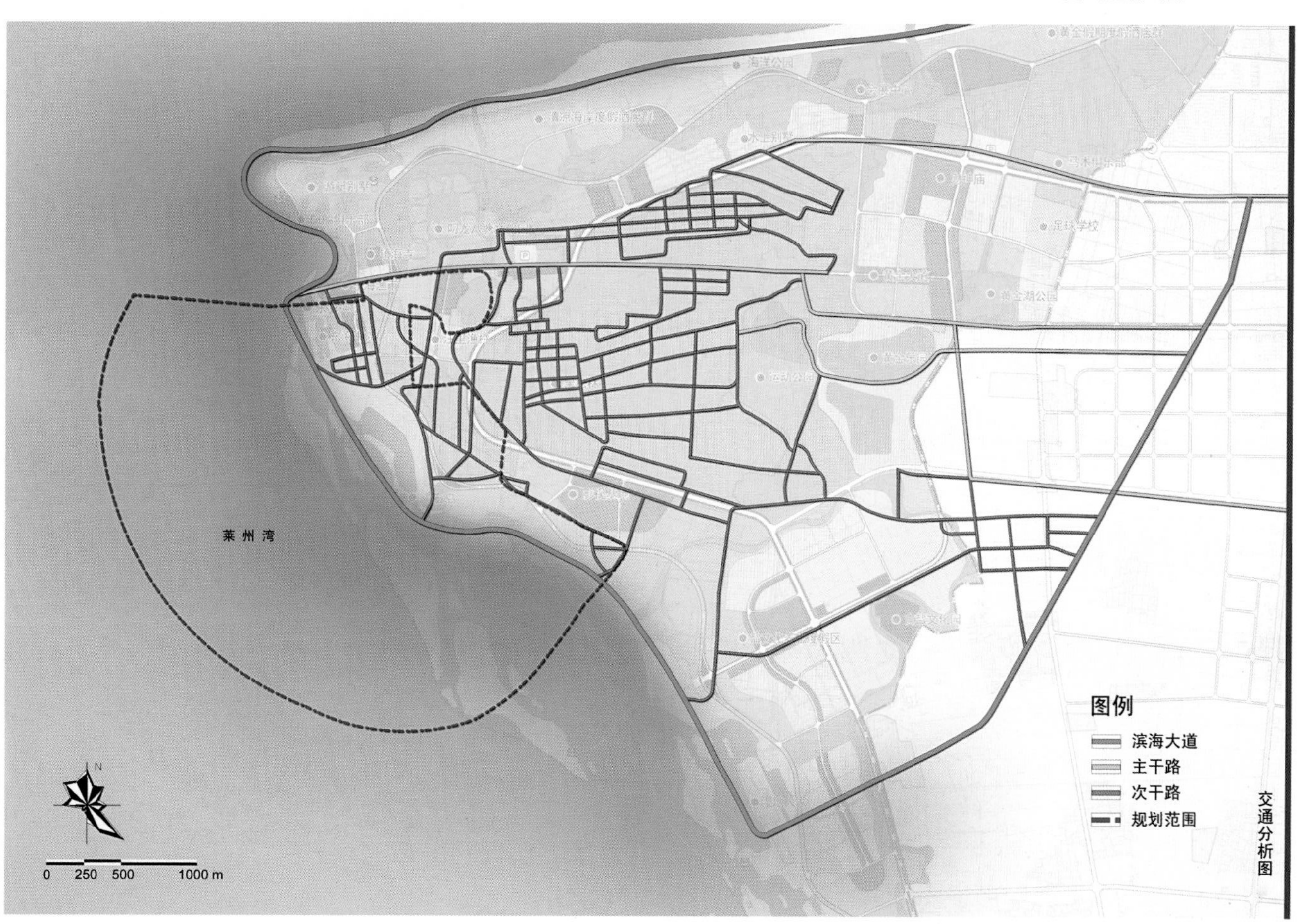

说明

山东莱州湾金仓国家湿地公园位于莱州湾东岸刁龙嘴—太平湾滨海区域，属于典型的暖温带滨海湿地类型，总规划面积为1 214.9hm^2，其中湿地面积为1 083hm^2，湿地率达89.1%。湿地公园地理范围为东经119° 49′ 28″ ~ 119° 52′ 41″，北纬37° 19′ 27″ ~ 37° 21′ 42″，湿地公园主体包括该区域浅海湿地、围海养殖区、滨海防护林及部分滨海台田。湿地公园北邻刁龙嘴码头，西部边界围绕刁龙嘴—太平湾围海养殖区域的内陆边缘，东部及南部边界则纳入太平湾部分浅海水域。具体范围详见左图红线范围内。

山东莱州湾金仓国家湿地公园以暖温带滨海湿地为主，由于多年的围海养殖开发，形成了大面积滨海人工湿地与自然湿地镶嵌共存的湿地分布格局，其主要湿地类型包括浅海水域、人工养殖池、潮沟、内陆沼泽。

区位与交通分析图

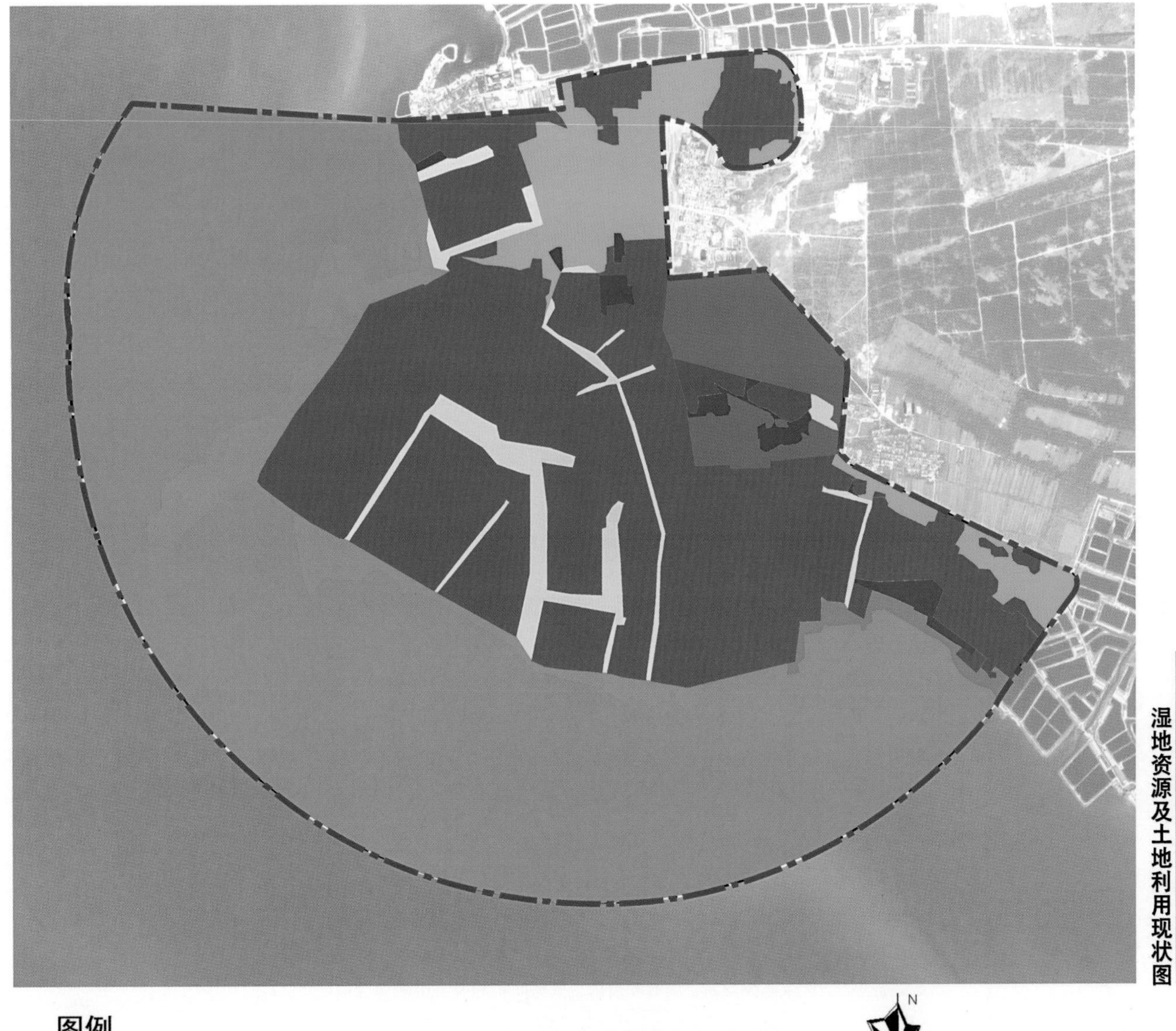

说明

湿地公园由浅海至内陆，呈现浅海湿地、潮下带粉沙质浅滩、潮间带人工养殖塘、潮上带内陆盐沼等湿地类型。以莱州湾为代表的滨海湿地利用格局既体现了我国暖温带滨海湿地典型的演替过程，也反映了其目前典型的开发利用模式。

湿地公园还包括以人工黑松林为主体的滨海防护林，郁郁苍苍的人工黑松林如同撑开的巨大的绿色保护伞，发挥着天然氧吧、涵养水源、控制土壤沙化碱化、农田防护、抵御风暴潮灾害等重要的生态系统服务功能，是我国北方滨海生态建设的重要成就。

说明（右图）

20世纪90年代以来，莱州湾开始了大规模围海养殖，形成了滨海自然湿地与人工湿地镶嵌共存的格局。1995—2009年的遥感影像分析表明：拟建山东莱州湾金仓国家湿地公园范围内围海养殖扩展面积不仅不同时期呈迅速增加的趋势，且年扩展速率也呈迅速增加的态势，由1995—2000年的7.52hm²/年提高到2003—2009年的32.8hm²/年，围海养殖面积由1995年的86.3hm²增加到2009年的379hm²，所占湿地公园面积的比例则由7.1%增至31.2%。高速增长的围海养殖区域已经完全吞噬了潮间带滩涂。

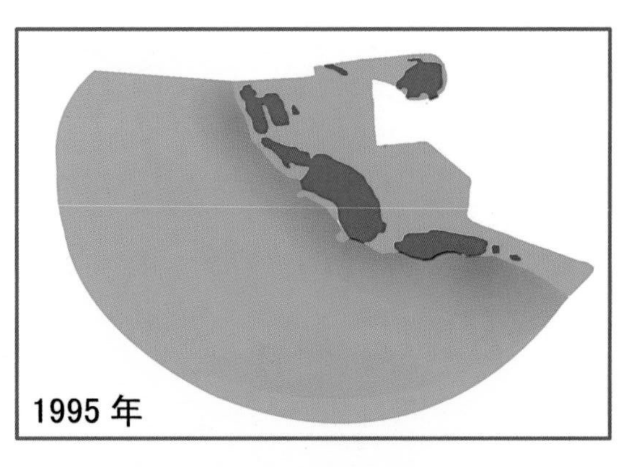

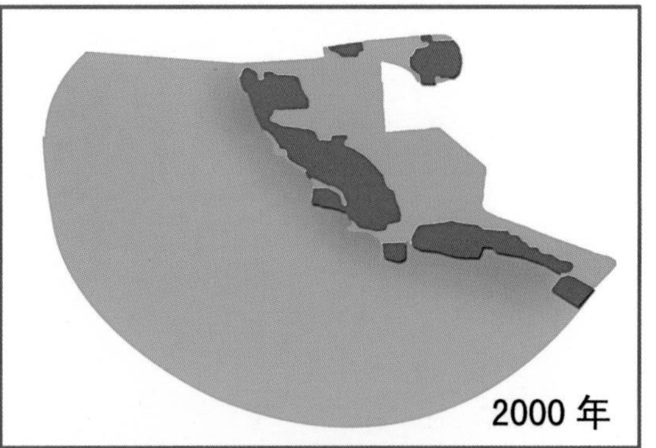

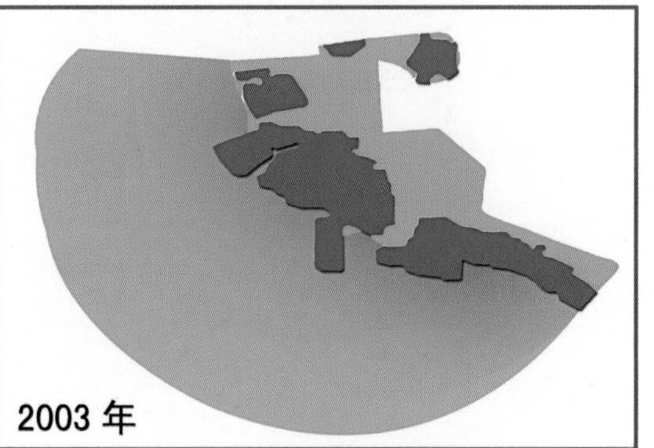

2009 年

图例

围海养殖区
浅海水域
陆域非养殖区

围海养殖扩展图

湿地资源及土地利用现状与围海养殖扩展图

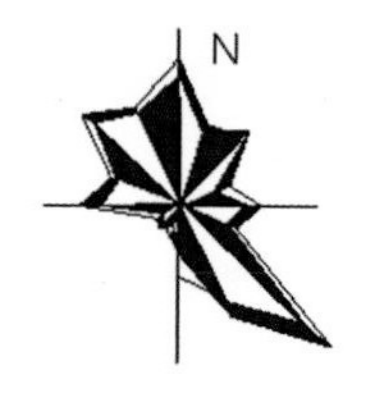

山东莱州湾金仓国家湿地公园划分为生态保育区、恢复重建区、宣教展示区、合理利用区和管理服务区5个一级功能分区。

生态保育区占湿地公园面积比例为38.3%，划分为浅海湿地保育小区和滨海防护林保育小区。恢复重建区占湿地公园比例为14.6%，包括浅海湿地修复小区和"退养还滩"滨海湿地恢复小区。宣教展示区所占比例为9.4%，包括潮下带浅海湿地—潮间带围海养殖区—潮上带滨海盐沼—滨海防护林（人工黑松林）—农业用地，微缩了莱州湾甚至北方滨海围海养殖区特有的滨海湿地生态过程和土地利用模式，具备开展科普宣教活动的有利条件。合理利用区占湿地公园面积37.1%，包括滨海生态养殖及综合利用示范区和浅海湿地体验小区。管理服务区交通便利，其旅游接待设施可以依托汪里村，其所占比例为0.6%。

图例

- 合理利用区
- 生态保育区
- 恢复重建区
- 宣教展示区
- 管理服务区

功能分区图

图例

- 规划边界
- 公园入口
- 01 游客服务中心
- 02 停车场
- 03 观景平台
- 04 淡水沼泽
- 05 台田展示区
- 06 湿地科普馆
- 07 湿地培训教室
- 08 码头
- 09 海底生态观光隧道
- 10 潜水体验区
- 11 浅海养殖展示区
- 12 生态养殖棚
- 13 沙滩
- 14 滨海湿地展示区
- 15 动物救护站
- 16 电瓶车道
- 17 浅海观光木栈道
- 18 管理站
- 19 观鸟廊
- 20 木栈道
- 21 海鲜美食购物街
- 22 抛石滩
- 23 立体生态养殖区
- 24 监测站
- 25 生态养殖展示平台
- 26 养殖管理站
- 27 淡水沼泽植被
- 28 淤泥滩
- 29 管理站
- 30 瞭望塔
- 31 生境岛
- 32 浅海修复观光堰
- 33 黑松林

总体规划布局图

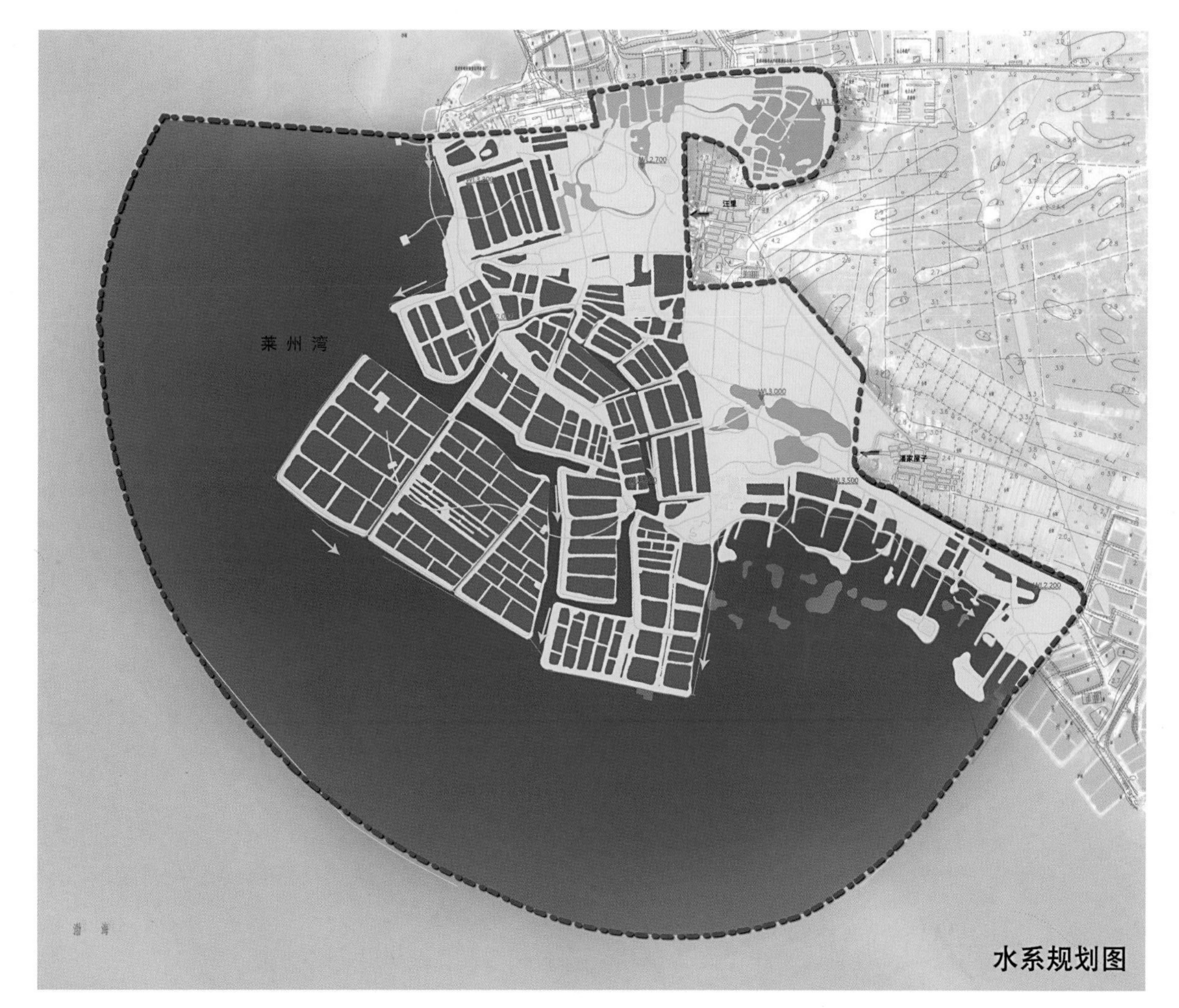

0　250　500　1 000 m

莱州湾国家湿地公园依据不同地段的现状特点、区位状况、水质状态，把水系生态系统划分为淡水湿地、滨海湿地以及养殖塘，从而明确区域水体系统构成，从根本上保护区域整体性水环境，充分发挥地表水体的生态服务功能。莱州湾滩涂面积约25.7万hm^2，黄河三角洲位于莱州湾内，湿地面积约23万hm^2，其中滩涂约占10.2万hm^2，水库、坑塘、河流等水域面积约10.4万hm^2。

山东莱州湾金仓国家湿地公园湿地类型一览表		
湿地类型	面积（hm^2）	占湿地总面积的比例
内陆淡水水体	31.1	2.83%
滨水咸水水体	1063.65	96.74%
咸淡混合水体	4.7	0.43%

图例

- WL3.300 水系标高
- 内陆淡水水体
- 滨海咸水水体
- 咸淡混合水体
- 水流方向
- 规划边界

1. 沙滩驳岸　沙滩驳岸位于湿地公园的浅海湿地体验区，依据现状基本机理形式进行建设，是保护天然沙滩驳岸的方式，此种驳岸形式自然且亲近性强。

2. 淤泥滩驳岸　淤泥滩驳岸位于湿地公园浅海湿地修复小区，淤泥滩驳岸是由河流带来的泥沙物质在河口区不断堆积形成的。淤泥滩驳岸的恢复与保护是维护湿地生态系统的一种方式。同时也是"退养还滩"滨海湿地恢复的重要地段。

3. 抛石滩驳岸　抛石滩驳岸位于湿地公园滨海生态养殖及综合利用示范区的外围，抛石滩驳岸景观是保护土坡基础的一种方式。可选用直径较大的石块堆积在驳岸，同时也能加强岸线的景观效果。

水系规划图与驳岸规划设计图

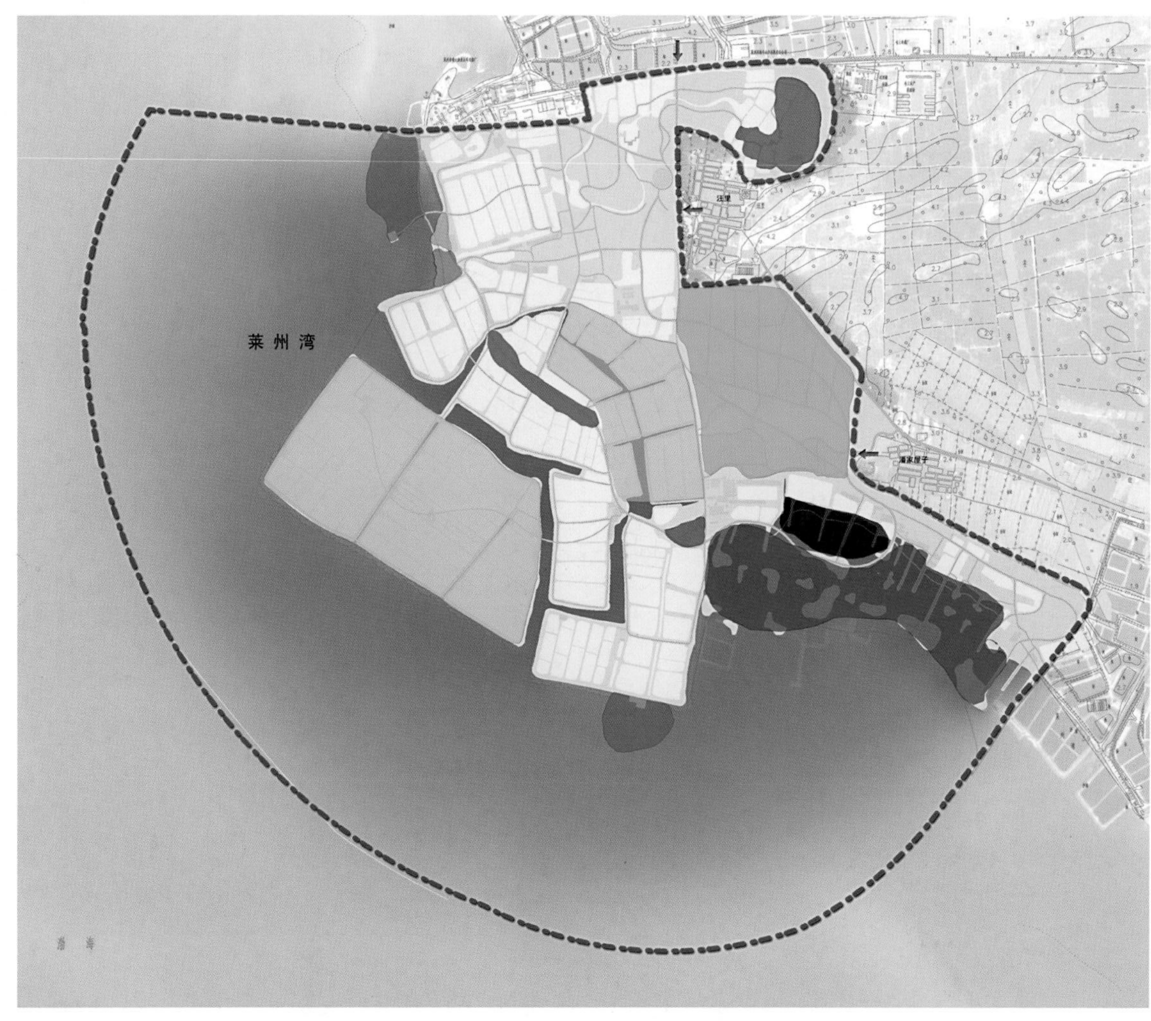

特色活动区规划

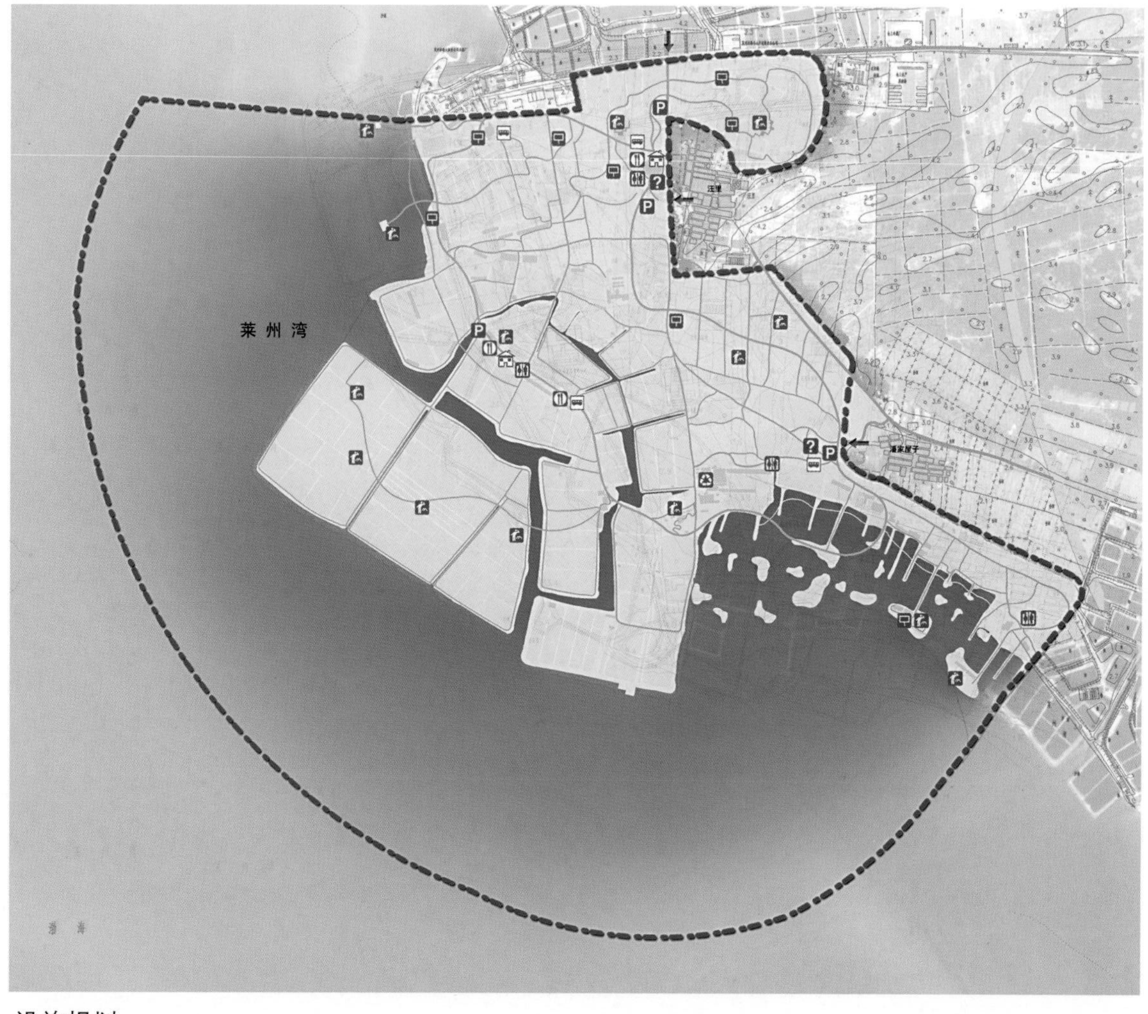

设施规划

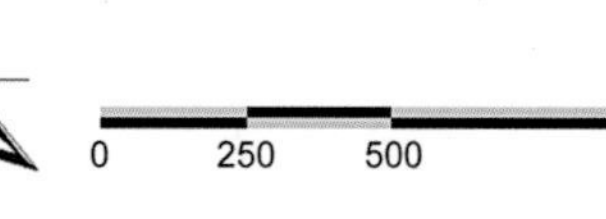

图例

- 帆船活动区
- 沙雕艺术活动区
- 沙滩排球活动区
- 生态捕捞区
- 海鲜品尝区
- 观鸟区
- 摄影区
- 户外露营区

说明

湿地公园内自然资源丰富，可以在保护的同时针对湿地公园内不同区域景点特色，开展各项节事活动，满足不同游客的爱好与需求，例如海鲜品尝节、海上潮汐节、沙雕艺术节、沙滩排球赛、生态捕捞节、帆船文化节、观鸟节、户外露营节。

说明

（1）停车场：主要规划建设4处停车场，大型客车车位50个，小型车车位318个。

（2）解说标志：根据莱州湾湿地公园资源的特色，如淡水沼泽、黑松林、滨海湿地、台田景观、立体生态养殖等做解析说明，在一些重要入口和景观节点设立。

（3）游船码头与车站：莱州湾湿地公园游览的适宜方式主要为船游、电瓶车、自行车、步行。结合旅游交通规划，设立3处码头，便于公园内部游览以及连接湿地公园与芙蓉岛。电瓶车站共4处，方便游客随时乘坐。

（4）环卫医疗设施：在公园的主路系统、管理服务区等游客集中区域沿路分布垃圾箱，平均间隔为200～300m。

图例

- 问询处
- 停车场
- 餐厅
- 商品部
- 卫生间
- 垃圾回收
- 观景台
- 解说设施
- 环保电瓶车站点

生态旅游规划图

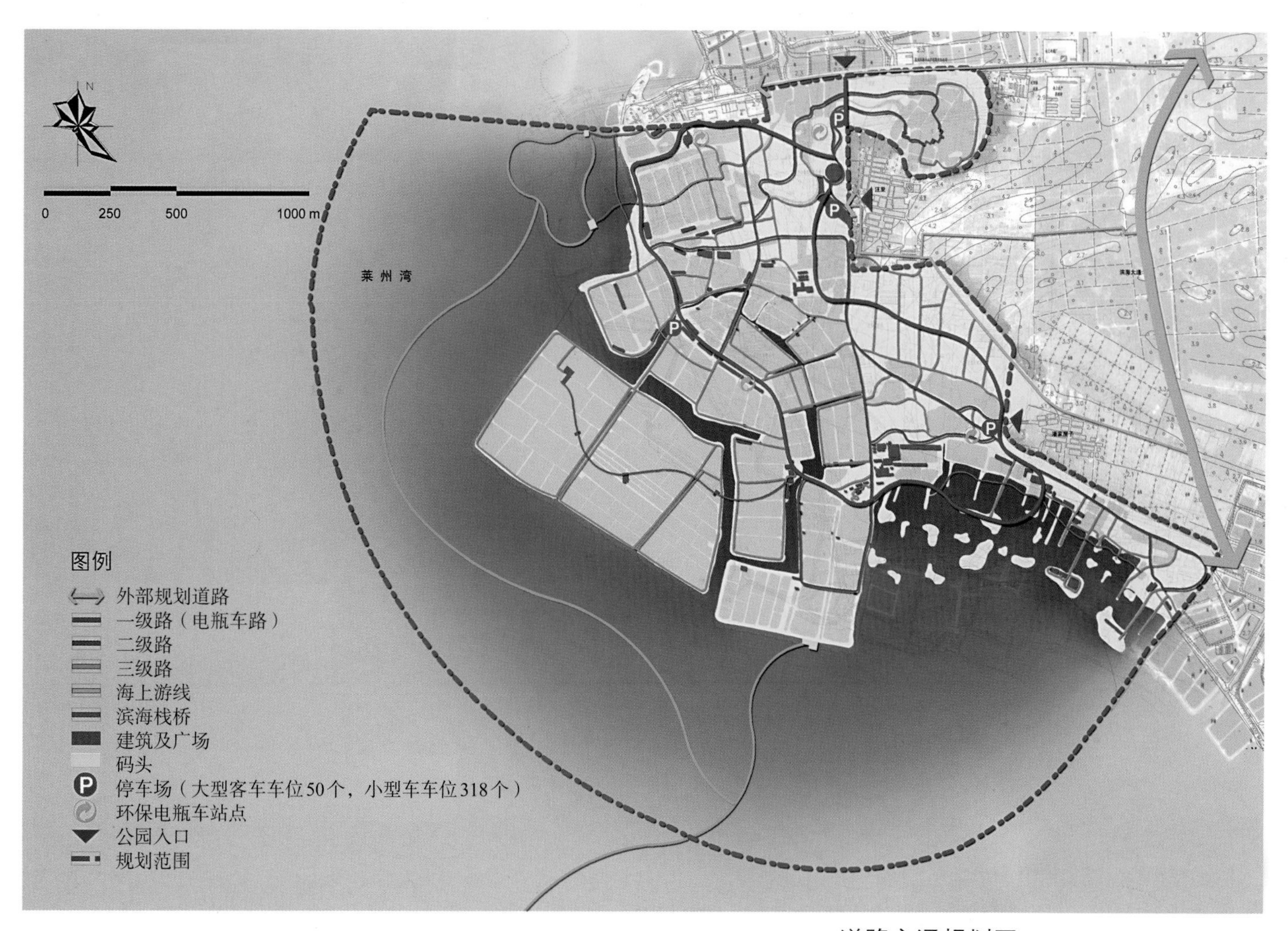

道路交通规划图

说明

1. 对外交通

（1）交通主干道：滨海度假区以黄金大道作为标志性景观道路，直通叼龙嘴，构成区域的主轴线，由此进入湿地公园的次入口。以滨海大道双向6车道机动车道为交通主动脉，贯穿全区，从滨海大道向西沿现状道路引出一条道路通往湿地公园的主入口。

（2）停车场：在两个入口及公园内部共设置4处停车场，风格一致，以形成良好的外围景观，同时起到游客进入规划区的过渡作用。车位之间以树木形成隔离带，停车场旁边的空地栽植植物，吸收汽车尾气，景观上呈现绿色自然的感觉，功能上可以提高供氧量和吸收二氧化碳的能力，真正体现生态停车场的生态调节功能。

（3）海上游线：湿地公园内部码头之间设置游线，可以乘坐快艇在海上畅游。此外，设置一条通往芙蓉岛的外部游线，可以方便游人进入芙蓉岛游玩。

2. 内部交通

（1）一级路（电瓶车路）：主要是连接湿地公园主要景区景点，为游人提供更多的便利。环状路网，道路横断面宽度6m，路面材料以沥青为主。环路主要方便组织交通，使各个区域成为一个整体，且互不干扰，使其动静分明、功能分区明确。

（2）二级路：主要供自行车及游人步行使用，道路宽3.6m，路面为硬化材料即可。

（3）三级路：三级路即游步道，主要是公园内连接各景点的游览步行道，公园内游步道宽1.5 ~ 2.0m，可在原有道路及围堰基础上进行升级改造。

（4）滨海栈桥：滨海栈桥是游客亲水及近距离观察水生植物、动物、立体养殖等的重要途径，结合近岸的植物景观及功能需求设置，宽度为1.0 ~ 2.0m。

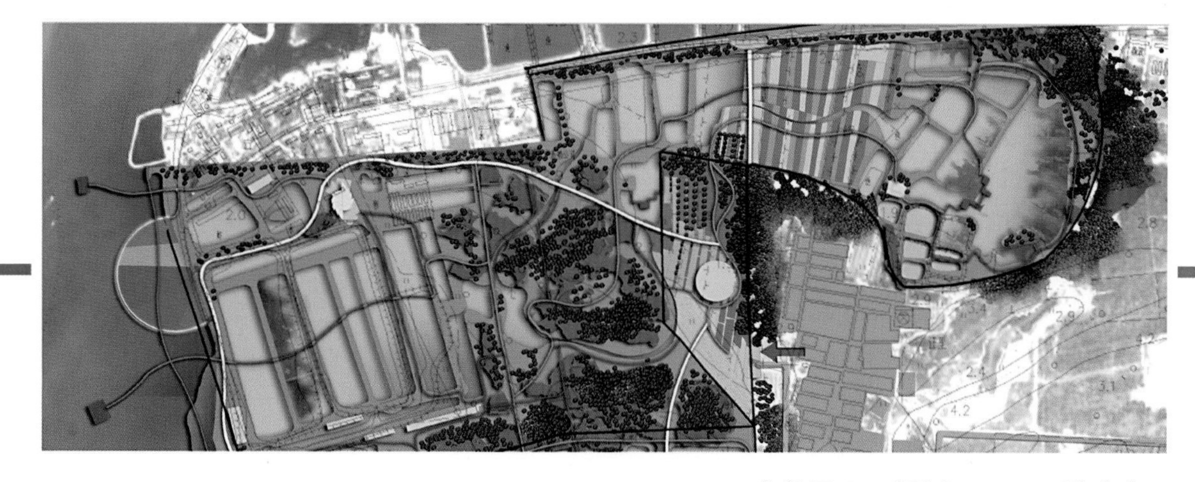

海域　浅海养殖展示　黑松林展示　台田展示

海底观光隧道　滨海湿地

宣教展示区规划图——湿地演变平面图、剖面图

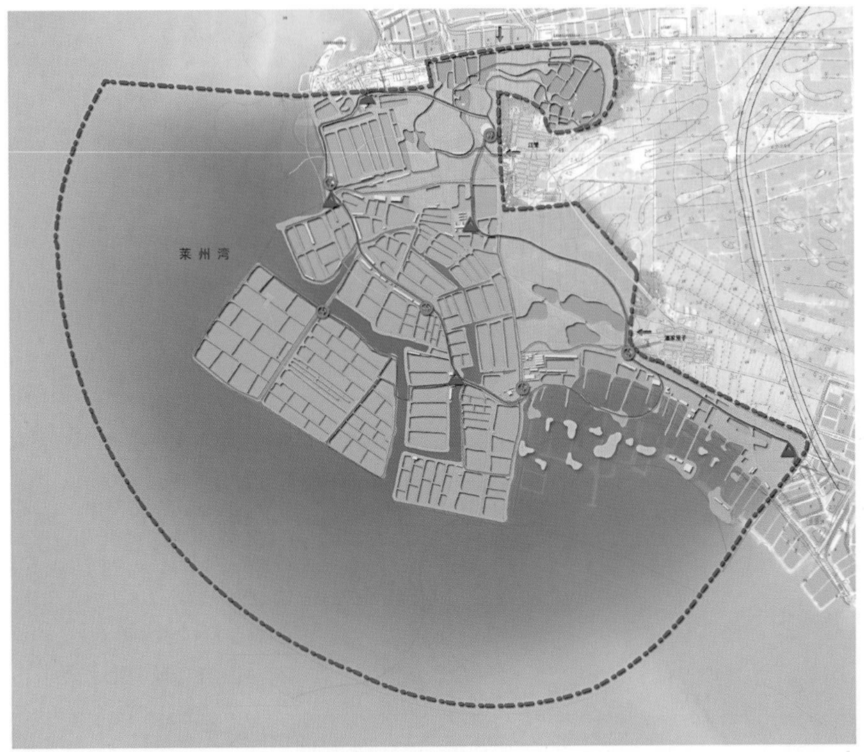

0 250 500 1000 m

国家湿地公园的基础工程包括道路、水、电、通信等。规划的基础设施建设不得破坏湿地生态系统和湿地景观，满足安全、卫生、节约以及便于维修和与附近城镇联网的要求，并符合国家相关规定。

图例

- 污水处理站
- 变配电房
- 给水管
- 排水管
- 供电管线

基础设施布局图

0 250 500 1000 m

湿地公园内规划建有医疗救助站1处，位于主入口的管理服务区。建立动物监测站3处，充分了解和掌握主要生物的发展规律和主要防治措施，为有害生物的综合治理提供依据。黑松林和主入口布置多处标牌和限制性标牌、交通指示牌，增强游人护林、防火意识，增强场地的安全性。在湿地公园内主要游览线路和旅游景点，设置防护林、湿地相关保护方式的宣传标志，使湿地的可持续性得以提高。设置风暴潮预警点1处，结合景观亭在湿地公园内设置防火瞭望塔1座，此地视野开阔，观察及观览效果好。

图例

- 医疗救助站
- 宣传标志
- 风暴潮预警点
- 动物监测站
- 交通指示牌
- 瞭望塔
- 防火宣传牌

防御灾害规划图

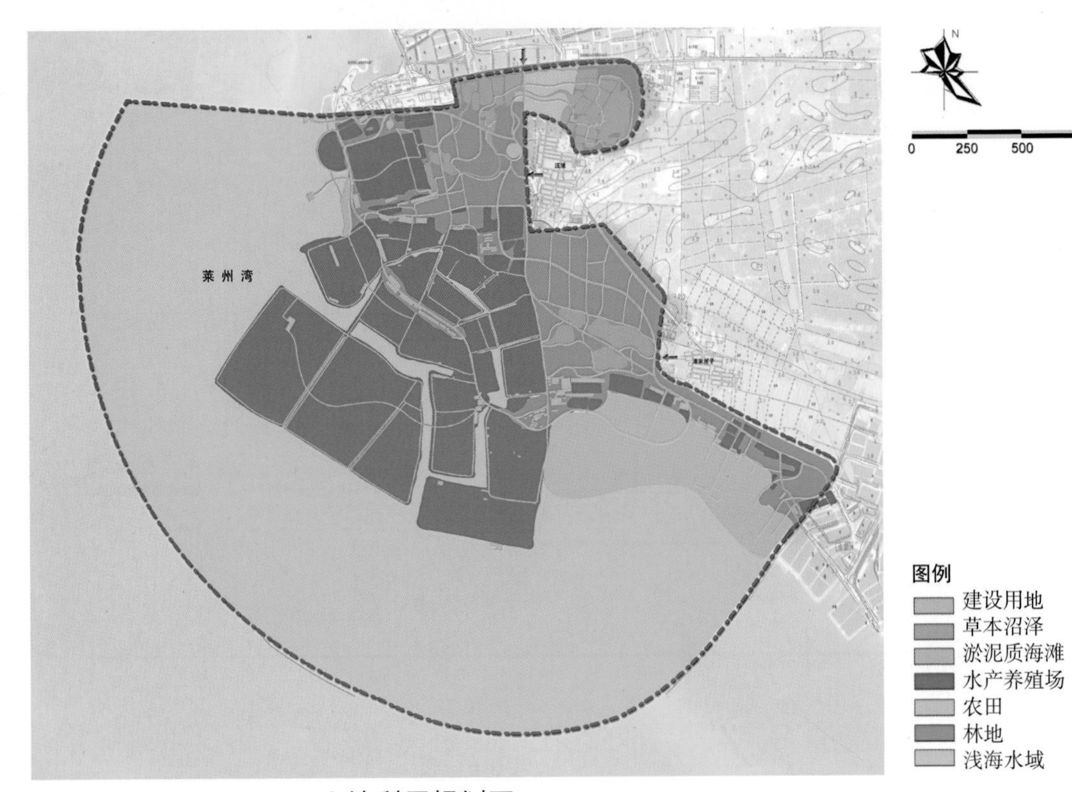

0 250 500 1000 m

图例

- 建设用地
- 草本沼泽
- 淤泥质海滩
- 水产养殖场
- 农田
- 林地
- 浅海水域

土地利用规划图

0 250 500 1000 m

分期目标

近期建设（2012—2015）：全面启动莱州湾金仓国家湿地公园建设。管理区以及基本的基础设施建设初步完成，黑松林的维护和修复建设基本完善。科普馆以及其他建筑启动建设。

中期建设（2016—2017）：加强湿地生态养殖建设、湿地生态环境保护，使人工与生态格局基本形成，加强湿地体验区建设，使其可持续发展能力不断增强。

远期建设（2018—2020）：加强生境岛和浅海修复观光堰、淤泥滩的修建和强化基础设施建设，各方面建设基本完成。

图例

- 近期建设（2012—2015）
- 中期建设（2016—2017）
- 远期建设（2018—2020）

分期建设规划图

五、重庆梁平花园寨总体规划

（一）现状条件分析

1. 地理位置及范围　梁平位于重庆市东北部，界于东经107° 24' ~ 108° 05'与北纬30° 25' ~ 30° 53'之间，东接万州，南邻忠县、垫江，西靠四川大竹，北抵四川开江、达州，县城距重庆主城区180km，距万州66km，渝万高速公路、达万铁路、318国道纵横全境。

花园寨位于梁平县城南郊，东接大河坝水库和318国道，北邻渝万高速，规划范围为花园寨、西北堂区域，总面积约2km^2。

2. 社会历史文化　梁平县是全国非物质文化遗产保护项目最多的县之一，梁平竹帘、梁平年画、梁山灯戏、梁山锣鼓、梁平抬儿调极具地方特色，相继被列入国家级非物质文化遗产名录。其中梁平竹帘、梁山灯戏及梁平年画被誉为“梁平三绝”。

（二）规划性质

花园寨规划关系到重庆梁平地区非物质文化遗产保护、发展和乡域旅游战略导向，本规划兼顾新农村建设和城乡统筹发展，整合区域特色产业、完善梁平旅游功能，立足统筹城乡发展，并且依托旅游地产的开发，建设以非物质文化遗产保护、传承与展示为基础，以优美的湖泊森林、美丽的田园乡村、丰富的历史人文为依托，集游览观光、水上娱乐、休闲度假、安居养生、会议培训等多功能于一体的非物质文化遗产休闲旅游区。

（三）规划依据

1. 法律法规依据　《中华人民共和国城乡规划法》《中华人民共和国文物保护法》《中华人民共和国土地管理法》《中华人民共和国环境保护法》《中华人民共和国水法》《中华人民共和国水土保持法》《旅游安全管理暂行办法》《重庆市环境保护条例》《重庆市风景名胜区管理条例》。

2. 相关上位规划依据　《重庆市旅游发展总体规划》《重庆市旅游业发展“十一五”规划》《梁平县旅游发展总体规划》《梁平县旅游业发展“十一五”规划》《梁平县土地利用计划》。

3. 技术标准　《风景名胜区条例》（2006）、《旅游规划通则》（GB/T 18971—2003）、《旅游资源分类、调查与评价》（GB/T 18972—2003）、《规划区质量等级的划分与评定》（GB/T 17775—2003）、《风景名胜区规划规范》（GB/T 50298—1999）、《旅游规划通则》（GB/T 18971—2003）。

（四）规划原则

①弹性递进，永续利用。
②统筹兼顾，居民参与。
③产业联动，科学发展。
④因地制宜，突出特色。
⑤区域协调，市场导向。
⑥适度超前，量力而行。

（五）规划期限

规划期限为2012—2020年。
一期（近期）：2012—2014年，旅游发展调整期。
二期（中期）：2015—2016年，旅游发展完善期。
三期（远期）：2017—2020年，旅游持续发展期。

（六）发展思路

梁平县地处重庆主城区与三峡库区（万州区）战略结合部，其文化旅游经济发展基础十分薄弱，市场认知基本上局限在双桂堂佛教文化旅游方面。因此，花园寨旅游区在发展中必须塑造鲜明的、富于个性的旅游形象，使其成为独具吸引力的非物质文化遗产旅游区。

①深挖人文底蕴，突出非物质文化遗产特色，充分利用梁平文化遗产，营造浓郁的山乡风情，增加规划区的故事性、趣味性。

②以大众观光游览市场为主要市场，进一步细分需求市场，综合开发，做好各类针对性较强的专项旅游产品。

③分层规划场地，立体打造，多维视角诠释山水旅游的深层体验性。

④按照时序发展，稳步推进，整合资源打造具有持续生命力的规划区。

⑤协调各类关系，全面发展，多方共赢实现环境、社会、经济三大效益。

（七）总体布局

根据规划的目的与原则，规划区在总体布局上应该注重突出特色、全面发展。综合规划区的资源分布、地形空间条件来看，其总体布局思路可归纳为“一心携两带，六区十八景”。一心即以花园寨、西北堂为核心的非物质文化遗产区。两带即结合现状山脉走势，在景区西北和东南修建观景长廊，形成对核心区的半围合态势。六区分别为入口登山区、百家院落区、花园寨核心区、国学禅修区、山水休闲度假区、现代农业观光区。

（八）功能分区

规划将旅游区划分为六个功能区。

1. 入口登山区

区域范围：入口广场至接待中心。

功能定位：健步登山、观光游览。

2. 百家院落区

区域范围：邱家包、吴家塝、长虫湾。

功能定位：旅游接待、商务会议、高档社区。

3. 花园寨核心区

区域范围：花园寨、西北堂。

功能定位：庄园文化、非遗文化、民俗文化展示。

4. 国学禅修区

区域范围：王家院子以西区域。

功能定位：观光游览、知德国学文化研修中心。

5. 山水休闲度假区

区域范围：现状水库西南侧，花园寨以东。

6. 现代农业观光区

区域范围：国学禅修区以南及规划用地东南角。

功能定位：植物园、谷底游览、户外运动。

此外还有发展预留区，包括太阳庙、乌龟坟和祝家院子。功能定位为观光游览、科教普及。

（九）景观节点设计

1. **景区入口** 在景区入口设置入口大门，形式采用木制或竹制门楼，与周边环境相协调，并具有浓郁的乡土气息。于主入口最高峰处设立标志性观景台——知德塔。在临大河坝水库的山顶上修建观景平台和小型茶室。利用现状地形修建拦水坝，形成一个湖泊，进入景区后游人可以选择乘船进行游览。

2. **休闲度假星级宾馆** 休闲度假星级宾馆布置在湖泊西南侧，建筑为川东民居形式，建筑充分考虑水面和地形的特点，依势而建。

3. **观景平台** 根据地形地势，在一些景观较好的地段布置观景台、茶室、楼阁，充实景区内容，丰富景区的景观。

4. **文化体验园** 错落的非物质文化遗产作坊及风情街依山而建，临水而居，给予游人丰富的地域文化风情体验。

（十）建筑风貌控制

景区内的建筑要尽量利用自然条件，体量不宜过大，以一层为主，局部不超过三层，建筑选用当地土物如木材、片石、砖等作为墙体，屋面采用青瓦盖面，建筑采用当地民居形式，使其融合在自然风景中。

（十一）道路工程规划

1. **路网规划** 通过对景区性质、用地条件、现状道路及排水等方面进行综合分析比较后，结合地形合理进行道路网平面布局。规划景区采用自由式水陆立体路网结构。

2. **道路分级及标准** 根据景区交通运输及功能分区的要求，道路分为主干道、支路和游步道。

主干道：车行道景区现有道路宽约3.5m，规划在远期将其扩建为5m，连接景区入口至古寨博物馆。

支路：标准宽3 ~ 5m，硬化路面。

游步道：宽0.8 ~ 2m，为景区内通往景点、景物供游人步行游览的道路。规划在充分利用现有便道的基础上，尽可依势而筑，设置成自然道路或修筑成阶梯式。同时，在地形陡峭、复杂、高差较大的地段，应设护栏或避让场地，以确保游人的安全。

3. **广场用地** 在入口设广场一处，作接待停车等用，并在花园寨沿途设观景平台多处，星级宾馆、住宅小区及古寨博物馆等处按相应标准配建停车位。

（十二）绿地系统规划

景区植被应先保护再改造，原则上不破坏原有森林生态环境，但为改善单一马尾松纯林对森林生态平衡和景观的严重影响，则必须充分利用地方树种，分区改善林分或营造特色风景林。

在普遍绿化的基础上，做到点、线、面相结合，形成由经济林、水土保持林、风景旅游区、点绿化、道路和城乡居民点绿化等组成的综合植物景观林系统。

根据适地适树的生态学原理，结合景区特点，景区内以乡土树种为主，乔、灌、草合理配置，形成各具特色的植物生态群落。做到四时有花，季相景观丰富多彩。

（十三）竖向规划

结合现有地形，在满足线形标准和排水的前提下，确定道路设计高程、纵坡，尽量减少土石方工程量，保持线形平顺和较好的平纵组合。规划中确定主要道路纵坡不大于5%，次要道路纵坡不大于8%。为节省用地，高填方和挖方地段设置挡土墙。

确定规划台地形式、场地标高、排水坡向，尽量保持土石方平衡，减少土石方工程量。结合现状地形地貌，规划地面形式主要采用平坡式，排水坡度不小于0.3%。

（十四）环境保护规划

1. **水资源保护规划** 对河流、溪涧、瀑布及其水源要加强保护。景区内的生活污水、设施用

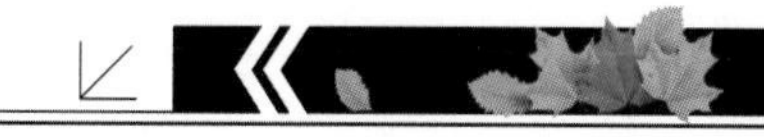

水必须经过严格净化才能排入河道，以防河流、溪涧遭到污染。

2. 噪声控制规划 景区内不得使用大功率的喇叭进行宣传广播。限制进入景区的车辆类型、车流量、行驶速度。加强对景区内各种娱乐设施的管理，严格控制各种娱乐活动产生的噪声。

3. 空气质量保护规划 生活锅炉、烟囱必须安装排尘设施，减少空气污染。进入景区内的汽车必须安装有废气净化装置，以减少汽车对空气的污染。对景区内的垃圾要定点分类堆放，及时妥善处理，以防恶臭污染。

4. 废弃物处理规划

①做好宣传工作，在旅游手册上提醒游客注意公共卫生，保证景区有一个清洁美观的环境。

②在景区内游客时常停留的场所和人行道旁，设立标志统一，容易发现但不破坏景观的果皮箱，根据景区特点，可以设立为树桩型，由清洁工定期清理。设立标牌，提醒游客不要乱丢废弃物。

③建立完善的环卫机构，配备专职管理人员和保洁队伍，保持各景区景点的清洁，定期对景区进行卫生检查和评比。

④景区内外的所有商店、饭店严禁使用塑料袋、泡沫饭盒等不可降解物品。

（十五）环境卫生设施规划

1. 垃圾桶及垃圾箱 规划花园寨景区垃圾收集方式以垃圾桶定点收集为主，逐步实现垃圾分类收集。新建垃圾箱应独立设置，主要设于行人集中处、道路两旁，设置间距在交通干道为50 ~ 80m，一般道路为80 ~ 100m；可以使用鲜艳色彩、造型独特的垃圾箱，垃圾箱的形式应与周边建筑协调。

2. 公共厕所 规划按150 ~ 300m服务半径设置公共厕所，每座厕所的建筑面积视具体位置和人流密度为30 ~ 50人/m^2。在大型公共建筑和其他人流集散场所也必须设置公共厕所。

3. 污水处理 项目地产生的主要为生活污水，一般经化粪池沉淀、隔油池处理后，即可满足要求，然后经市政管网进入污水处理厂处理。

（十六）防地质灾害规划（略）

（十七）森林防火设施规划（略）

（十八）游客安全规划

按照总体规划环境容量预警指标，在旅游高峰期合理疏导与分流游客，避免因游客超载造成事故。

加强旅游区的治安报警和紧急救护设施的配套建设，如设景区公安派出所和救护站等救援体系，保障旅游者安全。

登山步道安全防护：紧邻陡崖的游道，要及时清除险石，必要时外加金属网防护，险峻陡峭处要设置护栏、护墩、扶手等保护设施，同时，要设置警示牌以提醒游人注意安全。

（十九）近期建设规划

花园寨旅游区的近期发展目标是初步营造出“中国非遗第一寨”的旅游目的地形象，本阶段旅游业发展将显出“高投入、快速度、低效益”的总体发展特征。

1. 花园寨核心区部分 梁平非遗之窗、来子塔/知德塔观景台、原生态作坊院落、钱家大院、非遗实景戏台、观景长廊、中书第一条街。

2. 旅游接待区部分 旅游接待中心、停车场、人工湖。

3. 旅游基础设施 古栈道修复、寨门、公路、石板路、旅游标识等基础设施。

（二十）城乡一体化旅游开发运作模式

1. 土地置换模式 通过规划将旅游区部分农户相对集中于村落中，农户原有的宅基地“退宅还耕”，在保证耕地总面积和住宅总面积不变的前提下，实现农民居住环境和配套设施的改善，集中起来的民居作为大型村落开展旅游接待，发展餐饮、娱乐和旅游商店等。

2. 就近就业模式 当地寨民和村民可以直接参加到旅游活动经营中来，一方面是参与手工作坊的制作，另一方面可以参与纪念品的销售，经营小吃店和纪念品小店，还可以参与到农家乐的经营中，促进当地经济的发展。

3. 农村产业结构发展模式 规划要根据农业的地域性、自然性、专业性特点，因地制宜地开发独特的农业旅游项目，把旅游产品贯穿在具有高科技含量、高环境质量、高价值效益的“三高”农业生产中，以观光、旅游、普及教育、休闲度假、娱乐、环境保护等多样性产品为主题内容，使传统粗放型农业转变为集精致性、系统性、集约性、教育性为一体的现代农业。

（二十一）景区经营与当地居民合作模式

1. 农民新村的居民与景区经营合作模式 第一方案是在旅游企业中雇用当地农民，给人们一个“有地、又有工作机会”的致富环境；第二个方案是由当地农民给旅游企业提供商品及服务。这可以在旅游业的供应过程中实现。

2. 旅游企业与当地居民合作模式 旅游企业将农庄承包给居民，居民将商品及服务直销给游客，这是一种非正式经济，可以包括摆摊推销食品及手工制品、行李搬运及其他方式的运输，提供方便食宿。

（二十二）经济技术指标表（略）

（二十三）投资估算（略）

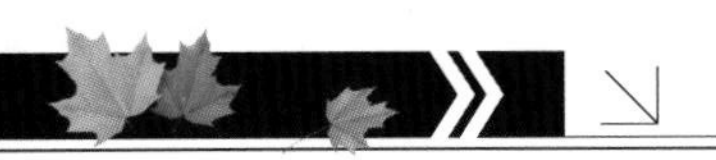

风情街鸟瞰图

知德塔观景台鸟瞰图

茶室效果图

钱拗公住宅修复效果图

会所鸟瞰图

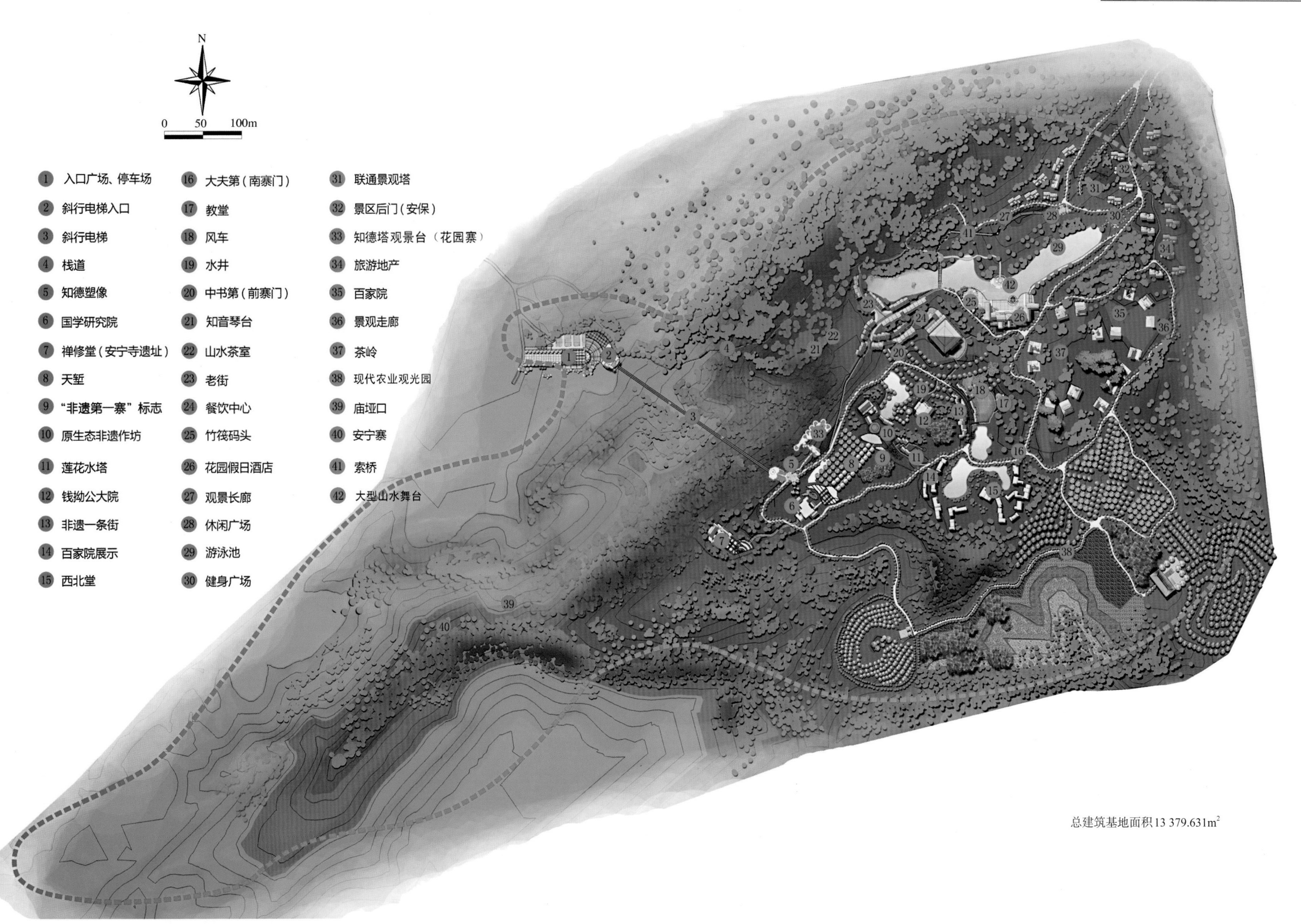
N
0
50
100m
1 入口广场、停车场
2 斜行电梯入口
3 斜行电梯
4 栈道
5 知德塑像
6 国学研究院
7 禅修堂（安宁寺遗址）
8 天堑
9 “非遗第一寨”标志
10 原生态非遗作坊
11 莲花水塔
12 钱拗公大院
13 非遗一条街
14 百家院展示
15 西北堂
16 大夫第（南寨门）
17 教堂
18 风车
19 水井
20 中书第（前寨门）
21 知音琴台
22 山水茶室
23 老街
24 餐饮中心
25 竹筏码头
26 花园假日酒店
27 观景长廊
28 休闲广场
29 游泳池
30 健身广场
31 联通景观塔
32 景区后门（安保）
33 知德塔观景台（花园寨）
34 旅游地产
35 百家院
36 景观走廊
37 茶岭
38 现代农业观光园
39 庙垭口
40 安宁寨
41 索桥
42 大型山水舞台
总建筑基地面积13 379.631m²

规划总平面图

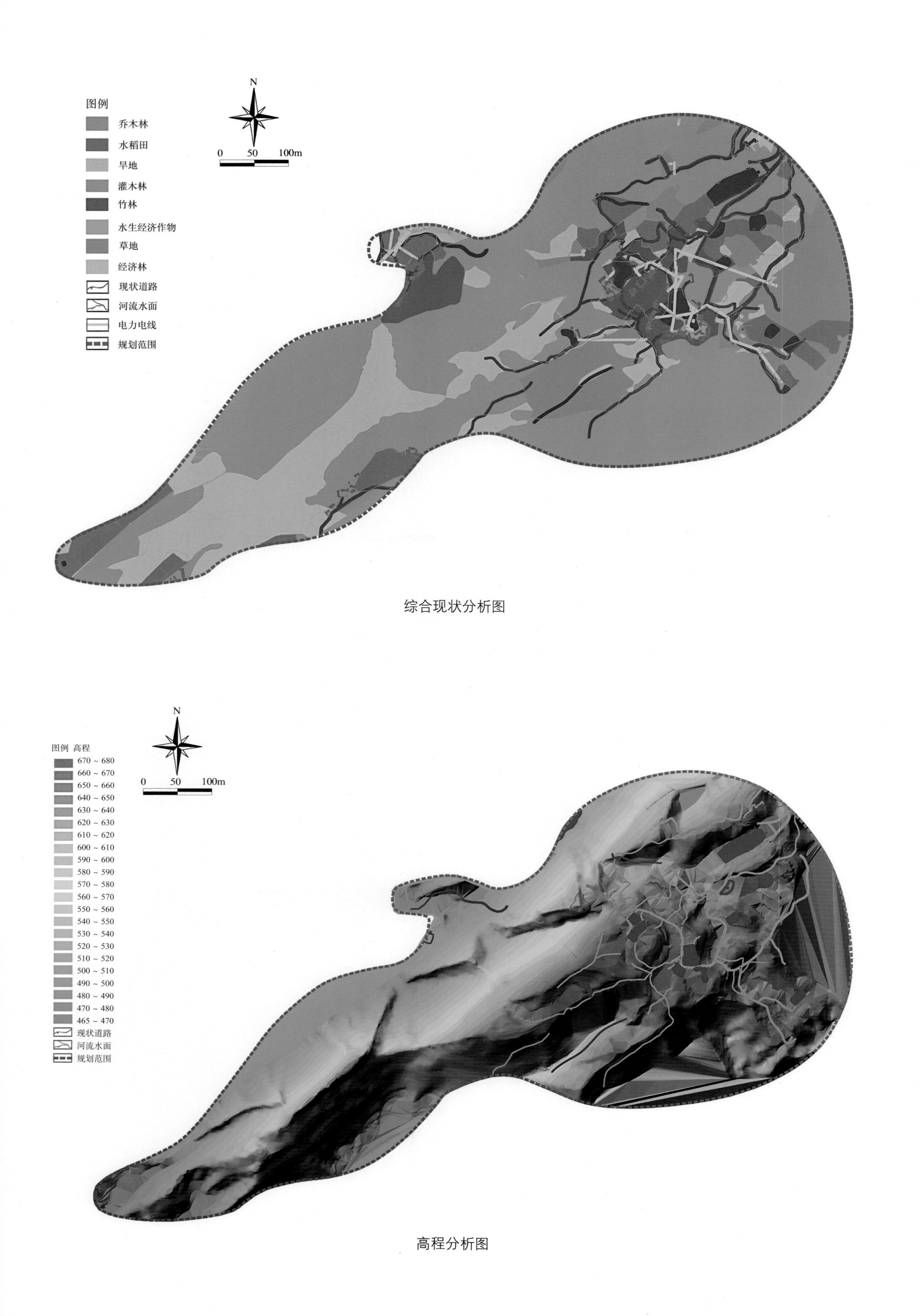

综合现状分析图

高程分析图

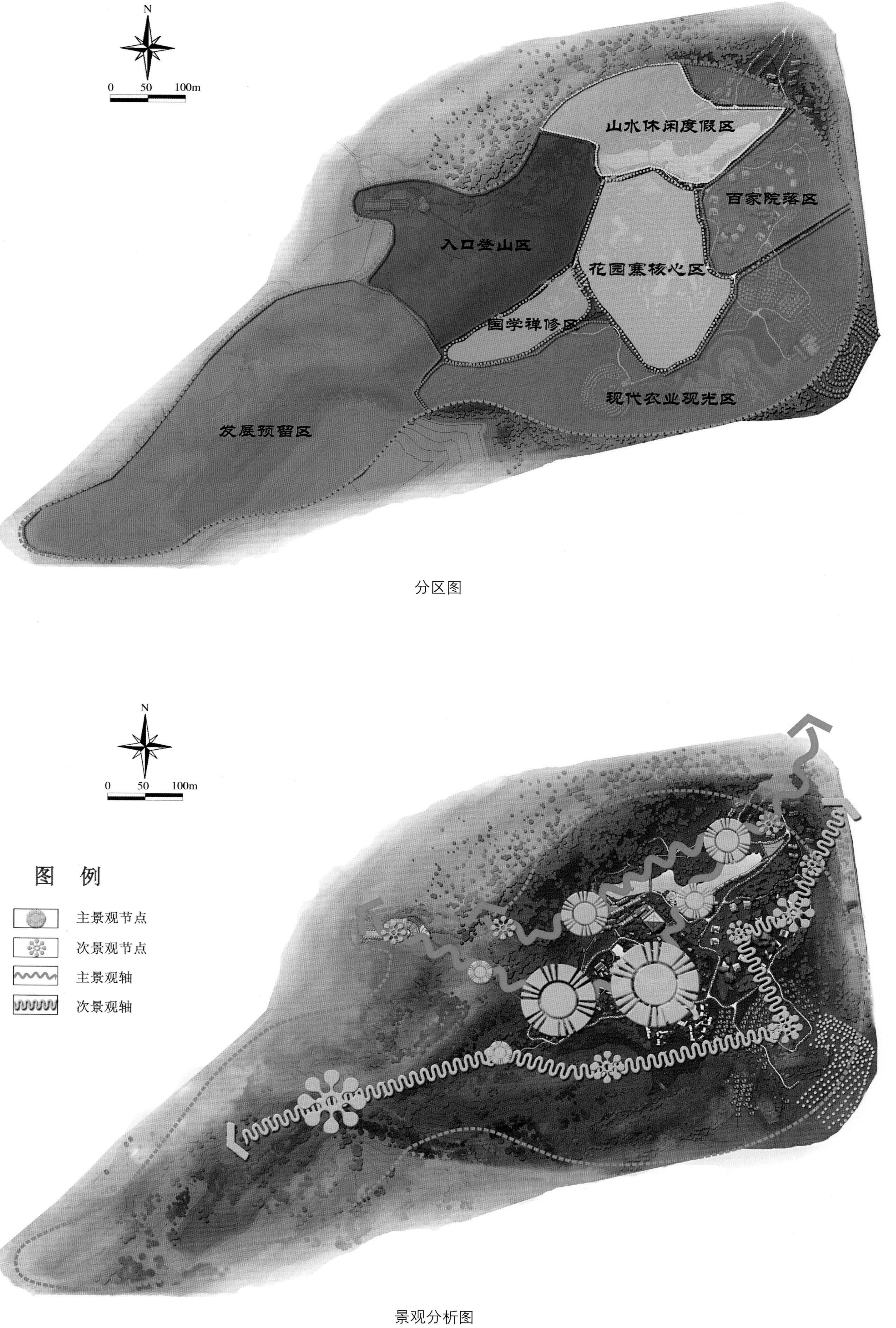
N
0
50
100m
山水休闲度假区
百家院落区
入口登山区
花园寨核心区
国学禅修区
现代农业观光区
发展预留区

分区图

N
0
50
100m
图 例
主景观节点
次景观节点
主景观轴
次景观轴

景观分析图

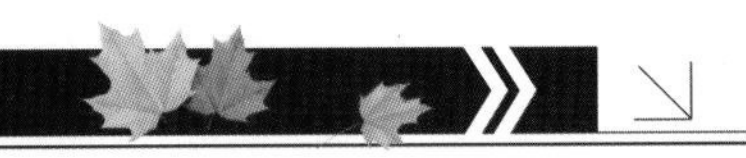

六、安徽宿州灵璧石公园规划设计

（一）项目概述

安徽省宿州市灵璧县灵璧石公园用地范围南至奇石大道，北临奇石大市场，西与过境省道相接，东与规划中的商业及居住用地为邻，规划总占地面积约170 000m^2，用地范围内地势平坦、有几个小面积鱼塘。由于该园地处灵璧县的门户之地，同时与规划中的居住区、商业街毗邻，因此，本设计力求将该园打造为展现灵璧城市文化、灵璧石文化的“灵璧之窗”，以及灵璧民众人人向往的“灵璧乐园”。

（二）设计依据

设计依据包括《城市用地分类与规划建设用地标准》（GB 50137—2011）、《灵璧县总体规划》《灵璧县南部新区控制性详规》《灵璧县灵璧石公园规划设计任务书》。

（三）设计原则

1. 系统性原则　将该区域的绿化纳入整个城市的绿色网络建设之中，进行系统的考虑与分析。

2. 生态优先原则　一方面，强调生态环境的恢复，特别注重园区内水体和水质的维护、防止水土流失；另一方面，以抗性强和生长迅速的乡土植物材料为主，力求在短时期内形成丰富的自然植被景观，并形成可持续的植物群落，不拒绝植物的各种栽植形式和植物的适当修剪，以期最终能获得低养护、高价值的景观。

3. 经济合理性原则　通过对该区的景观规划设计及环境建设，明显提高该区域的综合价值，使经济、社会、生态（效益）三者都得到兼顾和尊重，同时有效带动沿线土地利用价值。最大限度利用现有水体、植物、地形等资源，整合现有的水面和鱼塘，减少挖填方量。

4. 服务性原则　该区域的服务对象主要为本地城市居民及外来游客等，应体现以人为本的设计原则，更好地服务于来此休闲娱乐的人群。

5. 保持特色原则　目前全国各地已经有建成的奇石类公园若干，建设的重复性和同质性很强，导致各自的吸引力不足。本设计必须挖掘区域特色，在设计和建设中挖掘、创立、坚持自己的特色，使该园区具备最大限度的个性和吸引力。

（四）设计理念

1. 生态适宜性　生态已不仅是生态学中的术语，已成为影响时代建设与发展的重要因素，“生态”观念强调对各种资源的整合及再利用、强调尊重地域现况，在设计过程中应有针对性地保护、利用有利资源并将限制因素变为优势特点。生态化的设计理念引导我们塑造人工景观时，应以自然条件为基础，从节约、经济的角度出发，这样能够大大降低建设成本，实现良好的生态效益和社会效益。

2. 经济适宜性　该景观地块的建设强调低投入、高效益，即降低投资成本，降低日常维护成本，以成本较低的生态养护为主，同时争取较高的生态环境效益回报。例如，各个景区尽量减少人工硬质景观，以模拟自然、养护较低的植物群落景观为主，主要景观节点则需重点投资。

3. 人文风貌体现　人文风貌是一个城市精神品格形成的根本，奇石公园的景观应当结合灵璧县悠久的历史文化特色及灵璧城现代多元的文化特性进行展现，体现灵璧城市“渊远历史”“欣欣未来”的人文风貌。

（五）方案简介

1. 灵感来源　灵璧石公园的功能较为丰富。首先，它作为灵璧的门户、窗口向过境的人们展示着灵璧县新兴、和谐、美好的城市环境；其次，灵璧石公园作为面向灵璧民众及外来游人开放的城市公共绿地，应成为一处芳草繁茂、清新宜人的绝佳去处。因此，在追求别有深意的构图形式的同时，该园区的功能定位也必须慎重考虑。

在设计之初，设计的灵感源自“灵璧”二字，据说古人以“灵璧”二字命名该县，是因该地“山川灵秀，石皆如璧”，而灵璧石与“璧”并驾，可见灵璧之珍贵。虽“灵璧”并非真正的“璧”，但在进行本园的设计时，设计人员还是力图把“灵璧奇石园”这样一块璞玉打磨成六大礼器之一的“璧”，故整体构图中以古代礼器“璧”的环形为主线，局部则采用现代几何式构图，方案设计在追求深刻人文特色的同时，也紧跟时代步伐。

园区内水面则采用师法自然、聚散得宜的传统理水手法对现有水面进行梳理、扩充等，水面有分隔、有收缩，也有衍生，形成丰富的景观层次空间。

2. 空间组织　该公园的空间组织主要需考虑周边环境及园区内部分区的交通需求，分设四处主入口和两个游步道入口，其中南、北、东、西北四侧为缓解市区主干道的较大人流、车流，各设一个主入口；位于滨河路的西南侧由于受地形限制，只设立了两个人行次入口。平均宽度约6m的环状道路联系全园主要景区，另有平均宽度为2m的游步道联系各个主题景区内的各景点。

3. 景观分区　灵璧石居我国四大名奇石之首，其历史悠久、名传中外，所谓“灵璧一石天下奇，声如青铜色如玉”，为凸显灵璧奇石园的灵璧石文化，在具体的景观设计中，拟按灵璧石极高的观赏价值、悠久的历史、声如青铜等几个独特之处作为分区构思的重点。将全园分为石之艺、石之史、石之乐、石之音及灵璧集萃五大主题景区。

（1）石之艺主题区　包括树阵广场、石艺广场、餐饮中心、石艺文化馆四个主要景点，区内景点主要利用灵璧石结合植物造景，展示灵璧石独特的图案、肌理、造型艺术魅力。

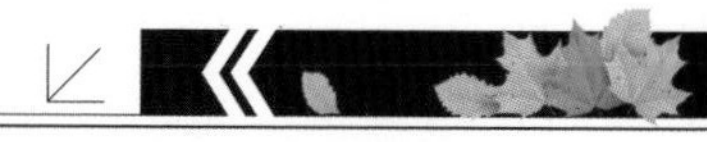

树阵广场：为市民提供休闲游憩的开放空间，树池结合坐凳为人们提供了较好的坐憩空间，开阔的广场则给人们提供了健身等所需的活动空间。树阵需选用色叶落叶树，使景观效果随季节变化。

石艺广场：选用各种类型的灵璧石散置于临水广场上，展示灵璧奇石的艺术魅力，让流连于此地的人们能充分欣赏到灵璧石特有的形态美、质地美、色彩美、纹理美。

餐饮中心：既对外开放，也服务于园区内部，满足游人及奇石市场的商旅人士等交流用餐的需要。此外还可在中心开设定期的品石会，向公众展示最新最奇的灵璧石，激发灵璧人民对家乡的自豪感，同时可面向外来客商宣传灵璧。

石艺文化馆：主要用于展示灵璧石的历史文化及生产工艺流程等，同时可作为石友交流赏石经验的会馆。

（2）石之史主题区 包括灵璧历史文化长廊、石林野趣、石破天惊三个主要景点，区内景点利用地形结合灵璧石、植物进行造景，展示灵璧城市及灵璧石的历史文化。

灵璧历史文化长廊：弧形的景观大道，西侧为介绍灵璧城市历史人文的浮雕景墙，如十大藏石名人介绍等，东侧为装饰有灵璧石的景观灯柱，整体效果现代简约又不乏地方特色。

石林野趣：选用各种造型的灵璧石散置于疏林草地，展示灵璧奇石的造型魅力，可根据每一块石头特殊的造型设计各个景观小品。

石破天惊：于园区内最高的山丘上建设一亭，亭周围主要利用灵璧石及植物造景，首先可根据地形用自然石块模拟溪流、瀑布，其次利用植物营造山林葱郁的景观效果。

（3）石之乐主题区 包括奇石迷宫、飞花沁石、石堤春晓三个主要景点，区内各景点的设置主要是为了增强该园的趣味性。

奇石迷宫：为市民提供游乐冒险的开放空间，自然石块摆放成迷宫，让参与其中的游人在认识奇石的同时，也锻炼了身心。

飞花沁石：穿插在茂密林下的自然式游步道，既可作为游客健身的去处，也可成为联系沟通各景点的通道。

石堤春晓：在本主题区湖岸采用自然式驳岸，岸上布置灵璧石和耐水湿植物，营造桃红柳绿映灵璧的自然景观，同时也为石艺广场提供优美的视觉对景。

（4）石之音主题区 包括八音广场、石啸广场两个主要景区，区内景点主要利用灵璧石声若金石的特点进行造景。

八音广场：该广场为一亲水观景平台，于平台中央置一灵璧石磬，游人可随意叩击，听取其悦耳之音，展示灵璧石“声如青铜”的特点。

石啸广场：选取造型空透的灵璧石列置于入口广场两侧，风吹经石缝可发出不同的声响，向过往来客展示灵璧石特有的造声魅力。

（5）灵璧集萃主题区 包括灵璧奇石展览馆及张氏园亭两个主要景区。

灵璧奇石展览馆：展览馆对外开放，可收取一定费用，可供游人欣赏各种类型的灵璧石，展览可分类布置，如色彩类、声音类、象形类、抽象类等。同时，还可在馆内开设购买专柜，方便游人购买纪念品。

张氏园亭：宋代灵璧张氏兰皋园一石甚奇，称“小蓬莱”，苏东坡曾题字“东坡居士醉中观之洒然而醒”于上，且苏轼另有一篇《灵璧张氏园亭记》留传后世。本景点主要围绕“小蓬莱”一石进行景点设计，拟运用古典园林的造景手法，将“蓬莱仙境”的美好想象变为实景。将该地段的驳岸处理为自然式，并于临水面设置假山平台，山顶设置一观景亭，亭中居中摆设“小蓬莱”，并通过大量水生湿地植物的运用，使此地成为集科普、娱乐、生态为一体的赏石游乐景点。

（六）种植设计

1. 行道树 人行道两侧种植双排行道树，树种主要为千头椿与黄山栾树，这两种行道树在园区一、二级道路为交错种植。千头椿树干通直高大，树冠开阔，叶大荫浓，新春嫩叶红色，秋季翅果红黄相间，是优良的彩叶树种。黄山栾树果色金黄，凌冬不凋。

2. 主要步道绿化 注重道路的观赏性，可在适当位置建造微地形，其上自然式种植黄杨球、石楠、桂花等常绿灌木；同时考虑色彩变化的效果，运用满栽的金枝槐、紫叶李分别与黄杨球间隔种植，红、黄、绿色彩斑斓，自然与规整富于变化。

3. 滨水驳岸绿化 主要以自由曲线方式种植耐水湿、抗性强的乔灌木，如柳树、榆树、夹竹桃、云南黄馨等，间隔建造微地形，更好地烘托出自然种植方式。部分地段可增种部分挺水、浮水植物，如鸢尾、黄菖蒲、荷花、睡莲、水生美人蕉等，在增加美观度的同时加大园区的生物多样性。

4. 其他面积较大的林地 如疏林草地、混交林区域等，则尽量融入整体绿化，依据不同分区的植物配置要求进行布置。供参考绿化的主要树种有合欢、水杉、池杉、落羽杉、侧柏、龙柏、雪松、黑松、香樟、广玉兰、白玉兰、垂柳、湿地松、重阳木、杨树、臭椿、乌桕、榆树、榉树、朴树、槐树、丝棉木等乔木，林下可配置云南黄馨、杜鹃、连翘、胡颓子、八角金盘、迎春、石楠、海桐等灌木，局部可运用铺地柏、金叶女贞、雀舌黄杨、红花檵木等模纹植物，另可运用石蒜、二月兰、鸢尾、美人蕉、玉簪、红花酢浆草、麦冬等营造自然花境。

（七）竖向设计

由于本区域地形高差变化不大，为了体现不同场地的空间特征，一些场地需进行地形处理，以达到造山理水的要求；具体操作中应尽量平衡土方，以减少工程量。为保证绿化景观效果，需对局部土壤进行改良，在改良的同时也对该地区进行微地形塑造以避免路面单调。

园区内部滨水主要部分皆做成自然驳岸，并利用驳岸高差塑造地形的变化，驳岸距离水面0.8 ~ 1.0m。部分绿地主要以自然草坡的形式向河中倾斜，拟采用5% ~ 15%的缓坡，最高覆土1.5m，而广场和园路拟采用0.1% ~ 2%的坡度排水。

（八）设施规划

人行道铺装：采用大理石板与彩色混凝土砖或精品砖相结合的形式。

广场铺装：采用荷兰砖、压花混凝土，局部采用石材搭配使用。

休息椅：根据人群密集程度及附近环境质量，按不同距离沿人行道设置，拟采用木制条板、钢制成品。

公共电话亭：于出口等景观节点处的适当位置设置公共电话亭两组。

垃圾箱：人流密集区域每30m左右一个，人流较少区域每100m左右一个，而人流稀少区域仅以出口区域设置。

路灯：路灯设计每25m一个。灯具造型简洁明快，富有现代气息。

灯光照明：为了满足人们晚间的休闲娱乐和通行要求，需要提供足够的照明。道路及广场设大功率灯柱做场地照明，地面可与广场小品和长椅设施设置地埋灯，树林草坪合理设置一定的路灯或草坪灯，保证行走照明和广场观景需要。灯具应选用与景观和建筑形式协调的风格、形式，起到点景的作用，路灯、草坪灯及景观灯等均需要统一规划设计，保证与总体景观的和谐。

（九）主要经济技术指标

场地	面积（m²）	百分比（%）
绿地	52 458	30.9
水面	57 000	33.5
道路	27 307	16.1
广场	19 735	11.6
建筑及停车场	13 500	7.9

（十）投资估算（略）

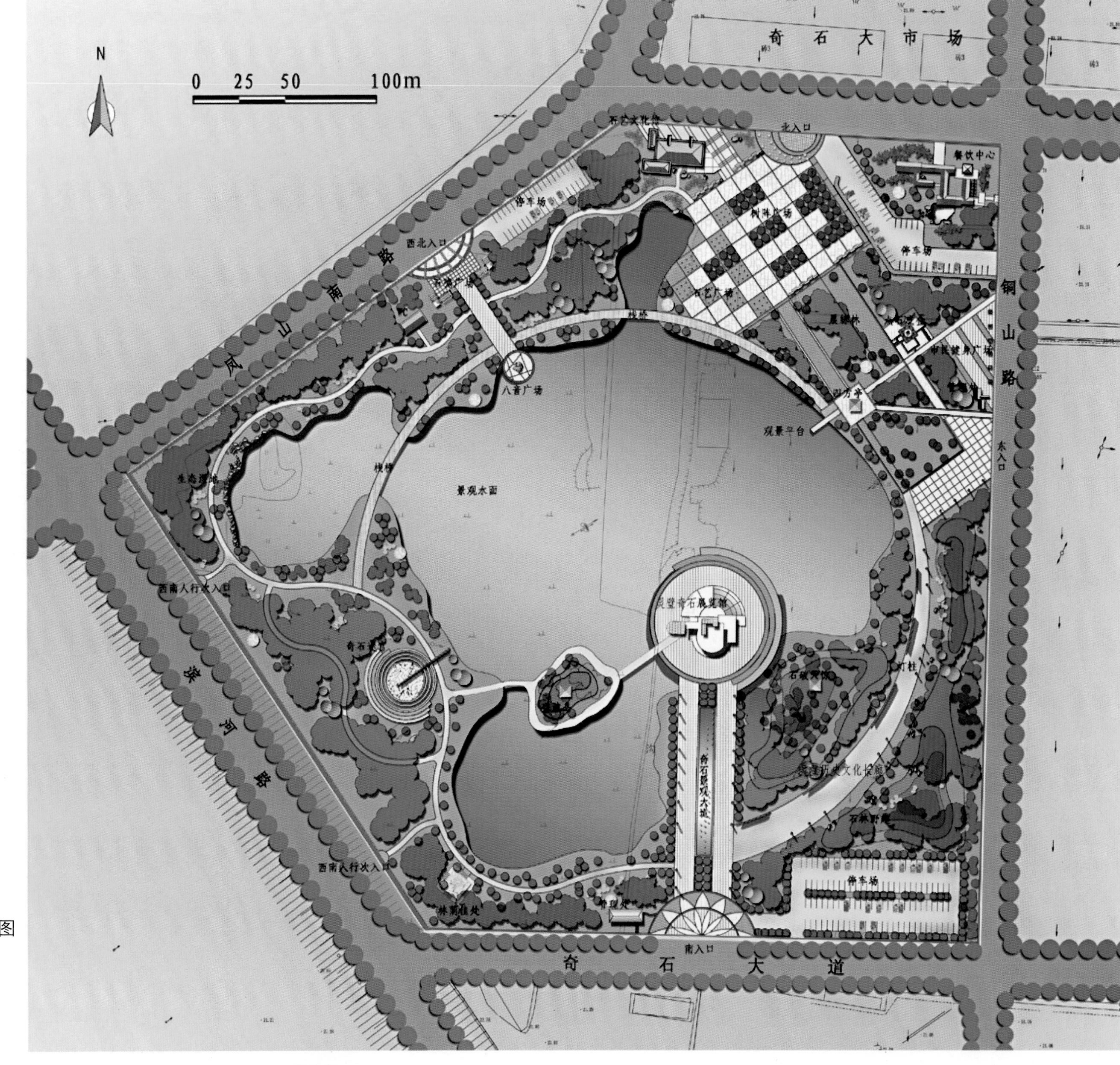

总平面图

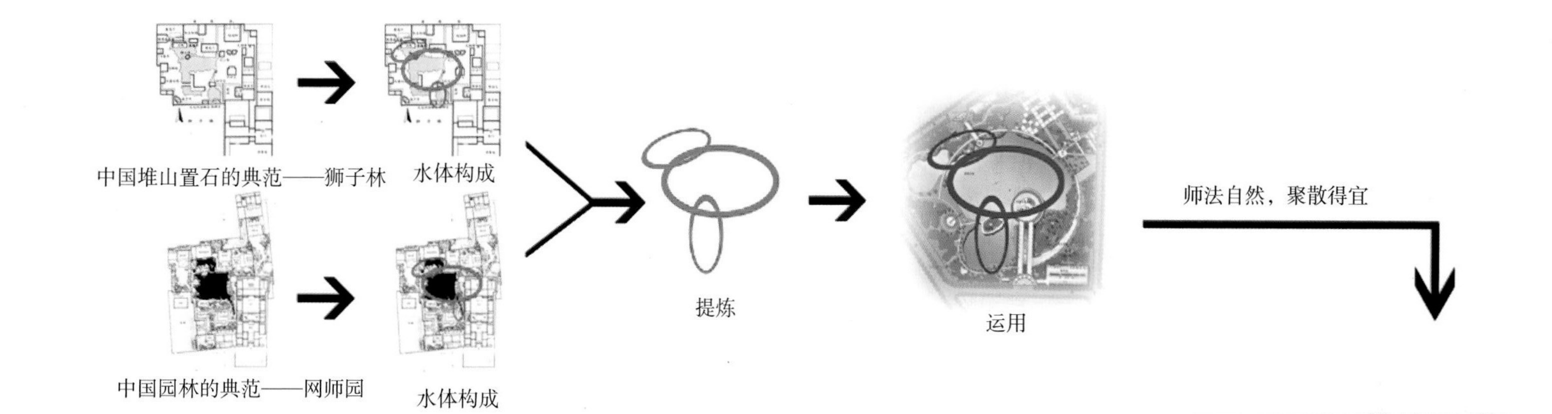

玉璧：礼之重器　　提炼　　运用

山川灵秀，石皆如璧

构成形式分析图

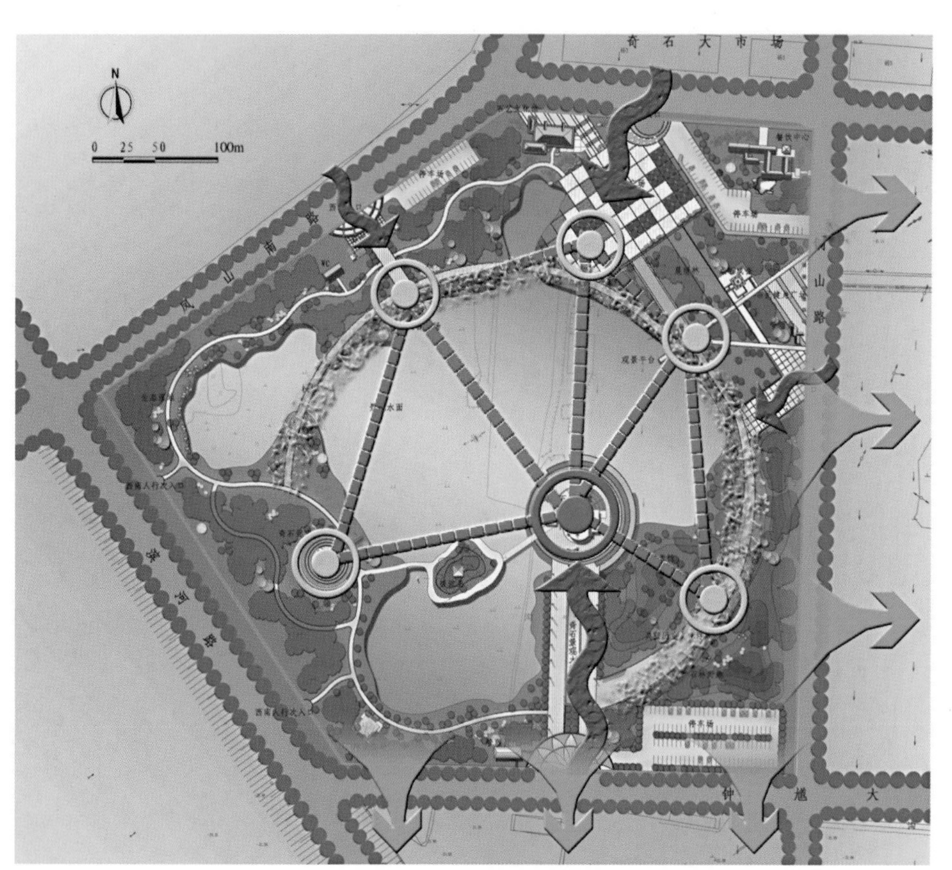

核心景观节点
次要景观节点
对景视线廊道
滨水景观轴
景观轴线
生态辐射

景观结构分析图

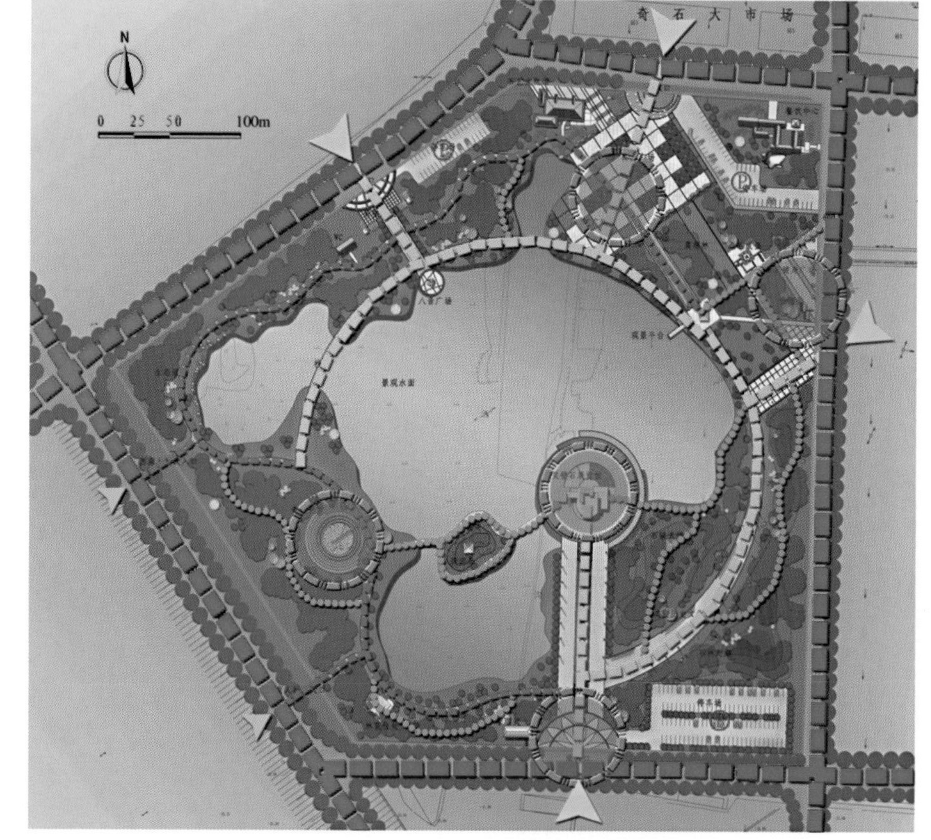

广场停留空间
停车场
人行入口
主入口
城市道路
园区一级道路
园区二级道路
园区三级道路

道路系统分析图

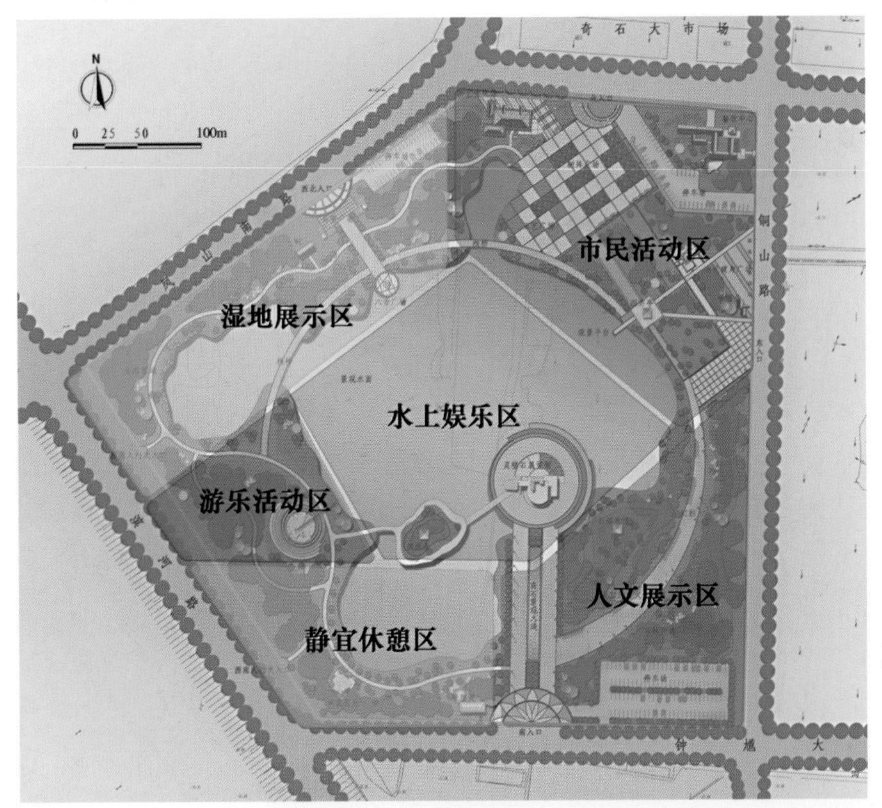

功能分区图

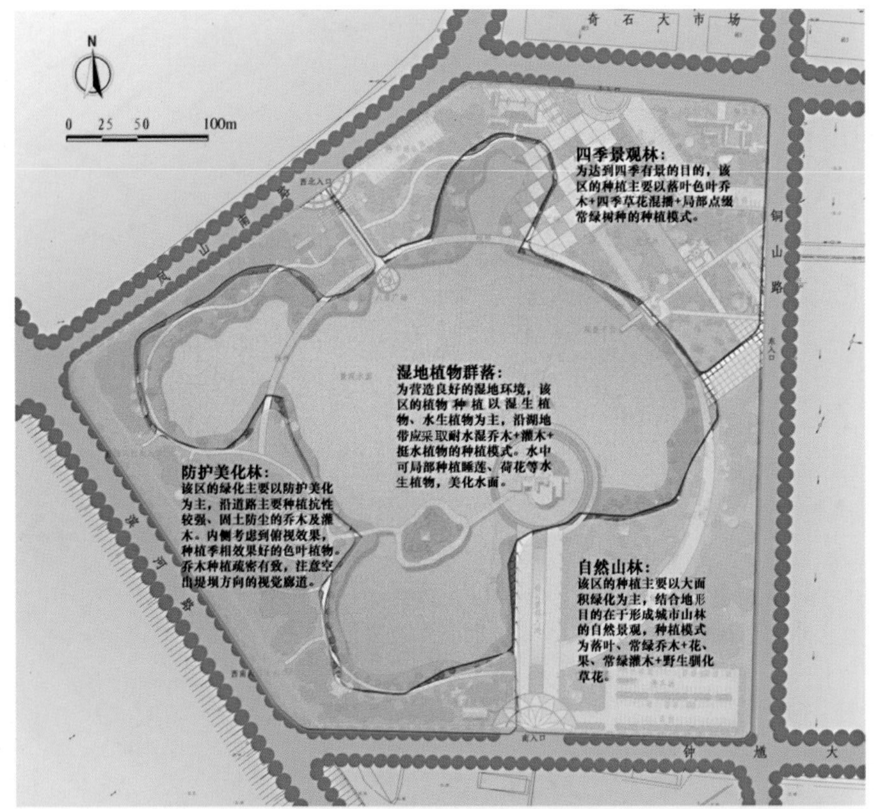

种植特色分区图

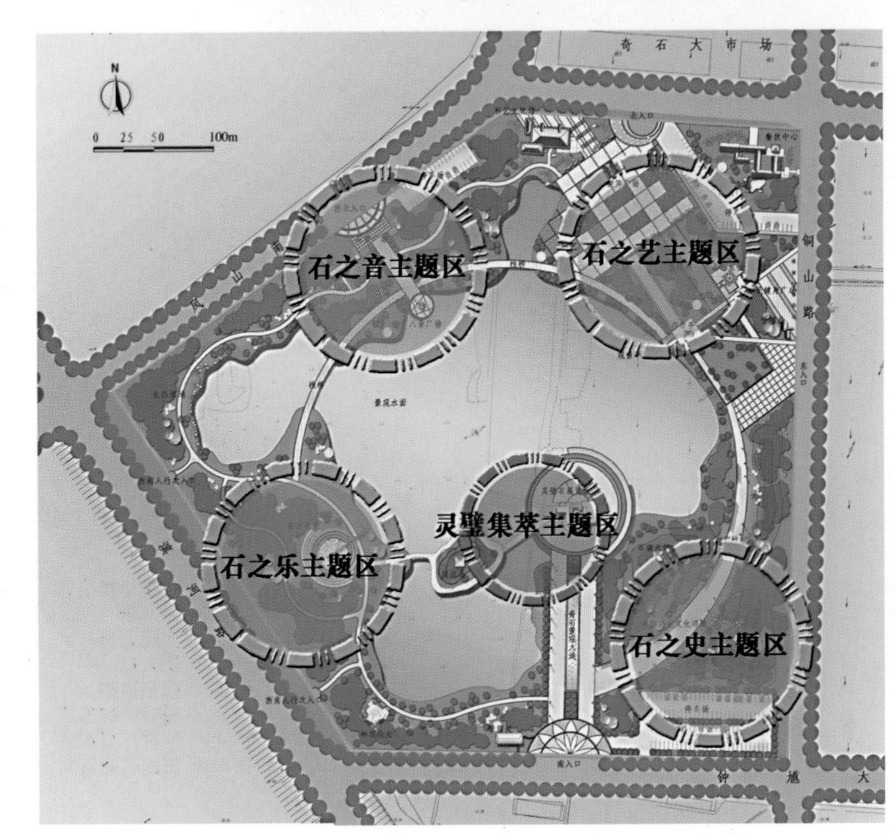

主题分区图

公共设施布置图

奇石大道

全景鸟瞰图

灵璧石展览馆

张氏园亭

赏石亭

灵璧历史文化长廊

石艺广场

七、贵州盘县东湖公园规划设计

盘县东湖公园位于贵州省六盘水市盘县县城主中心区东部，于2010年5月开工建设，2013年1月建成，总投资约1.6亿元。公园占地面积约52.4hm^2，湖面面积约24.6hm^2，绿地面积约25hm^2。

东湖公园是一个城市中心区公共滨水地带，注重城市与自然的关系，总体结构包括“一岛、一环、五区”，一岛为栖凤岛，一环为环湖路，五区为生态休闲区、湖滨观光区、宾馆住宿区、综合服务区、水上活动区。

东湖公园景观设计以问题为导向，使设计在解决矛盾的同时，提升公园的整体品质。东湖公园为盘县第一座城市公园，近期兼顾全市性公园的功能，设计以人为本，设置多样化的功能景观，为各个年龄层次的游客提供活动空间。

公园原有水面与陡坡面积较大，岸线变化较小，游人容量偏低，景观层次单一。景观设计在因地制宜的基础上，增加半岛、水上活动平台、半山台地，增加活动空间，设置隔景廊桥、嵌入式小品，增加水岸复线，丰富景观类型。

盘县为工业城市，东湖为人工水库，自然性欠佳，设计生态优先，运用植物造景，进行人工景观和自然景观的过渡。

红果新城无人文景观，欠缺文化内涵和社会凝聚力，景观设计注重文脉传承，挖掘地方“凤文化”，引入凤凰渊源，营造龙凤吉祥的景观意境，以“凤”为景观元素，以“龙起红果，凤栖东湖”为景观主题，设有舞龙桥、引凤台、栖凤岛、双凤湾、鸣凤谷、凤尾苑等景观节点。

东湖公园建成后不仅为群众提供了良好的休闲环境，同时大大提升了红果新城的城市品位。

全景鸟瞰图

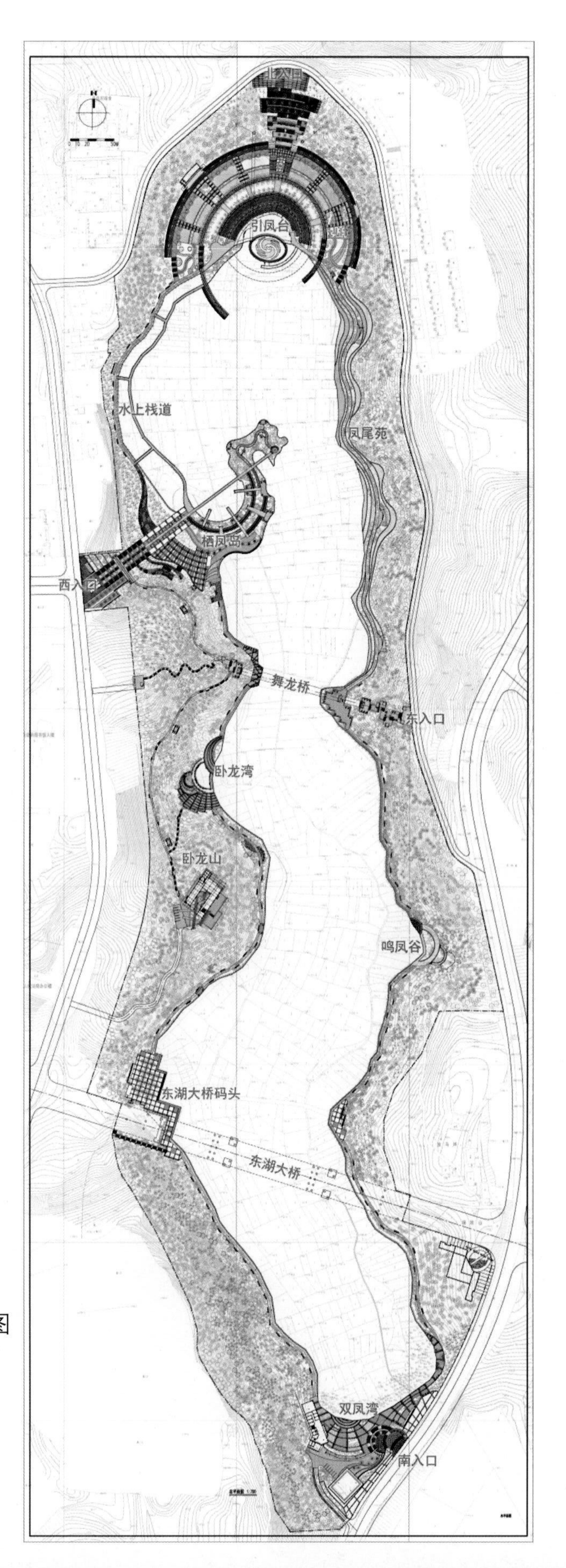

总平面图

栖凤岛

栖凤岛俯瞰

引凤台

栖凤岛树阵广场

双凤湾

引凤台看台

八、浙江武义温泉度假区总体规划

（一）空间布局

根据主题定位和发展目标的要求，依托地形、地域及规划道路体系布局，形成特色鲜明、功能相济、主题突出的格局，按照资源整合、生态开发强度、合理布局原则，将全区划分为“一心七区”，呈众星捧月型分布。“一心”为温泉小镇风情区，武义温泉度假区的温泉资源“浙江第一，华东一流”，在度假区重点打造一个核心。“七区”为熟溪水岸生态居住区、双港溪生态保育区、凤凰形温泉会议旅游区、双溪康体健身拓展区、竹园仙乡生态旅游区、郭洞生态民俗旅游区、抱弄茶乡温泉高尚度假区。

（二）景区概念规划

1. 温泉小镇风情区

（1）定位　集休闲、度假、疗养、娱乐、购物、集散功能于一体的温泉小镇。

（2）规划构思　根据温泉度假区的资源和开发现状，规划中的温泉。小镇从西往东，分为宋韵、欧风和江南风情三个节点，沿谷地东西向展开。

宋韵：一座背景设定在宋代的温泉小镇。以宋代的精致、风雅为主要风格。小镇位于溪里温泉出水口和鱼形角出水口之间，有双坑溪流过小镇，宋代温泉街沿双坑溪展开。小镇集宋代风格的茶楼、剧院、餐馆、书院、商店、手工艺店和武义、金华的老字号分店，突出娱乐气氛。温泉出水口附近及沿街建设家庭式的小型温泉旅店。小镇服务人员穿戴宋代的简朴、色彩强调本色的服饰。同时为旅游者提供多种款式的宋式浴袍，游客穿着相对宽大的浴袍进入小镇，自由自在地在街道上散步，游客在体验穿越时光返回大宋王朝的乐趣的同时，其自身也成为温泉小镇的魅力风景。本区着重营造宋代温泉小镇的社区氛围。

欧风：依托现有的清水湾度假村的温泉洗浴、温泉戏水等大型温泉设施，开展温泉度假休闲活动。本区的建筑一律为欧洲风格，带给游客一种欧洲时尚浪漫的情调。

江南风情：位于清水湾度假村东侧，何管村与周宅和横店村之间。此处山谷两侧的山丘蜿蜒起伏，谷地中有座小山遮掩视线。温泉小区定位于本地特色的江南水乡风情小镇，建设小规模的温泉度假设施，依托地形和繁茂的植被，若隐若现于山谷之中，与宋韵和欧风的游乐与绚丽的风格不同，此处突出雅致的情调与幽静的氛围。建筑用当地风格的黛瓦马头墙、窗雕、雀替、粗梁。

为了给旅游者留下深刻印象，在温泉出水口建设风水观光塔，用萤石建出水口，让游客知晓温泉源泉，同时作为温泉地地标。纪念塔对旅游者来说容易成为记忆中的风景，强化对温泉地的印象，也容易让旅游者在温泉小镇漫游中产生空间位置概念。出水口依畔周边山势修建可循环利用水资源的温泉瀑布，冬日升腾的蒸汽弥漫，形成一种温泉地的迷幻感觉，成为温泉小镇的一大背景。

宋韵和江南风情小镇都依水而建，突出水乡风情。三座小镇保持一定的距离，以便维持度假区整体的乡村格调，它们彼此风格有别，而又相互呼应。

2. 熟溪水岸生态居住区

（1）定位　以温泉疗养、居住功能为主，集观光、休闲、养生为一体的住宅区。

（2）规划构思　以大自然为背景，打造适合人居的生态环境。充分利用本区内已有的竹林资源、茶园，以竹作为区域内的景观植物之一，体现武义特色。以木杓山为界，控制居民区南扩，防止城市化进程影响温泉度假区的生态和整体乡村氛围。

3. 凤凰形温泉会议旅游区

（1）定位　兼顾城区本地市场和旅游者，面向团体为主的大众温泉疗养和会议的休闲度假区。

（2）规划构思　利用温泉旅游资源和邻近交通主干道的地理优势，开展面向本地市场的商务会议以及面向机关团体的温泉疗养、休养旅游。

4. 抱弄茶香温泉高尚度假区

（1）定位　规划区内面向高端市场的顶级休闲度假社区，著名的商务休闲会所。

（2）规划构思　利用抱弄口水库这一带幽静的环境和优美的自然景观开辟成高端商务休闲会所。以林中住宿为主要方式，以林中游憩为主要消遣，享受森林生态环境为主要目的，定位于中高档旅游消费，属于一种疏散型休闲。

5. 竹园仙乡生态旅游区

（1）定位　武义生态农业旅游区，面向少数寻求宁静的高端人士的休闲避暑胜地。

（2）规划构思　依托自然山村景色，开辟少量独幢乡村别墅，为少数高端人士静养、休闲之处。区域内主要保持当地良好的生态环境，适当开展生态农业旅游。位于王竹园村附近建少量隐藏在林中的乡村别墅。以保护生态为主，在查坞岭及沿佐溪两岸做小规模开发。

6. 郭洞生态民俗旅游区

（1）定位　生态民俗旅游区，古村落观光旅游区。

（2）规划构思　保护和维修古建筑，控制古村落的建设规模，限制农民宅基地的扩大，保持乡村建筑风格一致。开辟乡村式小旅馆、农家乐餐厅，使郭洞村成为规划区内最重要的观光景点。

7. 双溪康体健身拓展区

（1）定位　浙江省著名休闲运动旅游目的地，金华市干部培训基地和青少年爱国主义教育、野营拓展活动基地。

（2）规划构思　利用区域内最大的溪里水库，开展水上休闲体育运动，利用塘塍头一带的平缓山坡开展室内滑雪、山地自行车等休闲运动项目。利用本区的双坑溪两岸的谷地开展野营、拓展等户外活动。溪里水库南侧建湿地公园和水上运动中心。

8. 双港溪生态保育区

（1）定位　为本度假区生态保育带。

（2）规划构思　用森林和绿地带隔离城市的喧嚣，营造温泉度假区宜居嘉园和温泉小镇的静谧度假居住环境，在保护环境的前提下开展生态旅游。

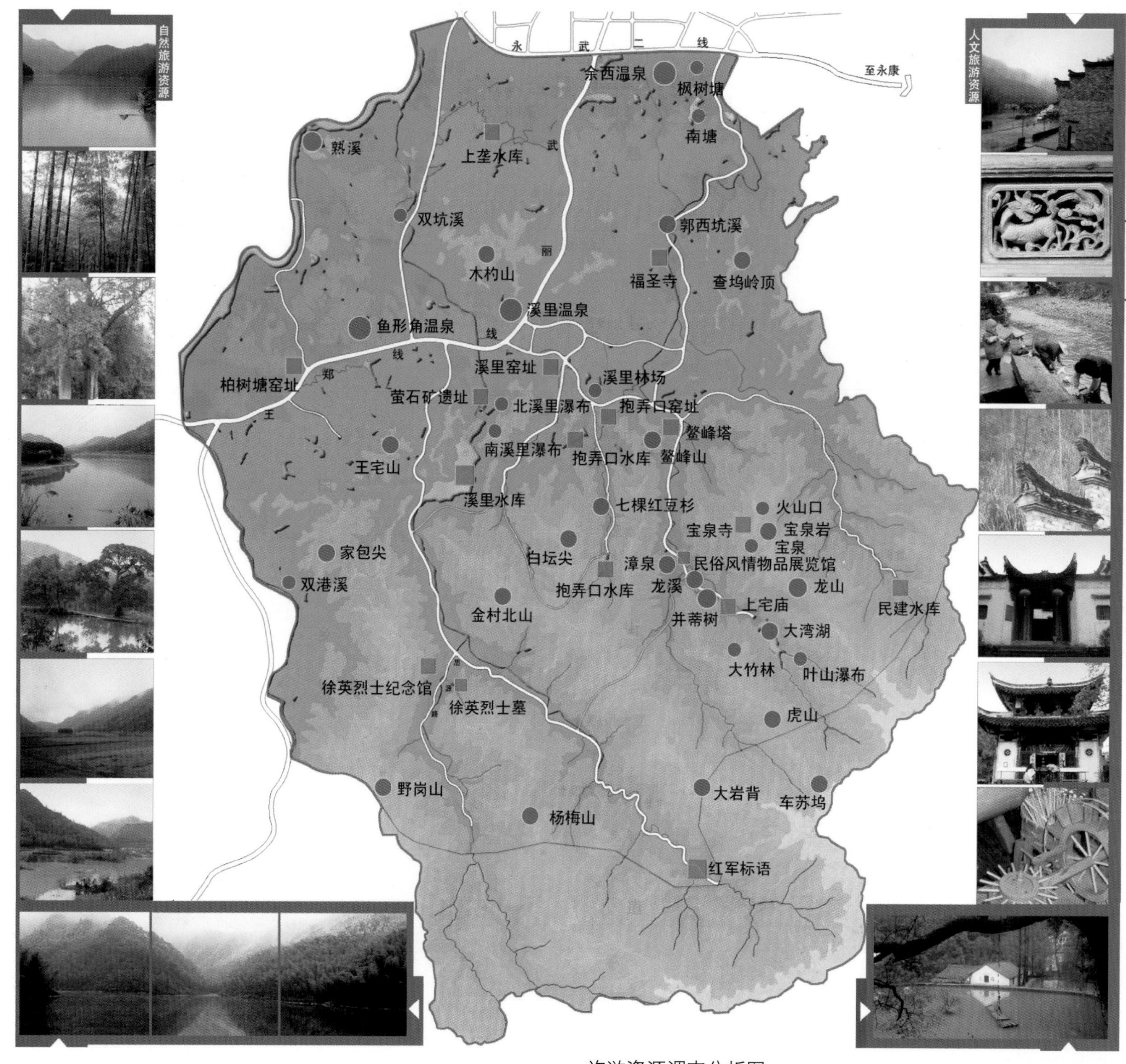

旅游资源调查分析图

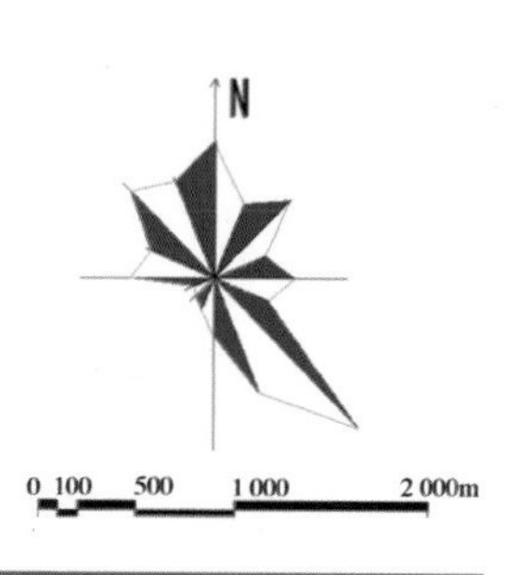

旅游资源调查分析图

图　例

分类 / 等级	自然旅游资源	人文旅游资源
四级	●	■
三级	●	■
二级	●	■
一级	●	■

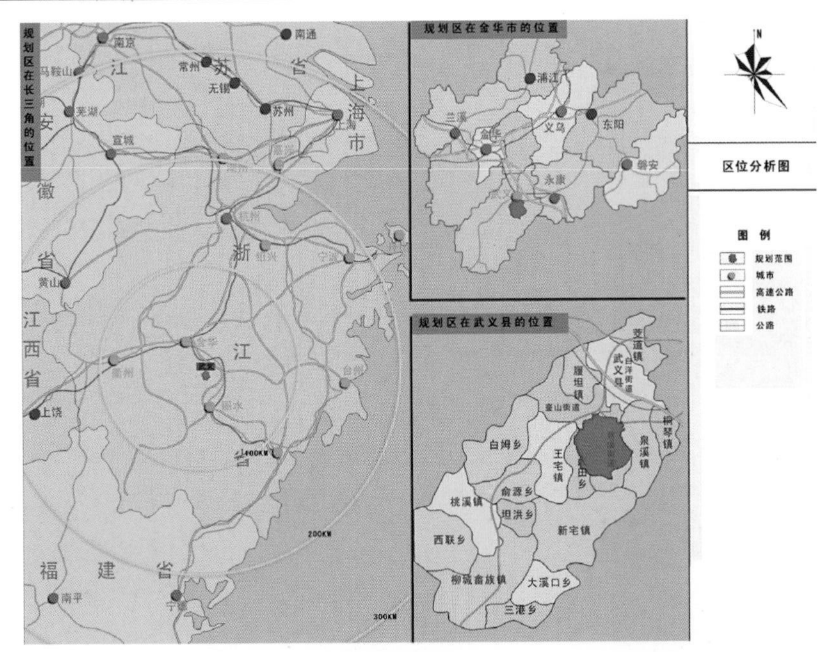

区位分析图

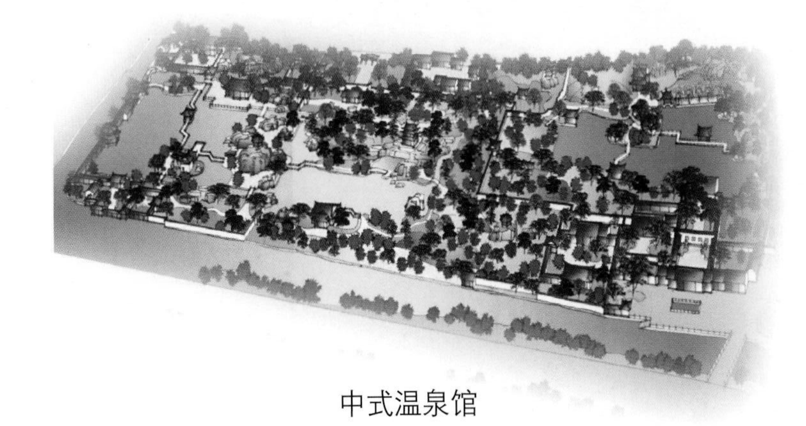

中式温泉馆

萤石展示馆

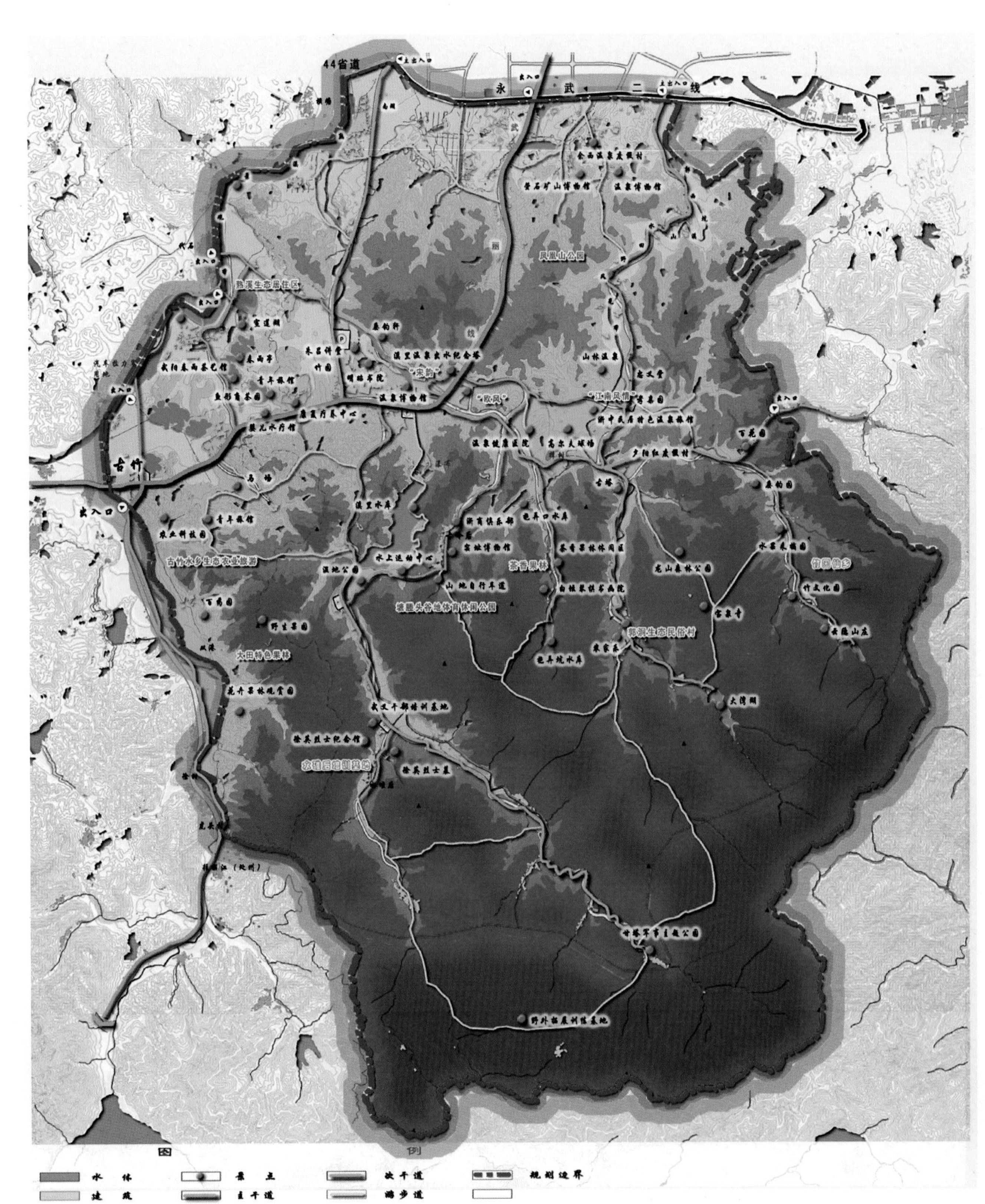

规划总平面图

九、浙江杭州萧山区市民花园规划设计

（一）项目概况

杭州市萧山区市民花园位于原萧山市政府大院，规划用地平面呈长方形，南北长约125m，东西宽近80m，面积11 031m^2。其西侧和南侧分别为将拓宽改造的西河路和人民大道，东侧为萧山宾馆，北侧为原萧山市政协和档案馆的保留建筑。

原市政府大院地势平坦，高程约7m，会议中心东侧有2株胸径60cm的大香樟，在规划中应保留利用。

规划的市民花园处在萧山市区的中心地带，其建设对形成城市中心区的优美景观和良好的生态环境、为市民提供日常户外休息娱乐活动场所等起到重要作用。

（二）规划依据（略）

（三）规划的原则与方法（略）

（四）规划布局与景观设计

在西河路边和人民大道边分别安排集散广场和主景广场，3m宽的环形主干道联系两个广场和东部活动区；内部布局为环形主干道内的新绿草坪、东南角老年活动区、东北部儿童游嬉区。

1. **主景广场** 主景广场呈圆形，直径约27m，其中心立一大型景石——“忆史石”。圆形广场与人民大道间以弧形铺地和花坛联系过渡。

主景广场北部环绕S形的景墙。景墙东段为设有景门的浮雕景墙，景墙上的石刻浮雕取萧山历史上有重要意义的历史事件作为题材，以粗犷写意的艺术手法辅以石刻铭文进行表现。景墙中的景门处在圆形广场正北。由彩色卵石铺就的流线型园路自广场中心穿过景门边至景墙后的主干道。景墙西段是水景墙，水景墙朝广场一面为跌水瀑布，富有动感的水景不仅能使主景广场产生动静相生的环境气氛，而且通过跌水瀑布的环境物理过程，能有效改善广场的环境质量。主景广场的景墙主要由花岗石制作，质地粗犷，造型凝重，历史题材的浮雕和日夜不息的水景寓意凝固的历史让人追思，未来的事业像流水一样永无止境。

2. **集散广场** 集散广场呈半圆形，面积约290m^2。广场内侧布置4个花坛，与西侧绿地之间为20m长的弧形趣味景墙，景墙以常绿树丛为背景。景墙及花坛侧边主要用白色花岗石制作，景墙镂空刻凿出造型活泼、耐人寻味的抽象图案，使集散广场具有轻松自然的环境气氛，与主景广场形成对比，与花园西部儿童游嬉区相呼应。

3. **儿童游嬉区** 儿童游嬉区位于花园西部，布置适于少年儿童特点的园林景物，形成活泼明丽的园林环境。

花园西北角主干道边布置弧形花架廊、椭圆形小广场和蝶形花坛，三者组合构成轻松欢快的环境氛围，成为花园北部主景；在布局上与主景广场均衡，功能上既是少年儿童聚集活动场所，也可满足游人安静休息的要求。

在原来两株大香樟下砌直径5～7m的树池，树池边以花岗石砌筑，其尺度适于少年儿童坐憩；树池周围为彩色卵石铺地，铺地连至主景广场后的主干道，与主干道另一侧卵石园路相对应。卵石铺地东侧为一弯月形戏水池，水池北边置现代形式的六角亭。此组景物特别适于夏季儿童活动。

4. **老年活动区** 老年活动区位于花园东南角一块凸出的方形用地中。规划以江南传统园林的手法布局，形成茶社庭院，茶社建筑结合花园管理房，采用江南传统园林建筑的形式，共计建筑面积约110m^2。庭院与人民大道间和主景广场间以石板园路相连，与其东北侧大香樟下卵石铺地间以块石汀步相连。

茶社周边配以竹、白玉兰、桂花、蜡梅等传统花木，外围以常绿树种广玉兰与周围环境形成适当的隔离。

5. **新绿草坪** 市民花园中要求安排地下停车场，规划将地下停车场的大部分安排在花园中北部环形主干道内的绿地下，地下停车场的出入口建议布置在主景广场东侧，并在花园东北角和西北角各设一次要出入口。由于地下停车场上一般不宜种植高大乔木，而以布置草坪和低矮灌木丛较为合适；因此，花园中北部主干道内的地面布局为草坪区，成为花园中部空间开敞明亮的景观区。

自然缓坡的草坪周边，配合地下停车场的范围及适当的工程措施，自然有序地布置景观树丛，分别为西部秋色绚丽的榉树、南天竹树丛，南部夏荫浓郁的乐昌含笑树丛，东侧集散广场后春花烂漫、金秋沁香的桂花、含笑、碧桃树丛。

（五）绿化规划

由于市民花园处在城市中心位置，因此绿化材料的选择必须注重对城市环境的适应性，同时，园林植物的景观应结合规划各区域的景观特点进行考虑。

沿西河路和人民大道，列植香樟，既作行道树，又形成市民花园的空间范围。以桂花、乐昌含笑、含笑、广玉兰等常绿树种作为组织园林空间骨干树种，并形成绿化的常绿基调，采用云南黄馨、茶梅、金丝桃、火棘、红花檵木、珊瑚树等常绿灌木与主景树配合，落叶树有榉树、无患子、水杉、碧桃、鸡爪槭、紫薇等作为不同区域的绿化主景树，丰富花园的季相色彩。在两个广场中面积有限的花坛内，布置应时草花，做成富有装饰效果的模纹图案。

（六）配套工程设施规划（略）

（七）经济技术指标（略）

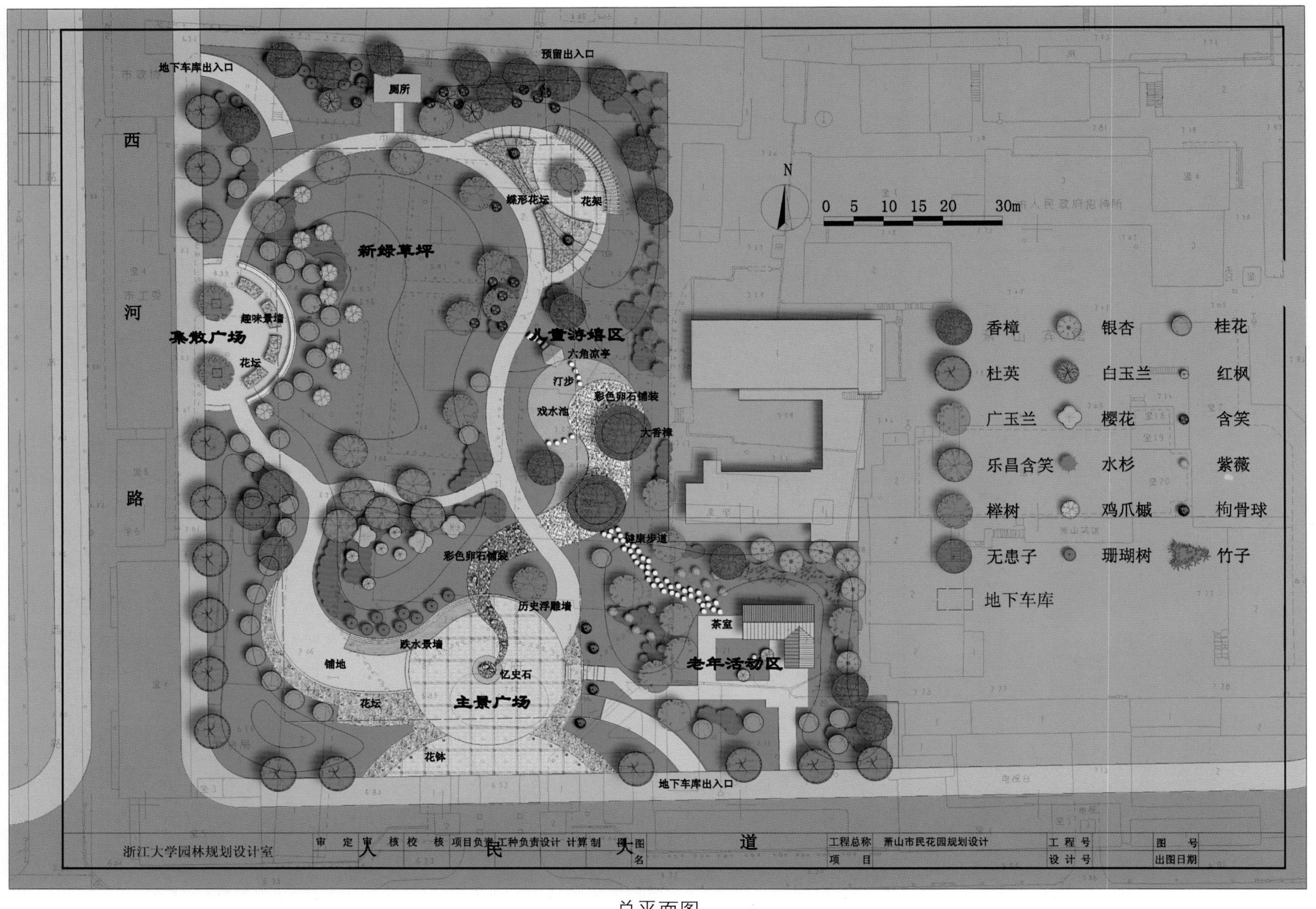

西
河
路
人
民
道
地下车库出入口
预留出入口
厕所
蝶形花坛
花架
新绿草坪
趣味景墙
集散广场
花坛
儿童游戏区
六角凉亭
汀步
彩色卵石铺装
戏水池
大香樟
健康步道
彩色卵石铺装
历史浮雕墙
跌水景墙
铺地
忆史石
主景广场
花坛
花钵
茶室
老年活动区
地下车库出入口
N
0 5 10 15 20 30m
香樟
银杏
桂花
杜英
白玉兰
红枫
广玉兰
樱花
含笑
乐昌含笑
水杉
紫薇
榉树
鸡爪槭
枸骨球
无患子
珊瑚树
竹子
地下车库
浙江大学园林规划设计室
审 定
审 核
校 核
项目负责
工种负责
设计
计算
制 图
图 名
工程总称
萧山市民花园规划设计
项 目
工 程 号
设 计 号
图 号
出图日期

总平面图

鸟瞰图

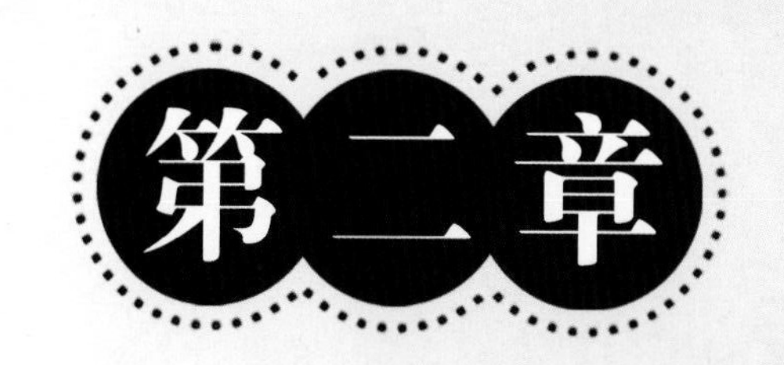

道路、广场、滨水绿地规划设计案例

一、安徽桐城绿道总体规划（陈永生编写）
二、江苏金湖健康西路与淮河路绿地规划设计（马锦义编写）
三、北京海淀四季青镇道路绿地规划设计（芦建国编写）
四、浙江苍南县城站前大道绿化设计（沈朝栋编写）
五、江苏连云港—徐州高速公路部分路段绿地规划设计（胡长龙编写）
六、河北三河文化中心广场景观改造设计（吴祥艳编写）
七、安徽宣城火车站站前广场设计（李静编写）
八、浙江绍兴袍江工业区长林港滨水绿地规划设计（马军山编写）
九、安徽合肥十五里河部分河段绿地规划设计（李静编写）

一、安徽桐城绿道总体规划

（一）概况

桐城市位于安徽省中部偏西南，西依大别山，南临长江，东濒菜子湖，分别与庐江、舒城、枞阳、潜山、怀宁、安庆市郊区接壤。中心城区位于市境中部稍偏西北，北距省会合肥113km，南离安庆市区75km。206国道和合九铁路纵贯市境，沪蓉高速纵穿城区东部，龙眠河穿城而过，进入菜子湖汇入长江。桐城市是皖江城市带承接产业转移示范区和合肥经济圈重要成员。

（二）规划范围与规划层次

桐城市绿道规划范围参照城市总体规划范围，并与城市实际发展范围相统一，按照实际情况做相应调整。

本规划以桐城市中心城区为重点，结合城郊和重点镇区进行绿道的规划布局。规划内容以绿道总体规划为主，确定桐城绿道的规划原则、总体布局、建设指引和专项配套规划等内容。规划分为市域和中心城区两个层次：一是对整体市域范围内进行绿道总体规划，二是对中心城区的绿道系统进行重点规划。

1. 市域范围　包括桐城市城区及所辖双港镇、新渡镇、金神镇、孔城镇、范岗镇、青草镇、吕亭镇、大关镇、唐湾镇、鲟鱼镇、嬉子湖镇、黄甲镇在内的全部12个城镇行政地域范围，总面积1 546km^2。

2. 中心城区范围　本次规划中心城区用地面积为42km^2。

（三）规划期限

本次规划期限与《安徽省绿道总体规划纲要》相统一。规划年限为8年，基准年为2013年，规划期限为2013—2020年。近期为2013—2016年，远期为2017—2020年。

（四）规划目标

1. 近期目标　完成首期规划绿道线以及示范段的建设，构建绿道的主体框架，使绿道形成初步网状，使人们认识绿道、了解绿道、使用绿道，为居民提供休闲锻炼、绿色出行旅游的场所，为桐城市建立初步的特色旅游品牌。

2. 远期目标　完成次要绿道线及配套设施的建设，使绿道更加完善合理，更加便捷通达。加强宣传力度，使绿道观念深入人心；绿道沿线的商贸服务业更加成熟，对乡村经济起到带动促进作用；创建属于桐城市独特的旅游品牌，将绿道打造成为桐城市旅游的新亮点。

（五）规划原则

①自然性原则。
②便捷性原则。
③系统性原则。
④生态性原则。
⑤安全性原则。
⑥特色性原则。
⑦衔接性原则。

（六）规划总体布局

1. 市域绿道总体布局

（1）绿道规划理念与主题（略）

（2）总体结构与布局　综合桐城市的旅游资源、城区交通与公共设施、居住社区分布等因素进行分析，结合相关规划和政策分析，优化形成桐城市城区“四横多纵、两廊三区”的绿道结构。

2. 中心城区绿道分类规划（略）

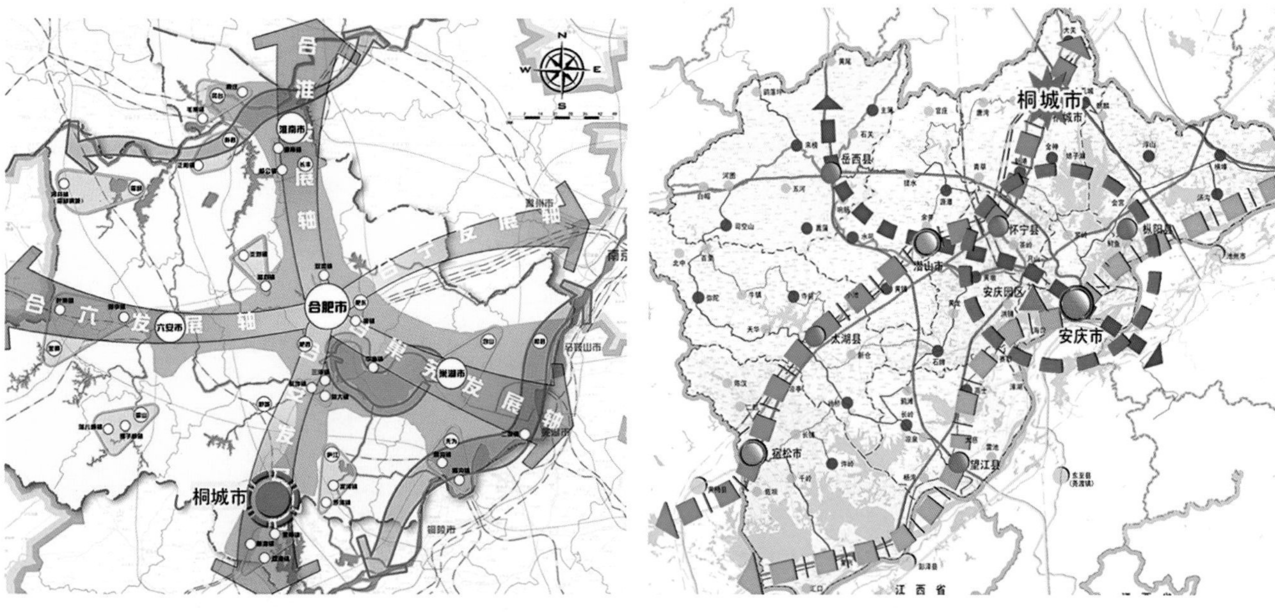

桐城市在合肥经济圈中的区位关系　　　　桐城市在安庆经济圈中的区位关系

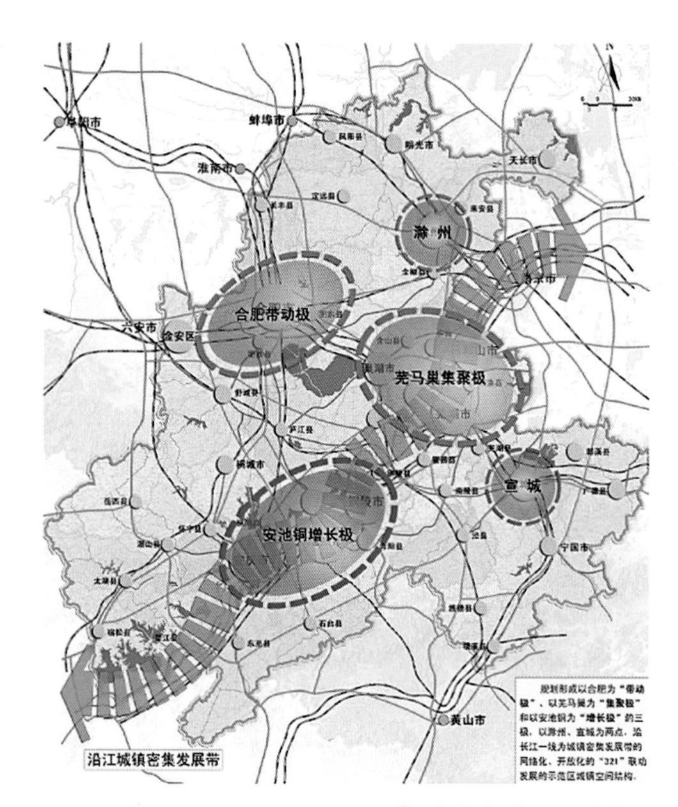

近年来桐城市经济持续较快增长，综合实力不断提升。“十一五”期间，全市经济实力大幅提升。生产总值突破百亿大关，财政收入迈上10亿平台。工业主导地位更加巩固，现代农业发展水平进一步提高，商贸、物流、金融、旅游等服务业体系更加健全。三次产业比例由22.6 ∶ 46.6 ∶ 30.8调整为15 ∶ 55 ∶ 30。

近年来桐城市民生工程大力实施，社会事业全面进步，居民收入持续快速增长。科教文卫事业全面发展，各项民生工程有序推进，教育投入稳步增加，成功申报4项国家级及省级非物质文化遗产，多层次社会保障体系不断完善，新型农村合作医疗实现全覆盖，城镇登记失业率始终保持较低水平。生态建设稳步推进。

桐城市在皖江经济带中的区位关系

区位图

桐城生态格局：“山为基，水为脉，城居中，人为本。”

桐城自然山水秀丽，既有龙眠巍峨，又有嬉子风情，自古就有许多文人墨客，在此留下千古绝唱。这样自然、人文景观丰富的地区，为绿道的建设提供了坚实的基础。

桐城位于皖南地区，中心城区位于龙眠山、嬉子湖、菜子湖之间，可谓枕山踏水，景观佳穴。本次规划在对桐城境内自然人文资源进行调查梳理的基础上，根据“融合、互动”的规划理念。通过绿道的建设将桐城的“山、水、城、文”交织在一起，使之具有独特的地方特色，而且真正地惠及广大普通百姓。

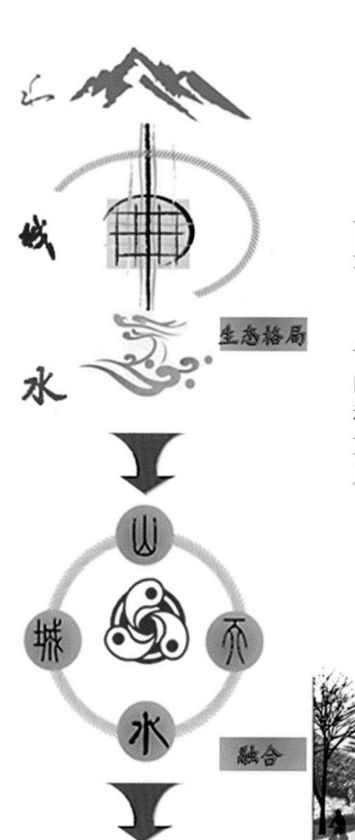

“融合人文生态元素，共享绿色低碳生活”是桐城绿道的主题。

桐城绿道规划时强调“融合”。融合桐城的巍巍青山，融合桐城的文风弥漫，融合桐城的水趣盎然。桐城绿道打造众人共享的山水人家。

规划理念示意图

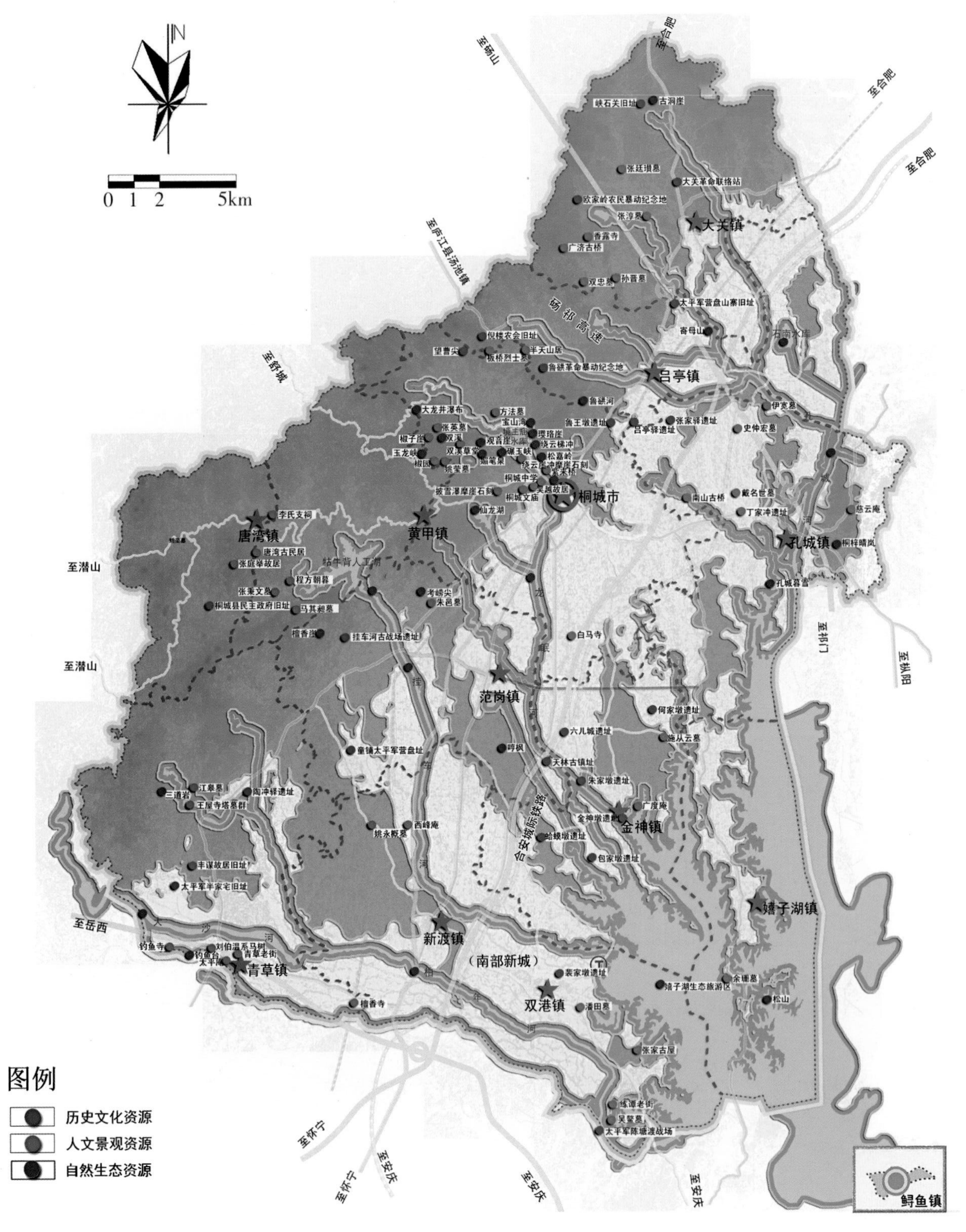

市域景观分析图

市域绿道结构：一横贯庙堂

两纵通山水

三河融文城

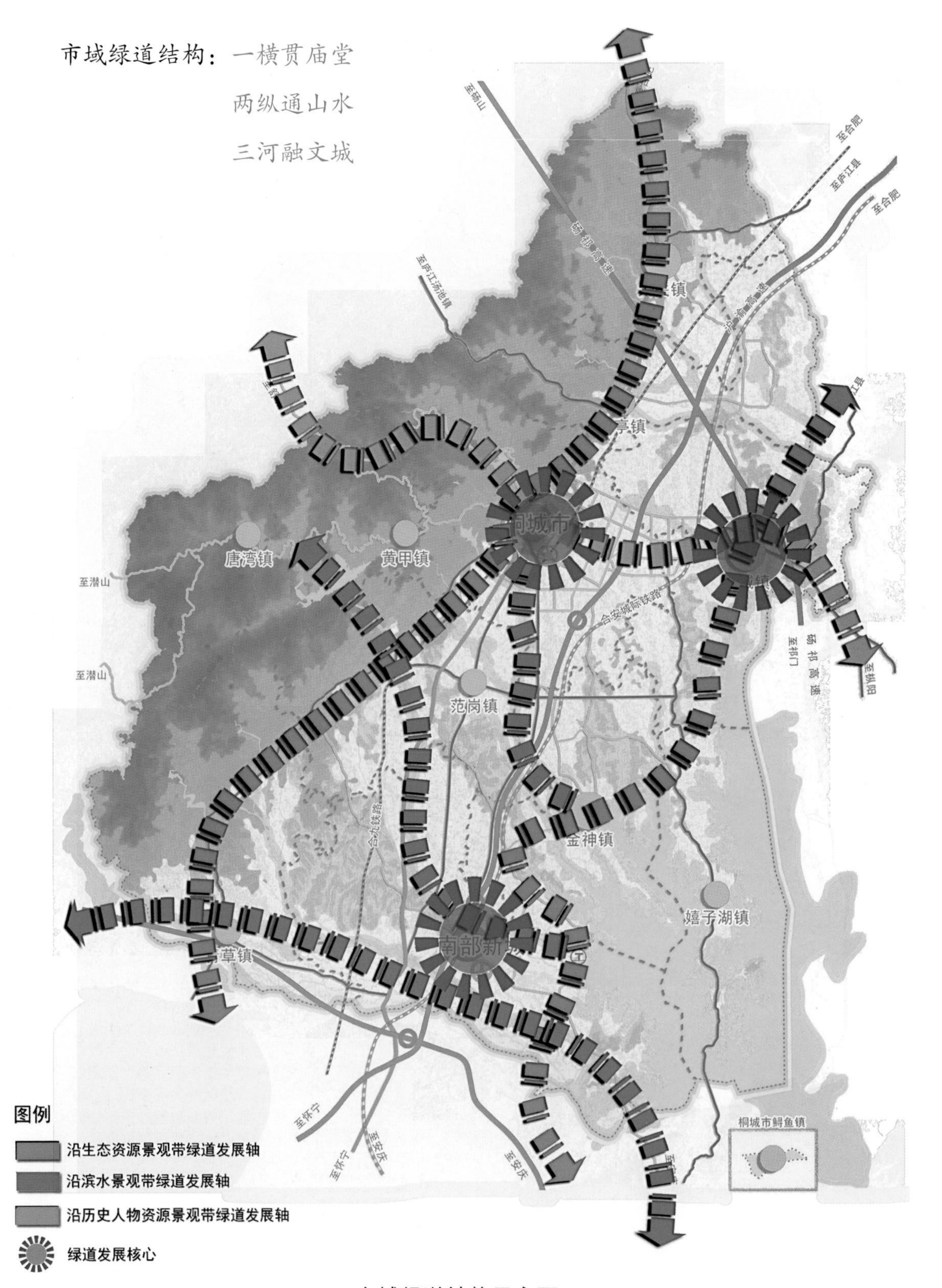

市域绿道结构示意图

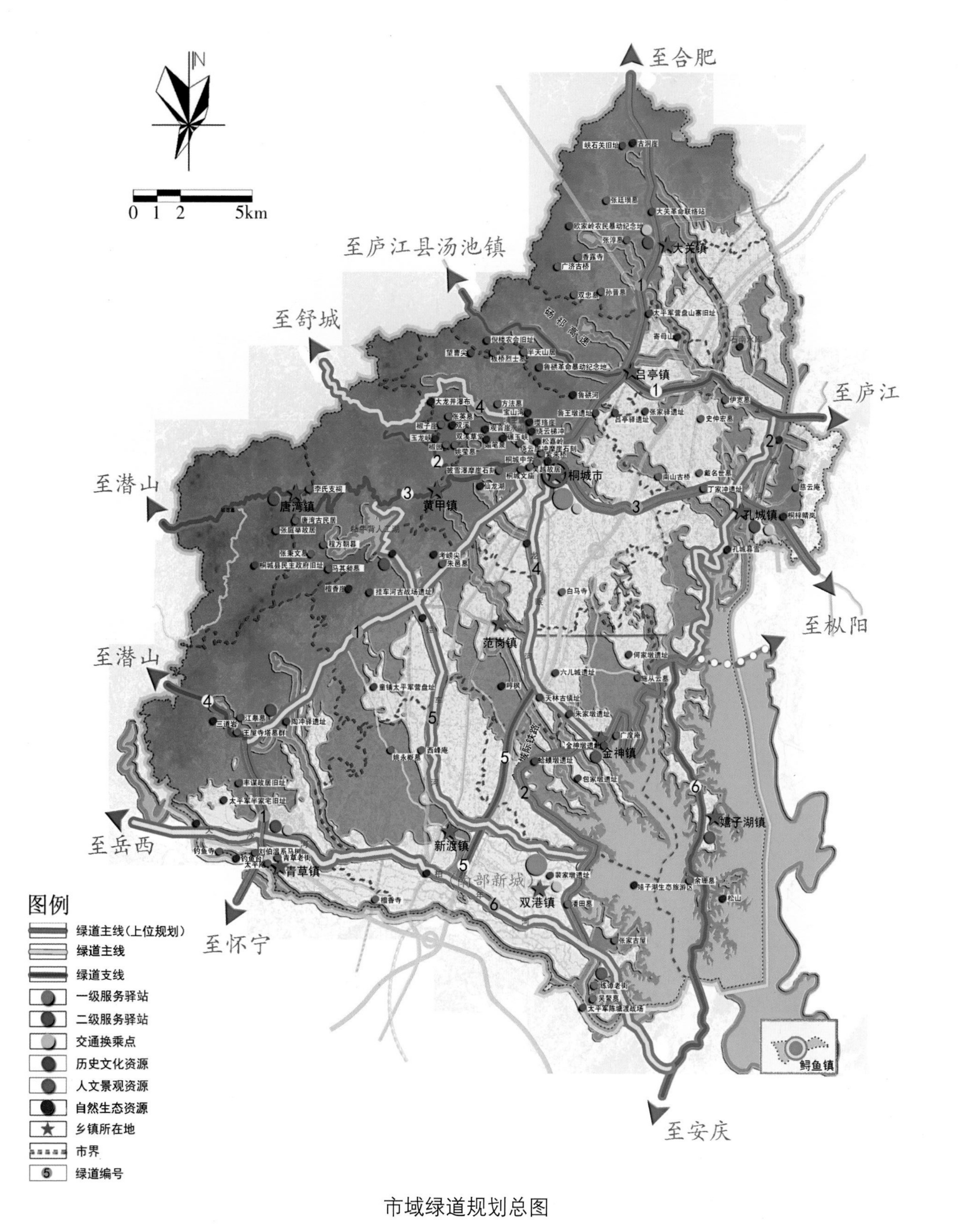

市域绿道规划总图

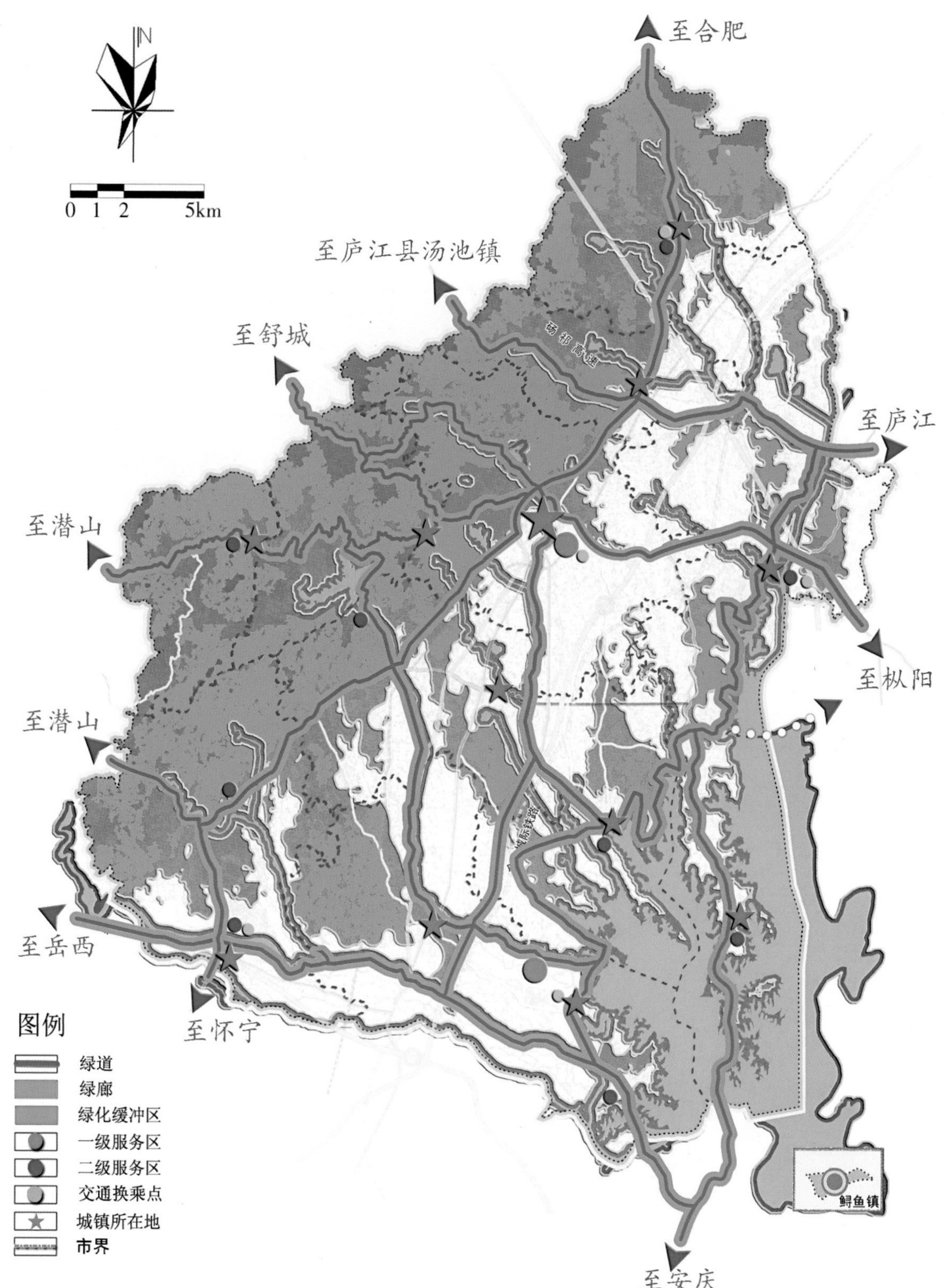

市域绿廊系统规划图

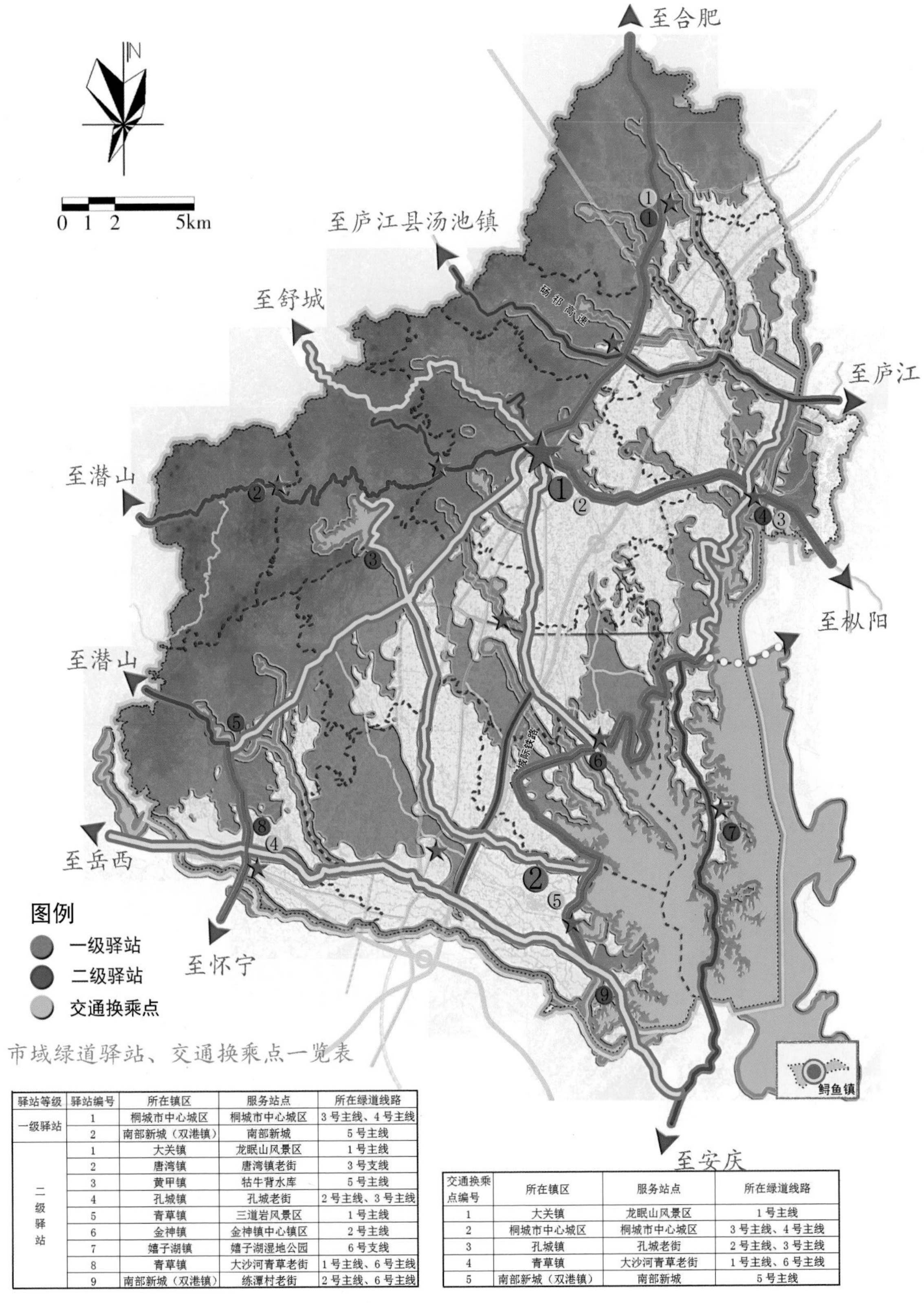

市域绿道驿站、交通换乘点一览表

驿站等级	驿站编号	所在镇区	服务站点	所在绿道线路
一级驿站	1	桐城市中心城区	桐城市中心城区	3号主线、4号主线
	2	南部新城（双港镇）	南部新城	5号主线
二级驿站	1	大关镇	龙眠山风景区	1号主线
	2	唐湾镇	唐湾镇老街	3号支线
	3	黄甲镇	牯牛背水库	5号主线
	4	孔城镇	孔城老街	2号主线、3号主线
	5	青草镇	三道岩风景区	1号主线
	6	金神镇	金神镇中心镇区	2号主线
	7	嬉子湖镇	嬉子湖湿地公园	6号支线
	8	青草镇	大沙河青草老街	1号主线、6号主线
	9	南部新城（双港镇）	练潭村老街	2号主线、6号主线

交通换乘点编号	所在镇区	服务站点	所在绿道线路
1	大关镇	龙眠山风景区	1号主线
2	桐城市中心城区	桐城市中心城区	3号主线、4号主线
3	孔城镇	孔城老街	2号主线、3号主线
4	青草镇	大沙河青草老街	1号主线、6号主线
5	南部新城（双港镇）	南部新城	5号主线

市域服务设施系统规划图

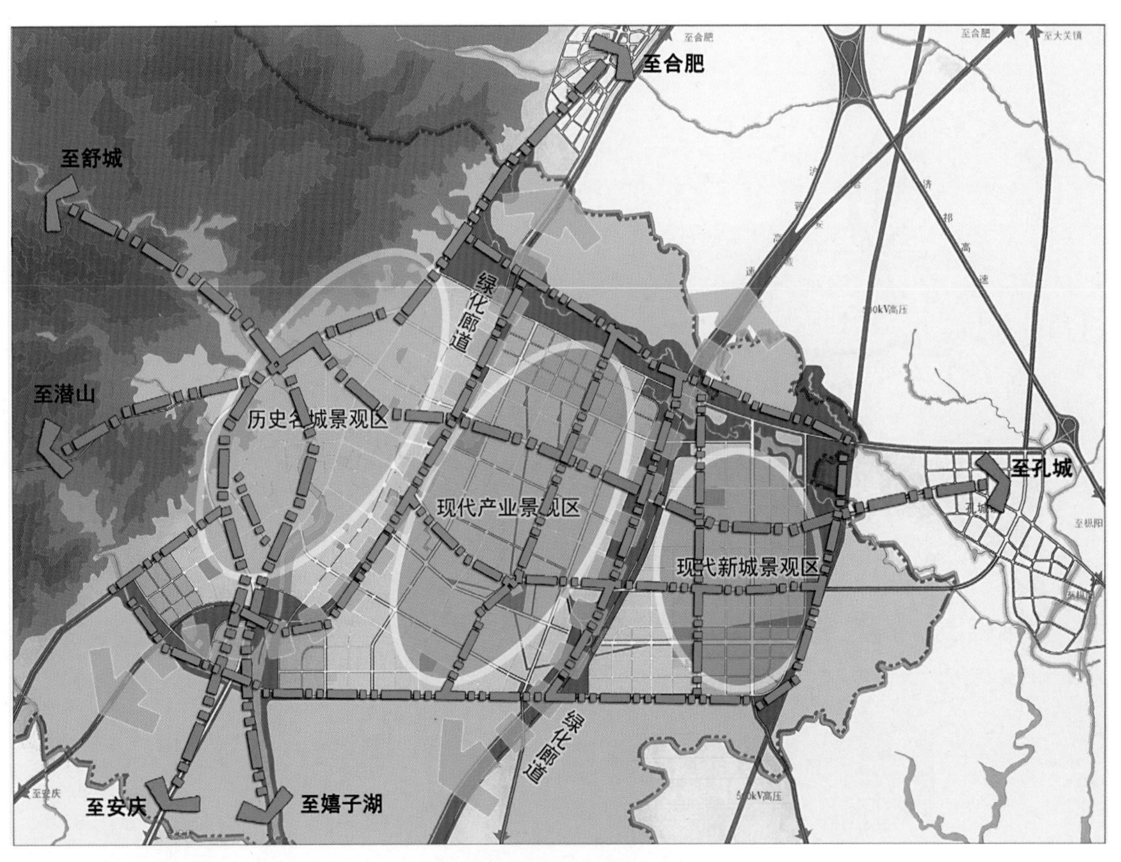

中心城区绿道结构图

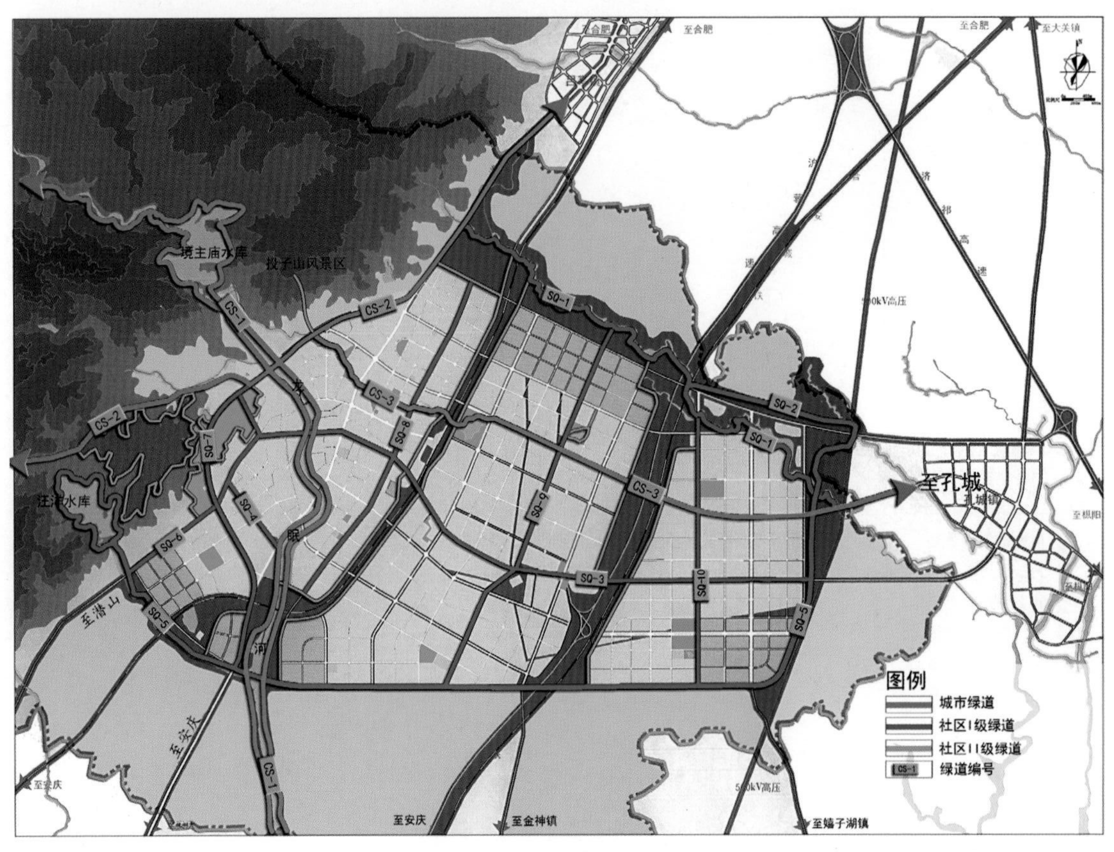

城区绿道总体规划图

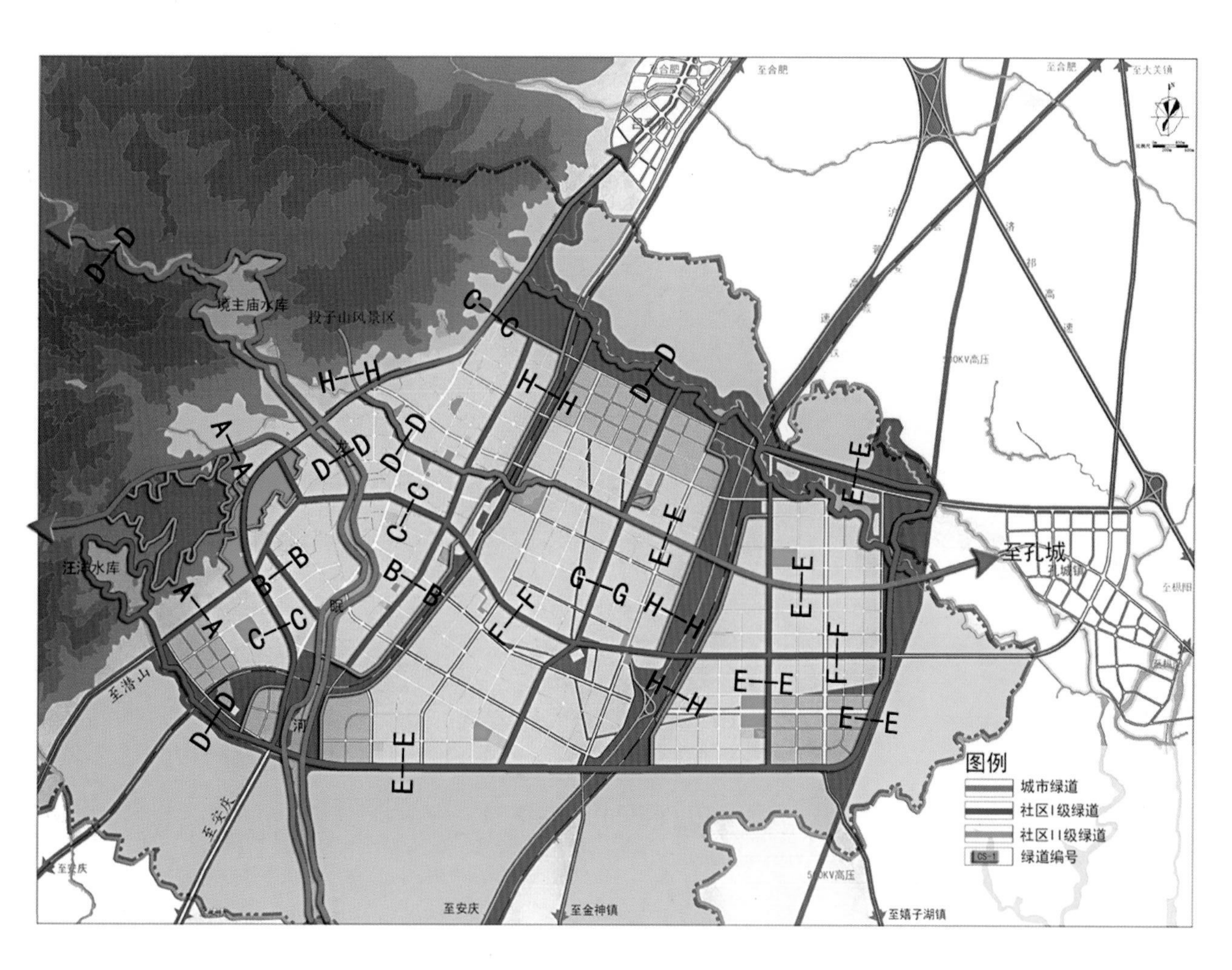

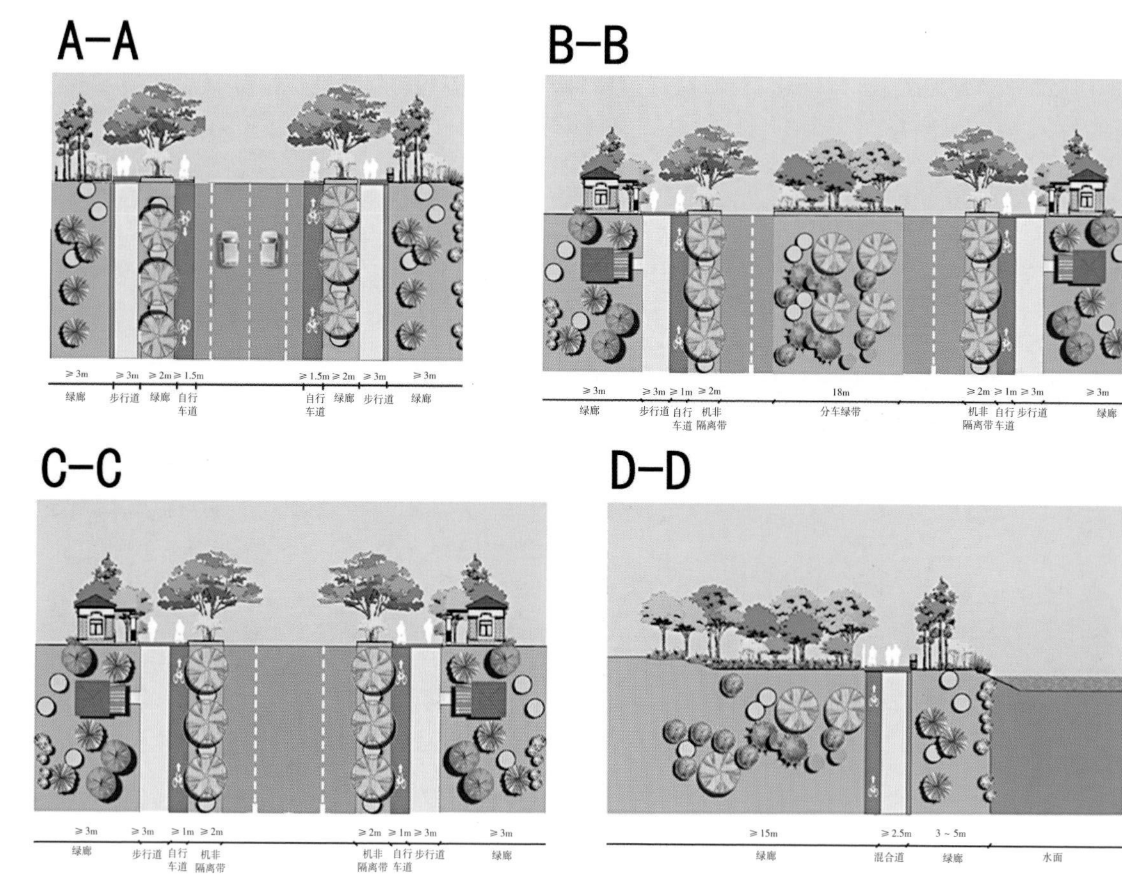

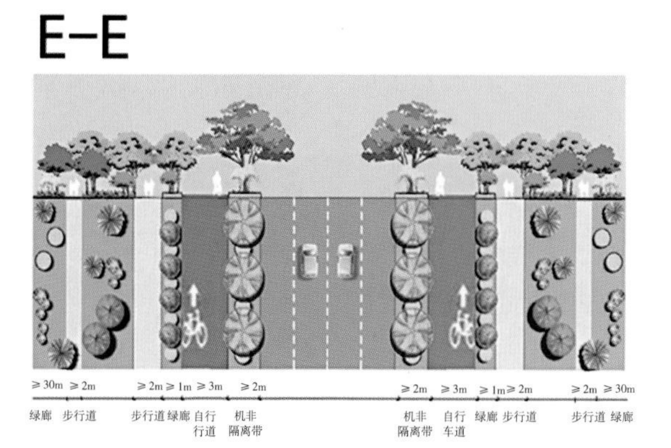

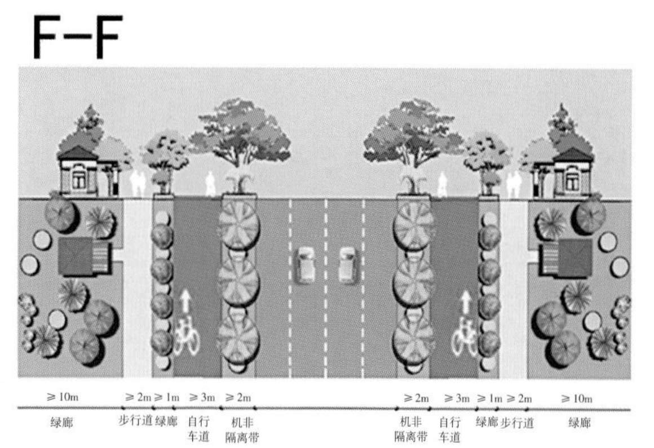

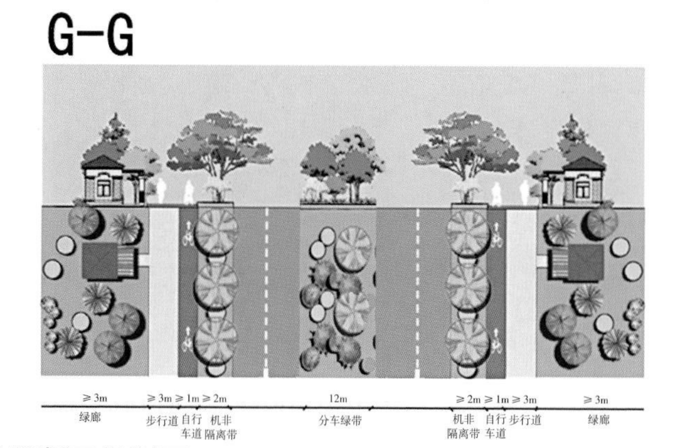

H-H

≥30m ≥2.5m ≥30m

绿廊 混合道 绿廊

中心城区绿道断面规划图

借道路慢行道划分绿道

中央绿化带

过街人行道连接两侧绿道

借道路慢行道划分绿道，可在路侧绿廊内部新建步行绿道

案例区段

文昌大道为城区重要的景观大道，绿化现状良好，规划绿道沿道路两侧非机动车道划分慢行道，并在绿道一侧规划绿廊，绿廊内可结合实际设置步行绿道，形成自行车、步行双层绿道系统。绿道入口及路口设置路障、安全标识等，保障游人安全。在绿廊的种植设计上，应多运用乡土树种，同时注意季相变化以及乔、灌、草搭配。

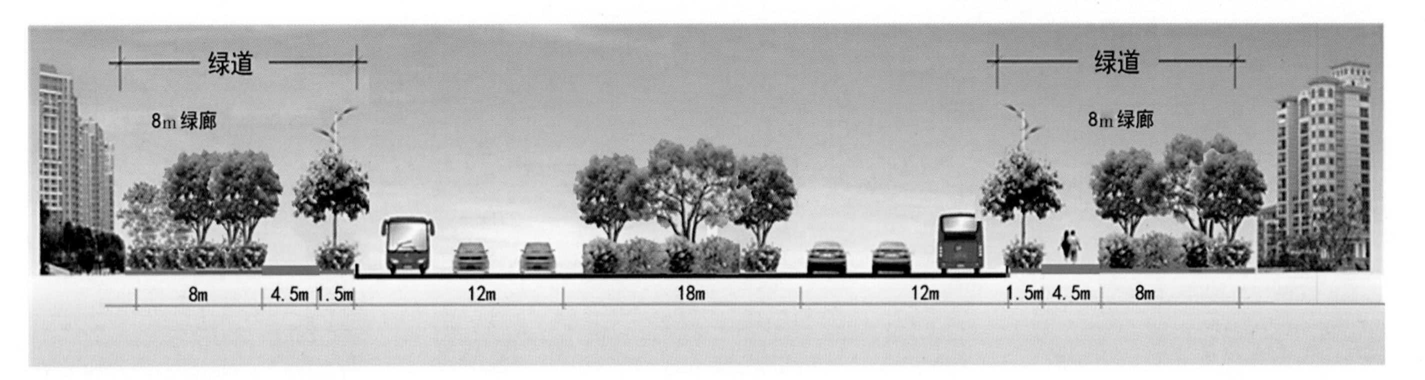

A—A立面图

近期建设示范段——道路型

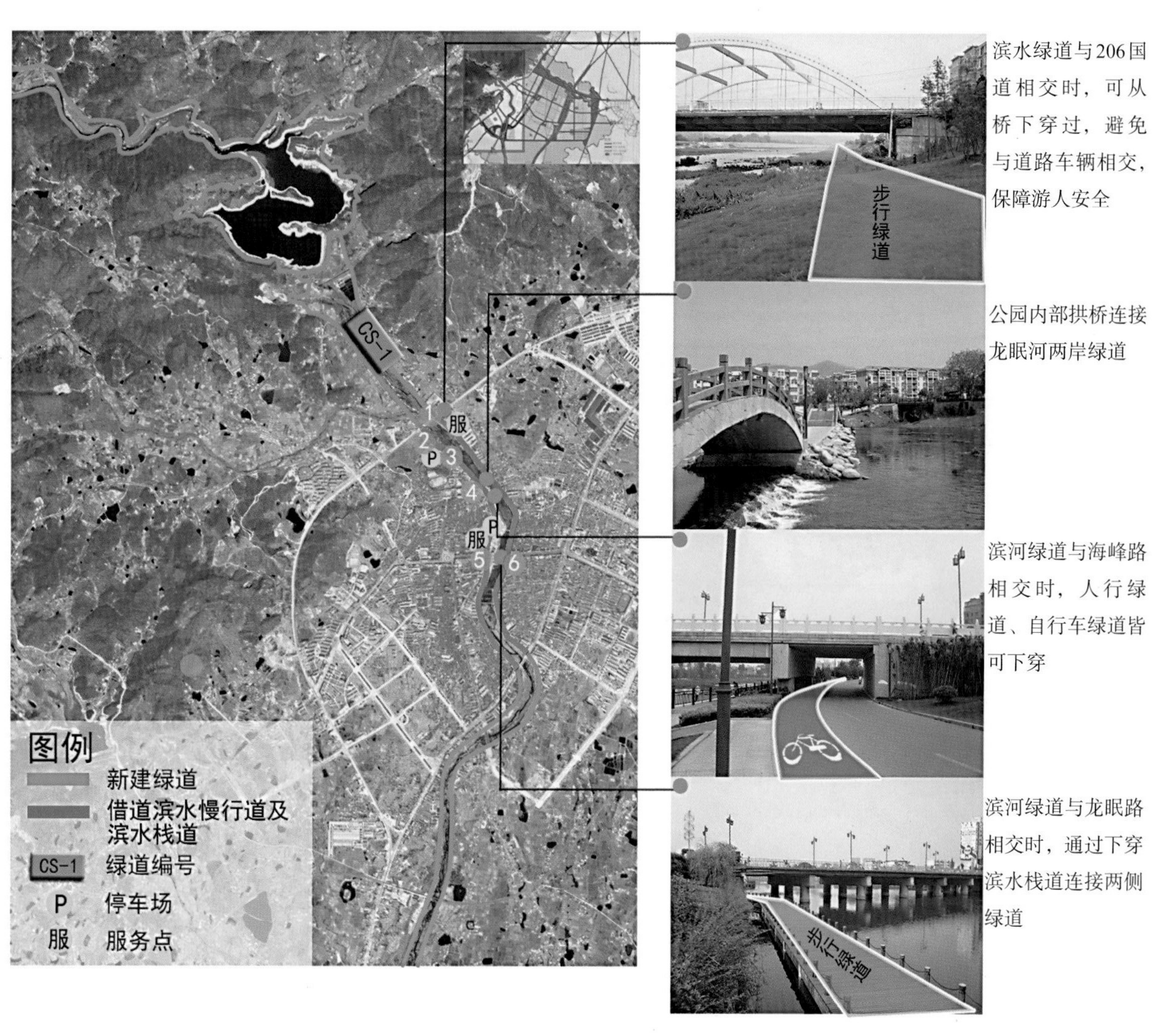

滨水绿道与206国道相交时，可从桥下穿过，避免与道路车辆相交，保障游人安全

公园内部拱桥连接龙眠河两岸绿道

滨河绿道与海峰路相交时，人行绿道、自行车绿道皆可下穿

滨河绿道与龙眠路相交时，通过下穿滨水栈道连接两侧绿道

公园内部步行绿道

借滨水道路划分慢行道

滨水步行绿道

借滨水道路划分慢行道

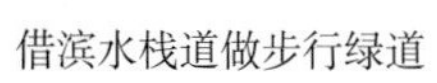

借滨水栈道做步行绿道

借滨水道路划分慢行道，借滨水栈道做步行绿道

案例区段

规划绿道沿龙眠河两岸形成步行绿道、自行车绿道两层系统，绿道过龙眠河公园部分自行车绿道可借道龙眠河两侧滨水道路划分慢行道，设置栏杆保障行人安全，也可限定单行道控制车流；步行绿道可借道公园内部步道系统和滨水栈道。结合公园现状设置停车场和服务点，方便游人换乘休息，为游人提供一个赏憩娱乐、健身休闲的理想空间。

近期建设示范段——滨水型

中心城区绿道与广场衔接

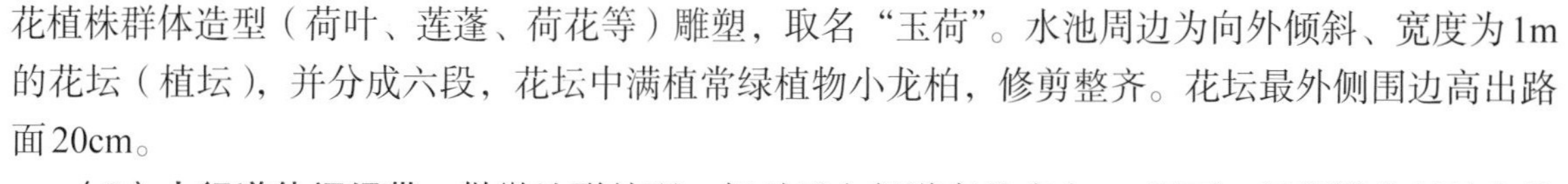

二、江苏金湖健康西路与淮河路绿地规划设计

（一）健康西路绿地规划设计

1. 设计构思 健康西路为金湖县新城区与老城区相连接的重要城市交通干道，也是城市东西轴线性景观大道。整体设计构思定位：具有先进的生态设计理念、高尚的景观文化品位和人本的绿地休闲功能的现代景观大道。整个道路景观设计构思表现为生态性、艺术性、文化性和实用性。

（1）生态性 生态性是现代城市绿地景观设计应该遵循的一个重要原则。项目主要通过创造不同的地形生境、大量的适生植物材料以及多样性的植物群落景观来体现生态设计理念。

（2）艺术性 各种园林景观构成要素经过设计师精心安排和艺术化的处理，无论是在色彩搭配、形态构造和空间组织方面，还是在景观季相变化上都能不同程度地给人带来美的享受。

（3）文化性 本案在中央分车绿带及人行道绿带中分别设计了不同形式的水体，为种植荷花创造良好的生境。荷花已成为水乡金湖的一个重要文化形象。

（4）实用性 健康西路道路景观设计在合理组织交通功能的同时，将中央分车绿带分成五段，分段处分别设置了三个具有荷花（睡莲）池的休闲林荫场地，两侧人行道绿地也设计成散步、游憩、观赏的休闲绿地空间，分段休闲场地旁的行车道路面设置人行斑马线，人行道上设置盲道和无障碍通道等，充分体现了现代景观设计的实用主义和人本思想。

2. 景观设计

（1）中央分车绿带 标准段绿带中间地形堆高，提高景观的立面效果。由于健康西路东部为雪松行道树，为了取得景观上的联系，在绿带中轴线上种植雪松，株距8m。雪松两侧每两株雪松间植一丛紫薇，紫薇外侧是波浪形美人蕉花带和丰花月季花带，花带内侧是金钟花和金丝桃花木地被，两种按段间植，交替变化。波浪形花带外侧为马尼拉草坪，草坪上每两丛紫薇中间种植一丛凤尾兰。整个中央分车绿带三季有花，四季常绿。三个绿荫休闲小广场大小、形状相同，采用广场砖铺地。每个场地中央设置一个长方形水池，池中分别种植荷花和睡莲。场地东西两侧各种三株合欢，树下设置坐凳。

（2）分车花坛水池 为圆形水池，种植荷花，池中设置汉白玉荷花植株群体造型（荷叶、莲蓬、荷花等）雕塑，取名“玉荷”。水池周边为向外倾斜、宽度为1m的花坛（植坛），并分成六段，花坛中满植常绿植物小龙柏，修剪整齐。花坛最外侧围边高出路面20cm。

（3）人行道休闲绿带 做微地形处理，相对于人行道高差多在1m以下，局部设曲折的自然形水池，为种植矮株形观赏荷花及鸢尾、千屈菜等水生花卉创造适合的生境。设一木结构休憩小凉亭以及坐凳、花坛等。选择榉树作行道树，株距5m，种植于人行道外侧，其他植物景观以各种树丛、树群为主，乔灌木及常绿与落叶相结合，疏密有致，高低错落，形成群体色彩效果。

（二）淮河路绿地规划设计

1. 设计构思 淮河路风光带整体设计在充分利用现有风景资源的基础上，主要采用大量的金色植被景观来体现风景主题与地方文化特色，如金丝垂柳、金丝桃、金叶女贞、金钟花、云南黄馨等，同时采用大量的耐阴地被植物，如八角金盘、玉簪、红花酢浆草、石蒜等，与生态防护林带结合种植，形成多层次复合结构的植物生态群落景观。

本设计在表达金色主题和重点色彩的同时，也兼顾其他景观色彩和季相变化，如碧桃、紫薇等。在功能上，除直接创造具有强烈视觉效果的优美植物景观以外，还注重为城市居民和游人创造休憩、游览和观赏淮河水面风光的景观空间。

2. 景观设计

（1）行道树绿带 东段保留蜀桧行道树，必要时树木下部可做适当修剪，使其不影响交通。西段选用景观形象与蜀桧相近的龙柏作行道树。这样既能使整个淮河路行道树景观反差不太大，又有所变化。路南侧行道树间种植紫薇，并篱植金丝桃花篱；路北侧间植碧桃、金叶女贞球，篱植金丝桃花篱。地被采用红花酢浆草。路灯选用造型独特的翼形罩圆柱灯。

（2）临水台地绿带 东段保留现有的水杉林，建议拓宽游步道。临水一侧种植金丝垂柳，并篱植云南黄馨。林下片植玉簪、石蒜等耐阴地被植物，局部点植和丛植桂花、石楠、蜡梅、金钟花、棣棠、连翘等常绿树木和花木（开黄色花），进一步增加植物种类，丰富景观内容。

西段保留部分意杨树，在意杨林中间植水杉。此设计目的在于水杉长大后取代意杨林，形成与东段一致的林带景观。其他种植如林下地被、花灌木配置等与东段相似。西段绿带中的休闲观景平台宽约20m，临水一侧设置混凝土仿原木护栏。台阶两侧各设一个木制单排柱花架，种植金银花攀缘其上。地面采用不规则片石铺装，体现自然风格。

效果图

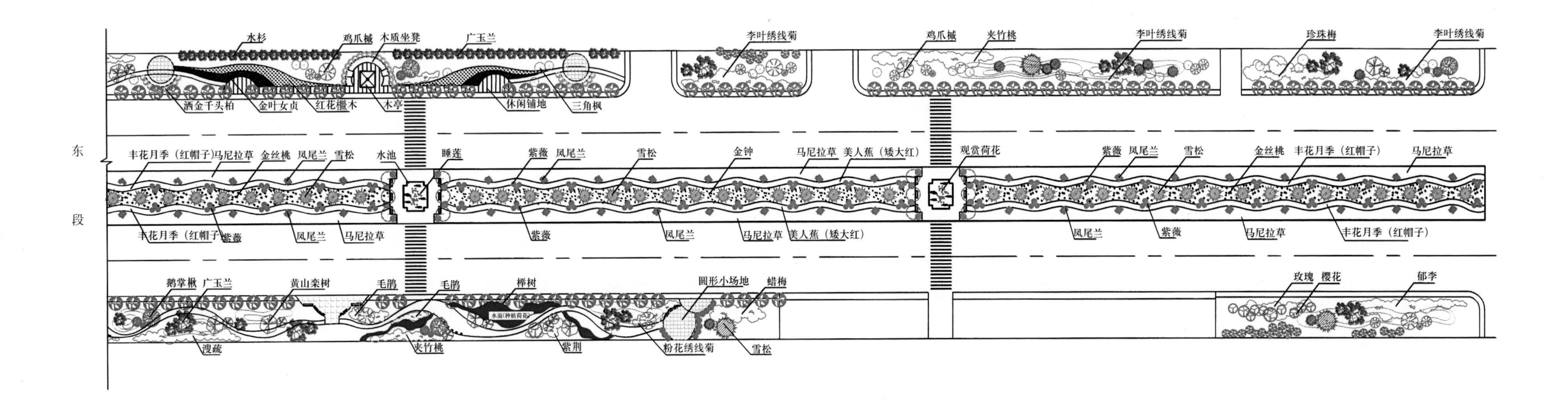

东
段
水杉
鸡爪槭
木质坐凳
广玉兰
李叶绣线菊
鸡爪槭
夹竹桃
李叶绣线菊
珍珠梅
李叶绣线菊
洒金千头柏
金叶女贞
红花檵木
木亭
休闲铺地
三角枫
丰花月季（红帽子）马尼拉草
金丝桃
凤尾兰
雪松
水池
睡莲
紫薇
凤尾兰
雪松
金钟
马尼拉草
美人蕉（矮大红）
观赏荷花
紫薇
凤尾兰
雪松
金丝桃
丰花月季（红帽子）
马尼拉草
丰花月季（红帽子）
紫薇
凤尾兰
马尼拉草
紫薇
凤尾兰
马尼拉草
美人蕉（矮大红）
凤尾兰
紫薇
马尼拉草
丰花月季（红帽子）
鹅掌楸
广玉兰
黄山栾树
毛鹃
毛鹃
榉树
圆形小场地
蜡梅
玫瑰
樱花
郁李
水面（种植荷花）
溲疏
夹竹桃
紫荆
粉花绣线菊
雪松

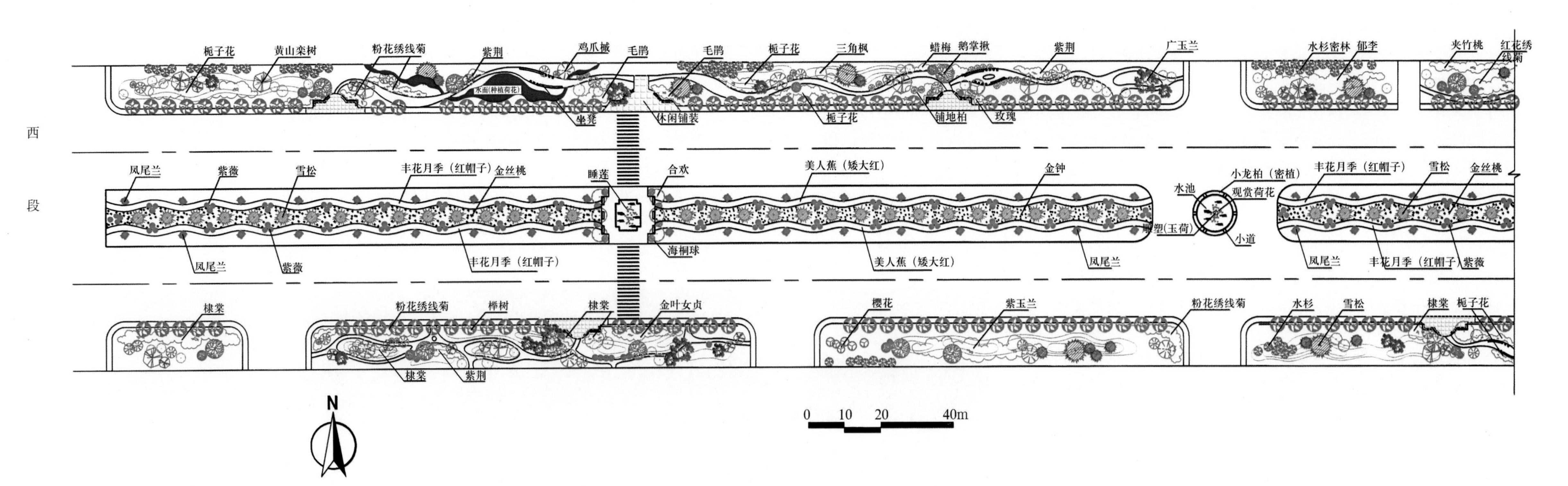

西
段
栀子花
黄山栾树
粉花绣线菊
紫荆
鸡爪槭
毛鹃
毛鹃
栀子花
三角枫
蜡梅
鹅掌楸
紫荆
广玉兰
水杉密林
郁李
夹竹桃
红花绣线菊
水面（种植荷花）
坐凳
休闲铺装
栀子花
铺地柏
玫瑰
凤尾兰
紫薇
雪松
丰花月季（红帽子）金丝桃
睡莲
合欢
美人蕉（矮大红）
金钟
水池
小龙柏（密植）
观赏荷花
丰花月季（红帽子）
雪松
金丝桃
小道
海桐球
凤尾兰
紫薇
丰花月季（红帽子）
美人蕉（矮大红）
凤尾兰
凤尾兰
丰花月季（红帽子）
紫薇
棣棠
粉花绣线菊
榉树
棣棠
金叶女贞
樱花
紫玉兰
粉花绣线菊
水杉
雪松
棣棠
栀子花
棣棠
紫荆
N
0
10
20
40m

健康西路绿化平面图

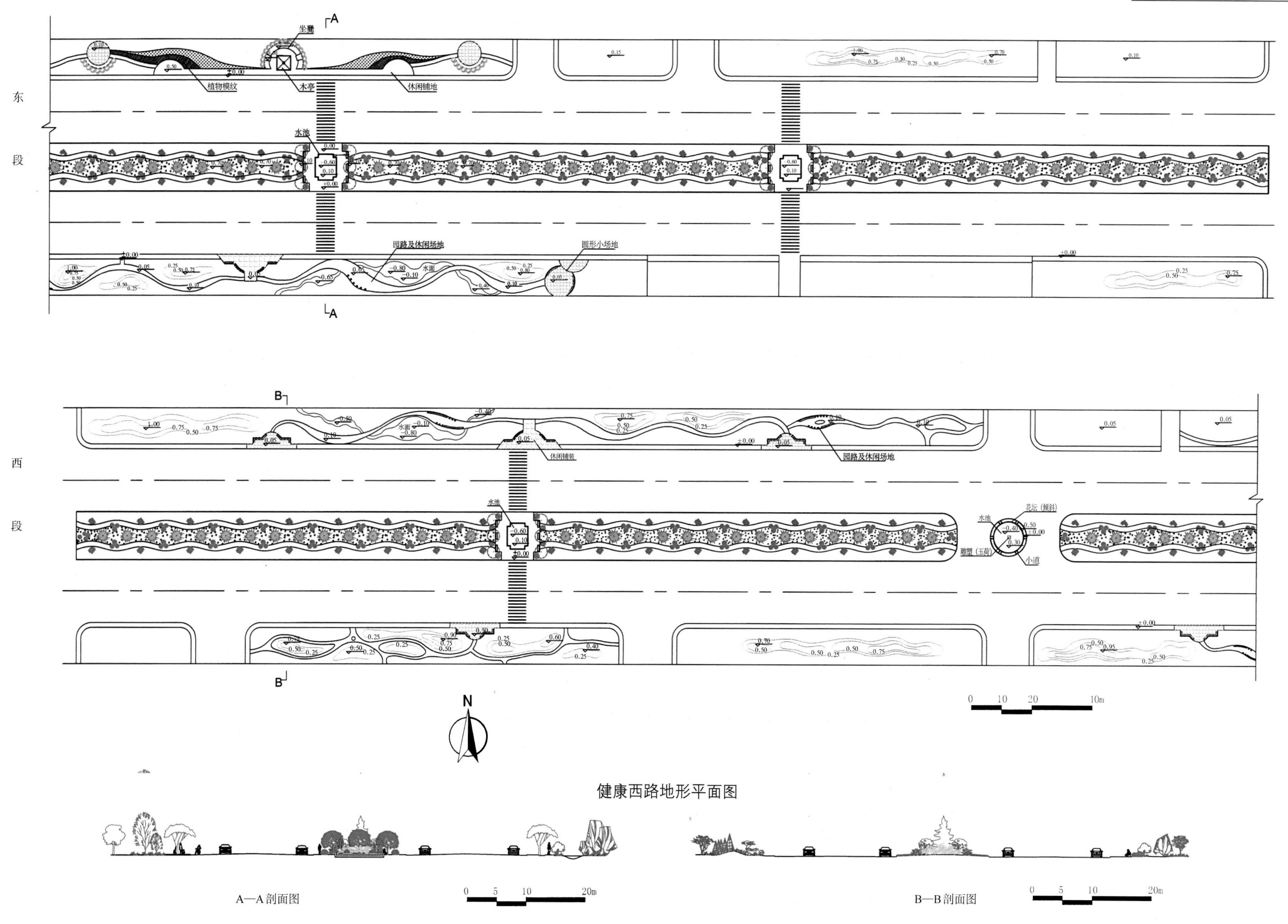
东段
西段
坐凳
植物模纹
木亭
休闲铺地
水池
园路及休闲场地
圆形小场地
休闲铺装
花坛（倾斜）
雕塑（玉荷）
小道
N
A—A剖面图
B—B剖面图

健康西路地形平面图

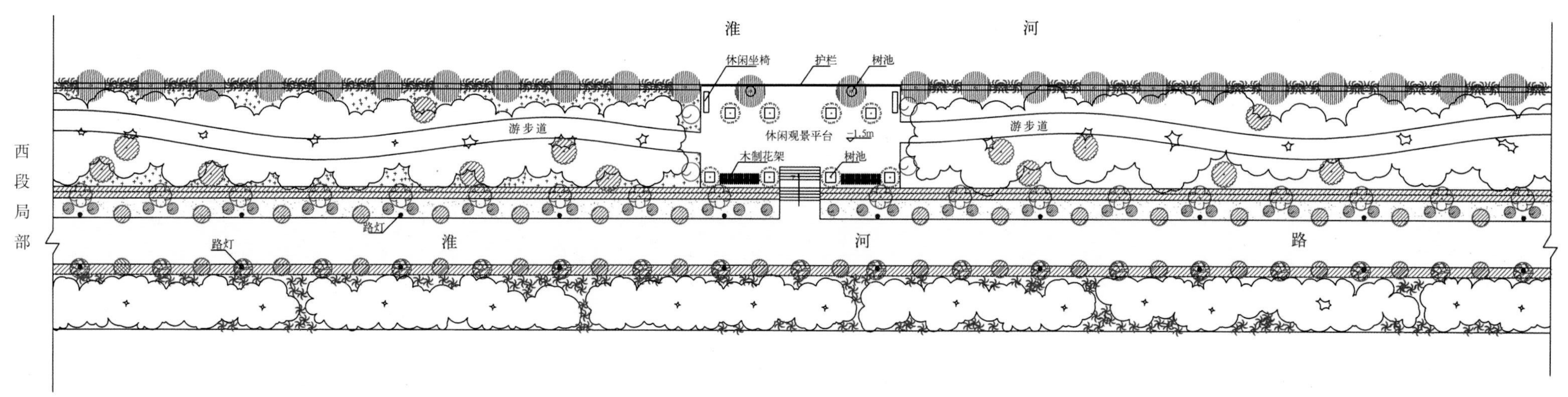

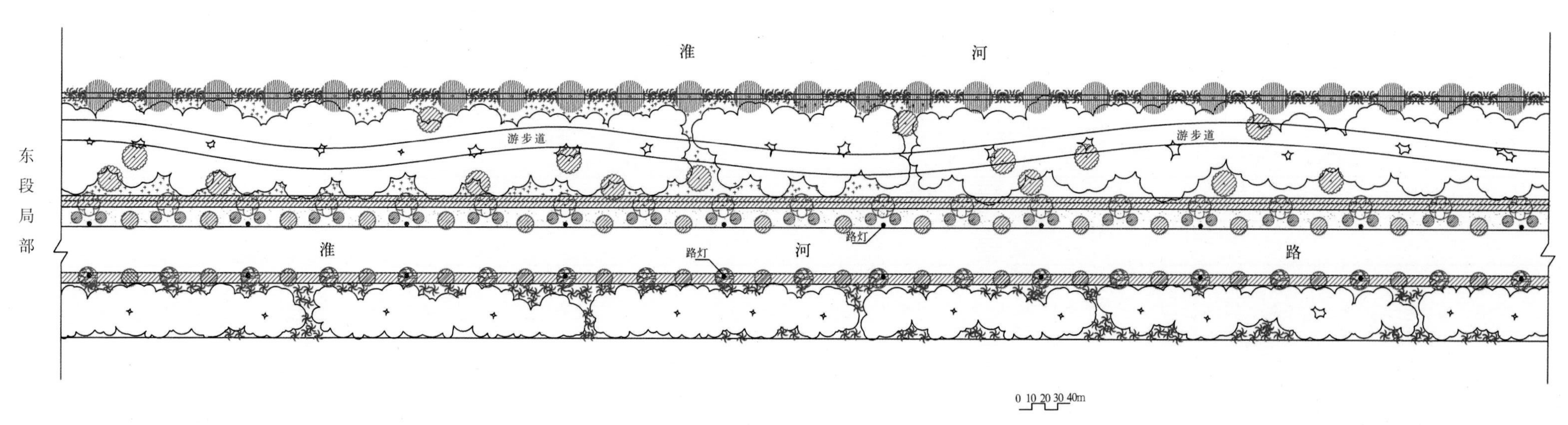

淮河路绿化平面图

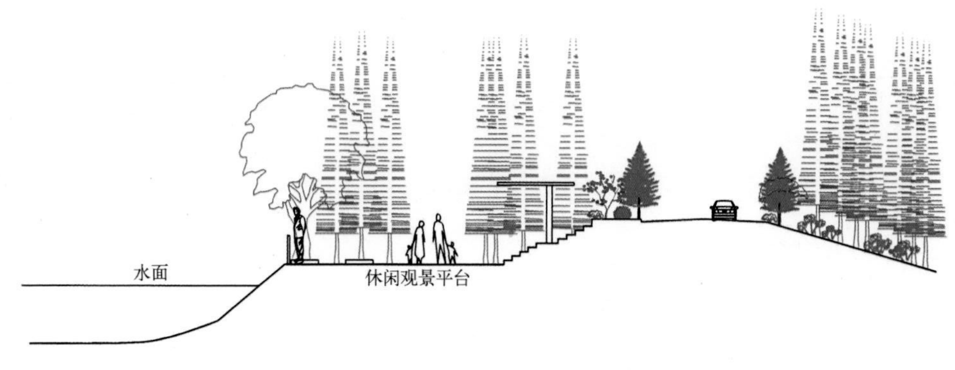

淮河路竖向设计图

三、北京海淀四季青镇道路绿地规划设计

北京海淀四季青镇道路绿化建设从“四化”入手，本着“实事求是，与时俱进”的原则，遵循“一路一特色，一路一景观”的理念，因地制宜地进行了切实可行的、科学合理的花境系统规划建设，同时深入挖掘花文化内涵，最终打造出“三季有花、四季有景”的道路花境景观。自项目建设以来，“绿谷花境”新理念的道路建设应用使得该镇的生态环境得到了有效的改善，景观效果有了较好的提升，推进了全镇环境建设的提档与升级，同时也促进了首都环境质量的改善与提高。此处以旱河路檀香山段A、闵庄路标准段B、香山南路为例进行道路花境景观的详细分析。

（一）旱河路檀香山段A

1. 道路概况 旱河路全长5 700m，两板三带式为主，两侧宽度各为50m。道路东侧整体采用自然式与规则式相结合的种植方式，以毛白杨、银杏、杂交马褂木和楸树形成背景林，白皮松和雪松等常绿树种丰富了冬季景观，黄栌、木槿、紫叶李、碧桃和丁香自然式种植，延伸至路边。整体绿化基础较好且植物品种丰富，微地形的应用使道路景观更富有变化。

2. 道路绿化规划方案 旱河路檀香山段A以“春”为主题。游人进入四季青镇，映入眼帘的斑斓景致，散发着浓厚的春的气息，令游人充满了盼春和寻春之意。

规划结合现有微地形，因地制宜地进行植物造景，打造绚烂纷繁的春季花境景观。该景观段邻近居住区，整体氛围宁谧、典雅，自然式种植富有花文化意蕴的植物，寓意人民生活殷实、安定。全段以银杏、楸树和杨树规则式种植形成背景林，花灌木及地被自然式布置，春日里“千卉齐芬芳”，配以早园竹，时而一望成林，时而孤枝独秀，即使在冬日，依然有松柏傲立，不失蓬勃向上的朝气。

（二）闵庄路标准段B

1. 道路概况 闵庄路全长5 600m，规划宽度50m，东西走向，是通往香山风景区的重要道路之一。道路南侧绿化基础较好，植物种类丰富且层次分明，主要种植有毛白杨、垂柳、银杏、雪松、油松、白皮松、早园竹、榆叶梅、连翘、丁香、月季、砂地柏、栾树和胶东卫矛等。道路北侧植物种植随意性较大，局部搭配不合理，景观效果不佳。

2. 道路绿化规划方案 结合现有绿化，规划以自然式组团绿地为主，采用疏林草地和疏林花地的种植形式，突出大色调、大色块的植物造景。植物选材上保留现有的银杏，加入白皮松和油松形成背景林，配植杂交马褂木、法桐和栾树等落叶乔木，中层选用榆叶梅、木槿、紫薇和丁香等，其间点缀早园竹，下层以流线型紫萼和黑心菊组团植于林下，疏林花境组团间以栾树衔接，与行道树规划形成统一。林缘片植白孔雀、紫萼和宿根天人菊等，以此丰富景观层次和季相变化。

（三）香山南路

1. 道路概况 香山南路全长1 400m，两侧绿化宽度各为30m，为城市次干道，是通往香山和西山八大处的主要道路之一。道路北段两侧为大面积民房，路幅较窄且无中分带。其道路规划尚未明确，两侧仅有白蜡作为行道树。南段两侧为居民区与高档别墅区，绿化形式单一且无高大背景林，景观效果较差，层次不够清晰。

2. 道路绿化规划方案 香山南路道路规划结合其地理位置，确定以“借西山之景，造美丽花境”为宗旨，以“花香满路，紫气东来”为主题，以高贵典雅的紫色为主色调，打造连接城市与风景区的特色景观路。选用银杏和白皮松作为背景林，以紫丁香与紫萼套种植于林前，贯穿全路，搭配清新柔和的粉色，打造“丁香和煦，紫映香山”的道路花境景观。

表2-1 道路绿化建设规划表

道路名称	走向	道路等级	特色定位	特色树种	景观特色	主要灌木及花卉
旱河路檀香山段A	南北	城镇主干道	主色调红、黄色，标志性景观大道	银杏	绚丽精致，蓬勃生机	山茱萸、棣棠、紫玉兰、珍珠绣线菊、平枝栒子、月季、红瑞木、矮石榴、虞美人、马蔺、宿根福禄考、大花萱草、火炬花、紫松果菊、宿根天人菊、耧斗菜、蒿、蛇鞭菊、紫萼和玉簪
闵庄路B	东西	城镇次干道	主色调绿色，绿色观赏大道	白皮松	碧绿如洗，四季常青	早园竹、木槿、紫薇、榆叶梅、丁香、金鸡菊、黑心菊、天人菊、萱草、玉簪、麦冬和鸢尾
香山南路	南北	城镇次干道	主色调紫色，旅游文化大道	紫丁香、紫玉兰	丁香和煦，紫映香山	红瑞木、紫叶小檗、大叶黄杨、紫萼、紫松果菊和马蔺

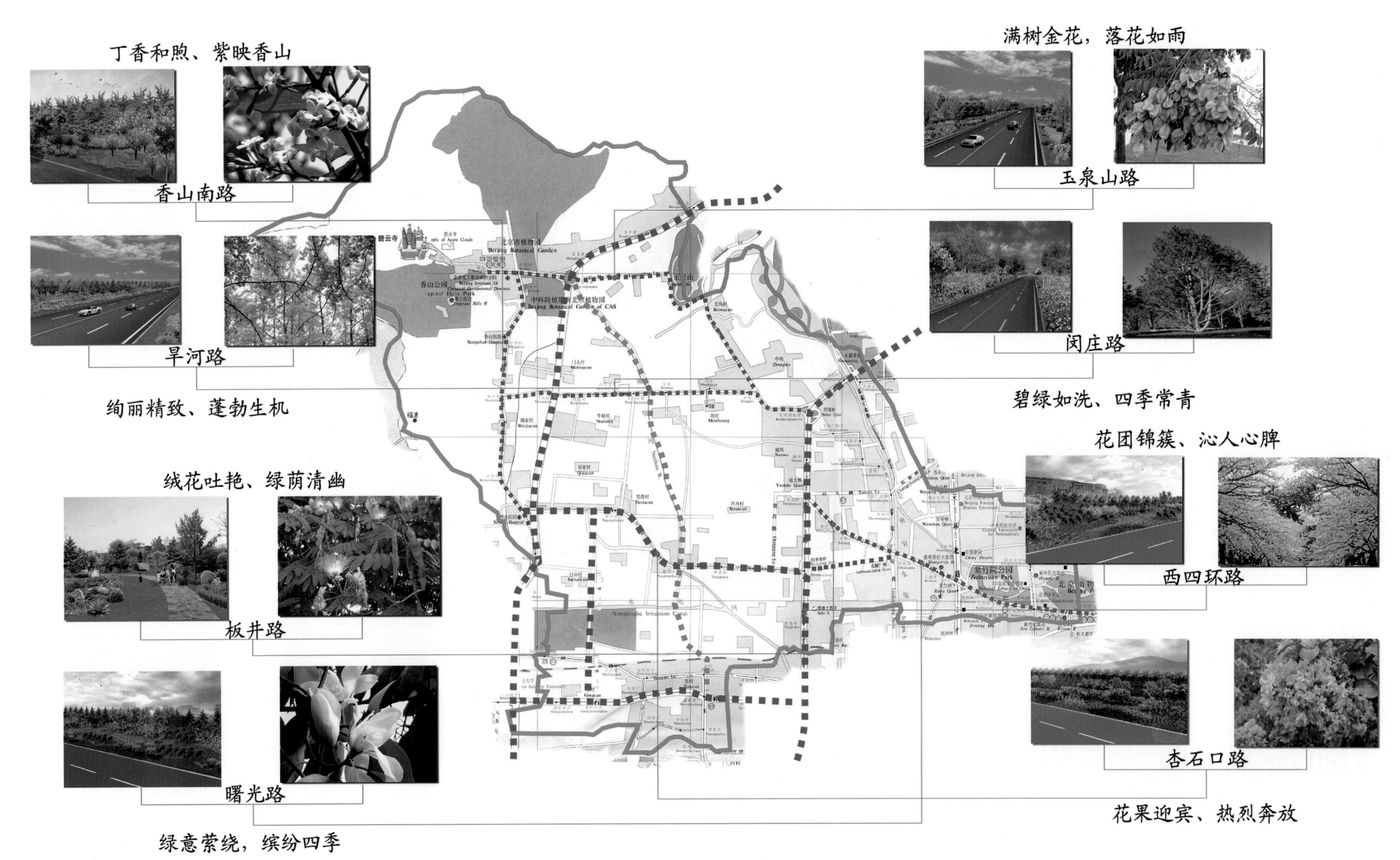

四季青镇道路花境规划图

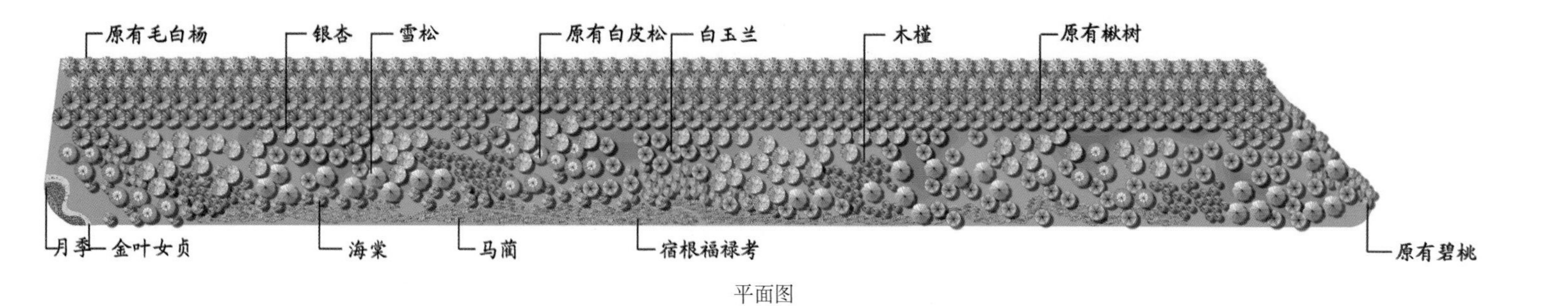

平面图

效果图

旱河路檀香山段A花境规划设计图

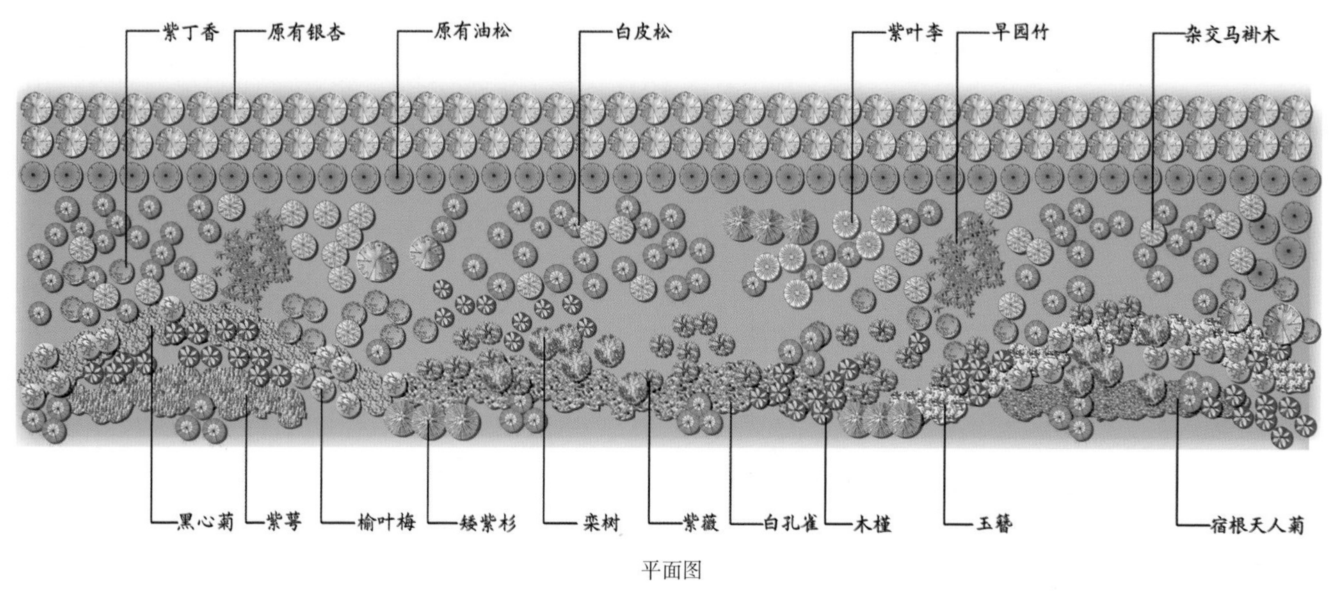

平面图

效果图

闵庄路标准段B花境规划设计图

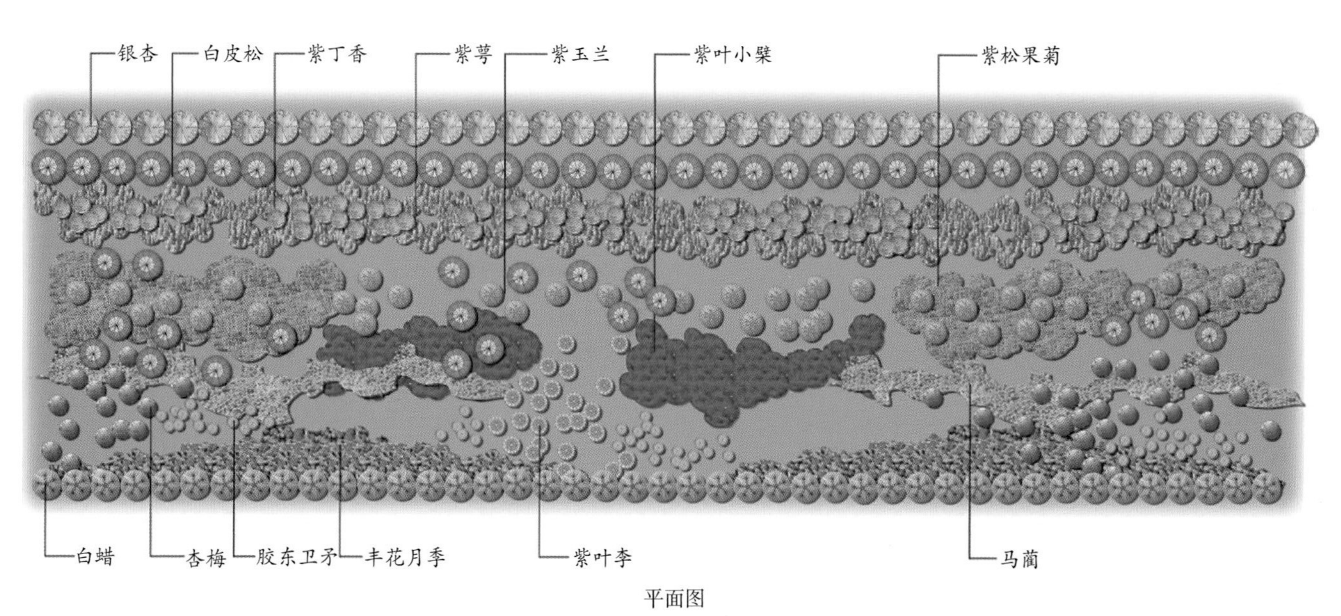

平面图

效果图

香山南路标准段A花境规划设计图

四、浙江苍南县城站前大道绿化设计

（一）概况

规划建设中的苍南县城站前大道是灵溪镇重要的城市主干道和景观路。站前大道南北走向，南起玉苍路以西120m，北至沪山路以北新建104国道，全长2 500m。目前，规划道路红线范围宽56m，其断面形式为8m宽中央分车绿带、12m宽快车道、2.5m宽两侧分车绿带、6m宽慢车道和3.5m宽人行道。快车道右侧布置港湾式公交车站。

（二）设计依据（略）

（三）设计要求（略）

（四）绿化材料选择（略）

（五）绿化布局和景观设计

绿化布局分为各有特色又相互协调的三部分，包括中央分车绿带、两侧分车绿带和交通岛及其四周导向岛。

1. 中央分车绿带　长度约70m的花灌木和草本花卉模纹图案组、8株一丛的鱼尾葵和2～3个纵列的拼栽榕树球纵向排列，构成中央分车绿带的绿化主体。

花灌木和草本花卉模纹图案组由扶桑、矮生红叶美人蕉和开花繁丽的应时草本花卉组成；鱼尾葵树丛种植在花灌木和草本花卉模纹图案上。花灌木带控制高度在60cm以下，草本花卉控制高度在40cm以下，花灌木和草本花卉相配合，构成以红色、黄色、绿色为基本色调的模纹图案，图案线形流畅奔放、色彩明快。

丛植的鱼尾葵树形疏朗挺秀，具有南亚热带特色。2～3个直径3.6m的拼栽榕树球环绕弯月形草本花卉模纹图案，布置在每条中央分车绿化带的两端和2组70m模纹图案组之间。圆球形敦实的榕树球和鱼尾葵树丛形成对比，鱼尾葵树丛和榕树球丰富了绿带形体的韵律节奏，且并不影响中央分车绿带两侧通畅的视线要求。

中央分车绿带地被植物采用日本栀子花。

2. 两侧分车绿带　两侧分车绿带布局形式较为简单，各段绿带端部为3个间距1m纵列直径1.2～1.5m的海桐球，中段为25m长的火棘灌丛带和15m长的金丝梅灌丛带相间沿绿带延伸；绿带中每隔30～40m，间距4m列植3株白兰花作行道树。

绿带端部的海桐球使绿带在路口处视线通透，满足交通安全视角的要求；由火棘和金丝梅构成的灌丛带，较好地起到快慢车道两侧的安全隔离作用且保持道路空间的开敞，并因有较高叶面积指数而具有相当的环境生态功能；同时，还起到衬托中央分车绿带的作用。

间距30～40m的3株成组列植的白兰花行道树，在目前站前大道无行道树绿带和路侧绿带的情况下，在构成纵向的道路空间和形成良好的道路绿化景观中起重要作用。白兰花是当地南亚热带特色树种，采用上述布置形式，强化了分车绿带的韵律节奏，并与中央分车绿带的鱼尾葵相呼应。

3. 交通岛和导向岛　交通岛布局上采用与垂直相交的道路相对应的格局。以交通岛中的广场灯杆及其周围树丛为中心，四组相同的绿化构成在交通岛中均匀布置，使每一条道路正对每一组绿化构成的最佳景观面，但绿化配植使每一组绿化构成在不同角度都具有较好的观赏效果。

交通岛中心竖一高35m的高杆大型广场灯，灯型选用较新颖的通透式钢架网球型灯架的广场灯，其晚间发光均匀明亮，白昼通透轻盈美观。广场灯柱自然成为交通岛周围远处进入站前或到达新区的标志。

交通岛中高杆广场灯周围环绕常绿乔木桂花，使灯柱与交通岛绿地在景观上自然过渡，增强广场灯柱的视觉稳定感，桂花树圈外围以环形模纹花灌木带。

交通岛中心外围，四组绿化构成的基本格局是：三条右旋的模纹花灌木带前后错落，假槟榔树丛和榕树球高低呼应，鲜艳的应时花卉模块点缀在灌木带树丛间。其中的假槟榔树形潇洒挺秀，既与高耸的广场灯相协调配合，又与中央分车绿带中的鱼尾葵树丛相呼应；鱼尾葵树丛和假槟榔树丛共同形成站前大道绿化最鲜明的特色。

具体的布局和造型，设计提供了2种形式：

方案A：模纹花灌木带较长而弧曲，假槟榔树丛布置在内侧一条灌木带上，应时花卉模块布置在交通岛外围和一个大型拼栽榕树球周围。

方案B：模纹花灌木带较短较宽且弧曲较小，三个榕树球与假槟榔树丛相近，应时花卉模块布置在假槟榔树丛下和外围，交通岛中的模纹灌木带采用九里香、金叶女贞和杜鹃，地被植物为常春藤。

四个交通岛的绿化形式相同，采用九里香和金叶女贞满铺并构成模纹图案，其图案形式与中央分车绿带相同。

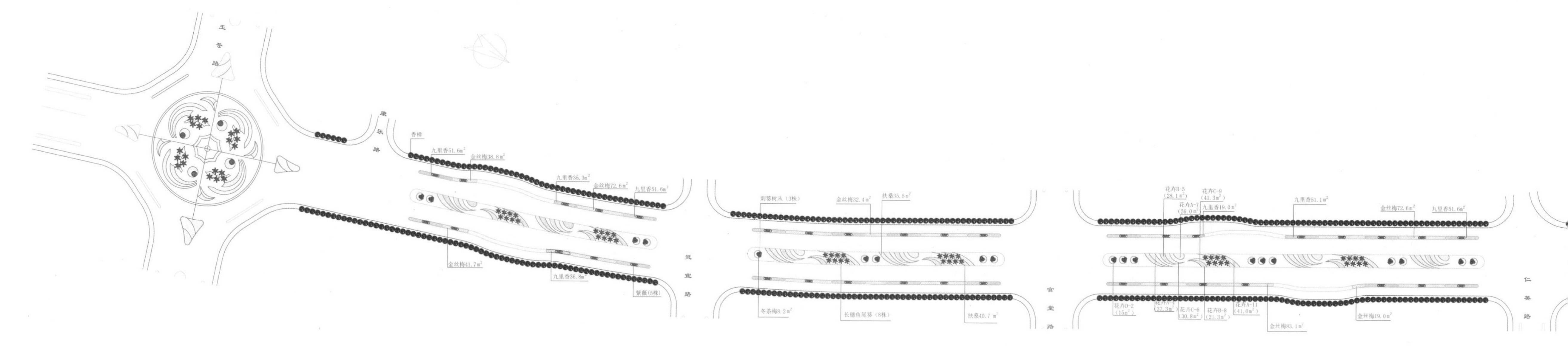

玉苍路至仁英路

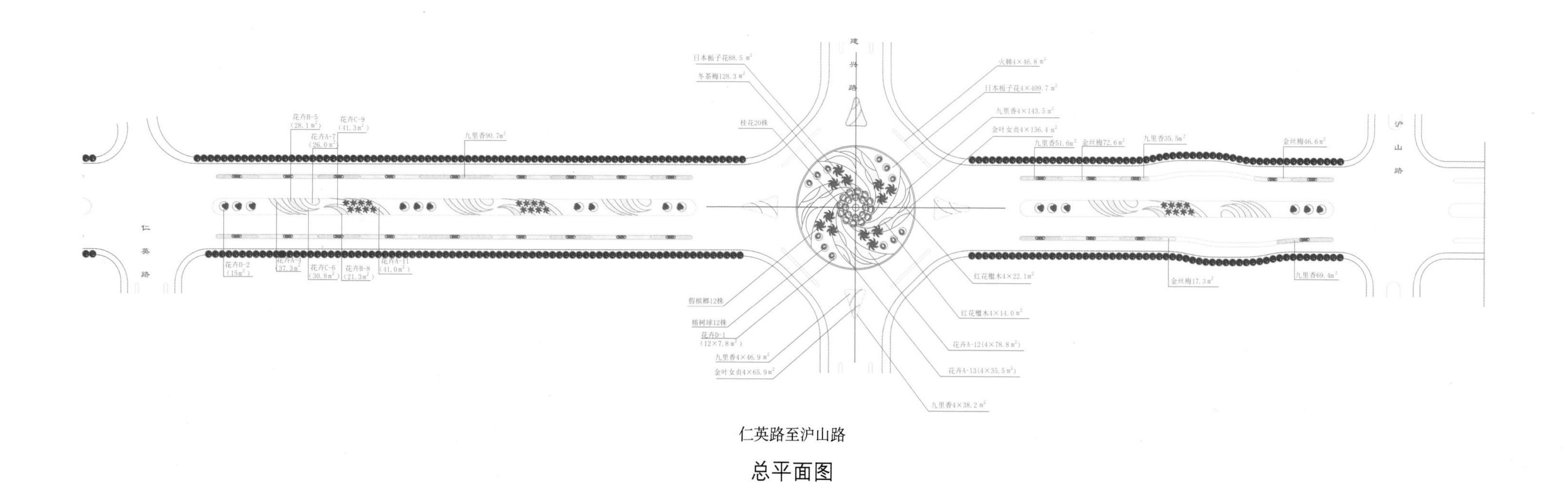

仁英路至沪山路

总平面图

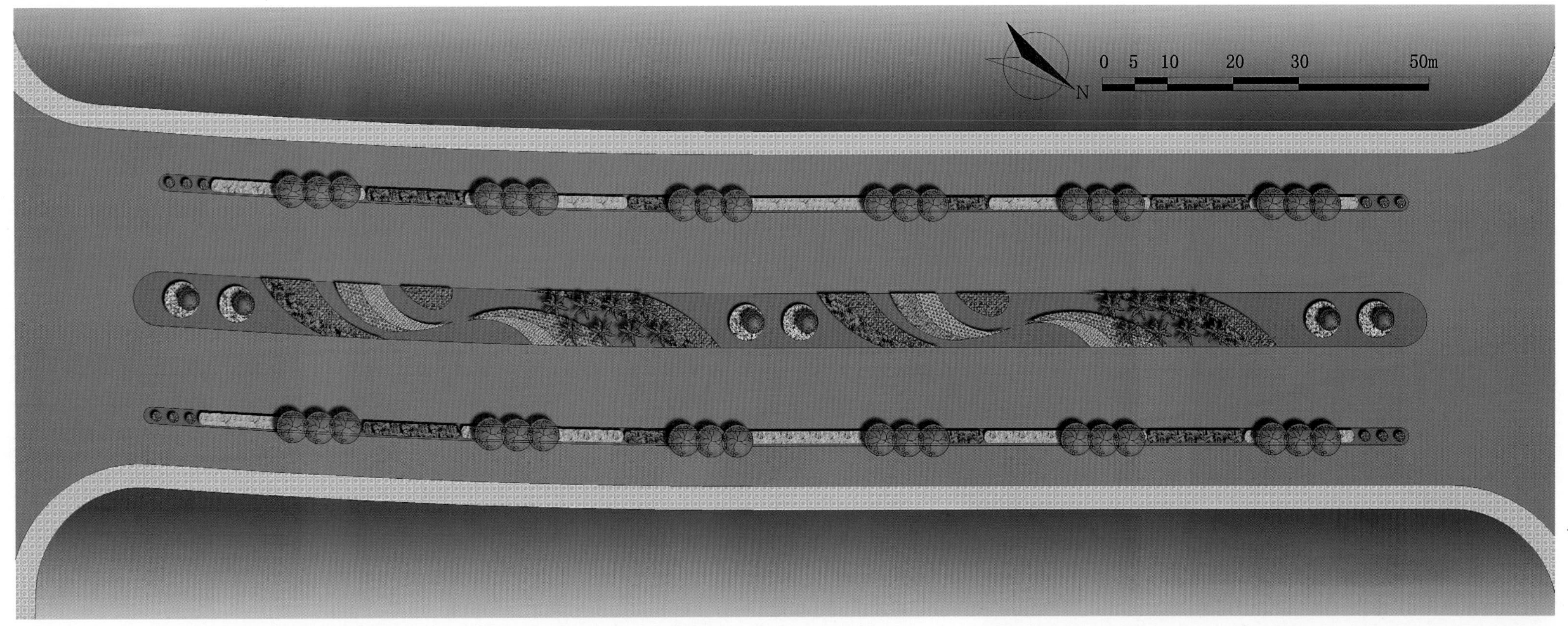

仁英路至建兴路平面图

仁英路至建兴路效果图

建兴路交通岛效果图

五、江苏连云港—徐州高速公路部分路段绿地规划设计

（一）概况

连—徐高速公路是连霍国道主干线东桥头堡，也是连霍国道所经过的经济、文化、生态环境最发达的省份。连—徐高速公路在徐州境内115km，贯穿新沂、邳州、铜山和市郊，沿线绿化基础较好。

（二）自然地理概况

1. 土壤　项目地段属淮海平原上的石灰岩残丘群、低山丘陵和冲积平原。连—徐高速公路土壤从东至西分别为棕壤土类、褐土土类、棕潮土亚类、黄潮土亚类。pH依次呈微酸性、中性偏碱、微碱性反应。沙土地下水位较高，一般在30 ~ 50cm；二合土地下水位一般在60 ~ 80cm；黏性土地下水位较低，一般在90 ~ 150cm。总体特点是含腐殖质少、土壤肥力差，保水、保肥性能差，对喜酸性植物生长不利。因此，绿化地块要人为施肥。

2. 气候　项目所在地为典型的暖温带大陆性季风气候，具有长江流域与黄河流域气候的过渡性质，其特点是：四季分明、四季日数长短不均，气候温和，日照充足，春、秋季短，入冬回春较早，冬寒干燥、夏热多雨，春、秋干旱，常有寒潮、霜冻、冰雹等灾害性气候。年平均日照2 284h。全年阴天为85.7d左右。年平均气温14℃，7月最热，平均27 ~ 29℃；1月最冷，平均-0.8℃。历年极端最热温度为40.6℃，极端最冷温度-23.3℃。平均初霜期在11月21日，终霜期在4月3日。年平均降水量为869mm，虽优于同纬度内陆，但年蒸发量大于降水量，属于半湿润气候。降水特点是集中度高，全年降水集中在夏季，平均为511.3mm，占年降水量的59%。徐州秋霜偏早，春霜冻害是本地区主要灾害之一，对花卉和常绿树种有较大危害。综上所述，连—徐高速公路沿线地处暖温带南缘、黄淮平原中部，为典型的暖温带落叶林分布区气候，故对阔叶落叶树生长有利。

（三）规划依据（略）

（四）规划指导思想

绿化是为了满足交通功能的需要，改善行车条件，使道路交通更为畅通、快捷、安全、舒适，同时给道路增绿添色，做到四季常绿，增加道路生态景观，以服务于人们的行为需求为目的，高标准、大手笔、抓特色、创精品，突出连—徐高速公路的绿化特色。以统一中求变化，简洁、明快又节省投资的绿化方法，达到既绿化美化道路又保障安全，同时起到保路护坡的防护性能，提高连—徐高速公路的整体水平与质量。

（五）规划设计原则

①道路绿化应能改善行车条件，增进舒适性和安全感，满足道路交通多功能的要求，绿化要形成多种形式的格局，在统一中求变化，做到景观丰富多彩，达到美化路容的效果，形成绿色（安全）的通道。

②高速公路绿化规划设计应以植物生态等理论为依据，根据每个绿化单体本身的立地条件，选择适生树种和地被植物，重视适应能力强、观赏价值高、生长速度快的地带性树种。同时考虑易管养的植物，因地制宜地进行科学合理的配置，通过多种绿化艺术协调、弥补和美化道路建造，降低声、光、气对环境的污染，再借助沿线地方绿化，成为大环境生态屏障的重要组成部分。

③高速公路绿化应充分考虑植物在不同生长发育阶段各种功能和外貌景观发生的变化，进行动态预测分析，合理选择与配置，科学确定栽植密度并控制高度，确保弯道内侧、交汇道口的行车视距要求，达到最佳景观效果。绿化应有利于保护公路及附属设施，并为后期的养护管理提供便利。

④中央分车带绿化应满足防眩、美化的功能要求，并应注意中央分车带景致的视觉效果变化和开口处的视线问题。

⑤边坡绿化应能满足美化环境、稳固路堤的功能要求。

⑥互通立交范围的绿化设计应有鲜明特色，充分体现美化环境的效果。

⑦力求经济合理，美观实用，体现设计特色。所选植物应既能增强环境美化效果又适应地方土壤、气候要求，容易成活，便于培植和养护。

（六）设计内容

1. 中央分车带绿化规划设计　中央分车带植物立地条件差，其特点是：地块狭长、带状，植物生长空间小，土层薄，光照强，温度高，湿度小，易干旱，风速大，污染重。绿化以防眩、防噪声为主要目的，以丰富景观、提高行车安全为前提。土层厚度应达到60cm，起防眩作用的绿色植物高度控制在160cm以上（以双排种植为主，单排为辅，做变化段落），选择耐热、耐干旱瘠薄、耐修剪、生长较慢的植物（拟选用蜀桧、法国冬青、龙柏、紫薇、石楠、金叶女贞、大叶黄杨、丝兰、海桐、矮化美人蕉等）。

2. 互通（立交）区域绿化　绿化以满足行车功能、丰富景观、美化环境为主要目的。布局要突出主题、简洁明快，大手笔、大色块、大绿量、大曲线，线型流畅美观，色彩艳丽，体量、高低适度，层次分明，透视效果好，与灯光、喷灌及其他设施协调，形成有气势的景观效果。其边沟外侧绿化与沿线绿化相统一，宜选用常绿、枝叶浓密、色彩丰富、观赏价值较高的植物。

如邳州西段互通立交范围内分块整理地形，使其中部高、四周低，坡度为5/1 000，以利排水。用金叶女贞创造银杏叶和银杏果图案组合，用龙柏球组合景点表示世界各地，百慕大加黑麦草铺底形成四季常青的绿色大地。此设计意在表达邳州名产——银杏走向世界各地。

3. 护坡绿化　草坪培植床护坡绿化以护坡草种百慕大为主体进行绿化，其中点缀迎春、黄杨球、小叶女贞等，创造音乐般的韵律。

4. 护坡道（边沟内侧平台）　绿化以防护、美化环境为目的，宜选用适应性强、易管理的植物。护坡撒播百慕大、细叶结缕草，等距离栽黄杨球。

5. 边沟外绿化　以生态防护构成林网骨架为目的，兼顾美化环境的功能。银杏、桧柏间距8m，间植紫叶李，护坡选用细叶结缕草。

6. 挡土墙绿化　应起到缓和视觉、美化环境、减少冲刷等功能，可选择抗性强、阳性的攀缘植物进行垂直绿化，宜密植，适宜种类有迎春、金银花、爬山虎、攀缘月季、凌霄、木香等。

邳州西段互通绿化效果图

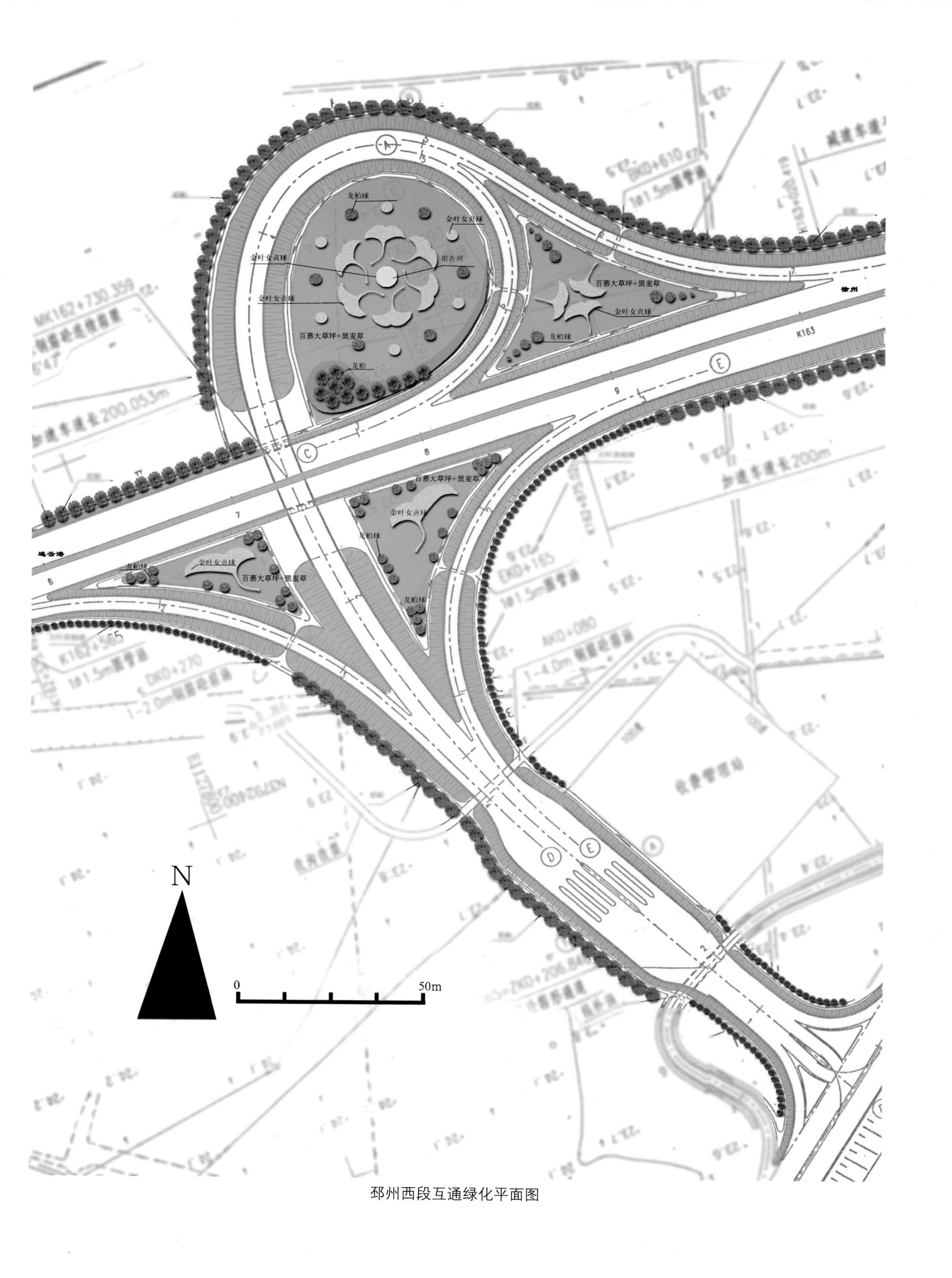

邳州西段互通绿化平面图

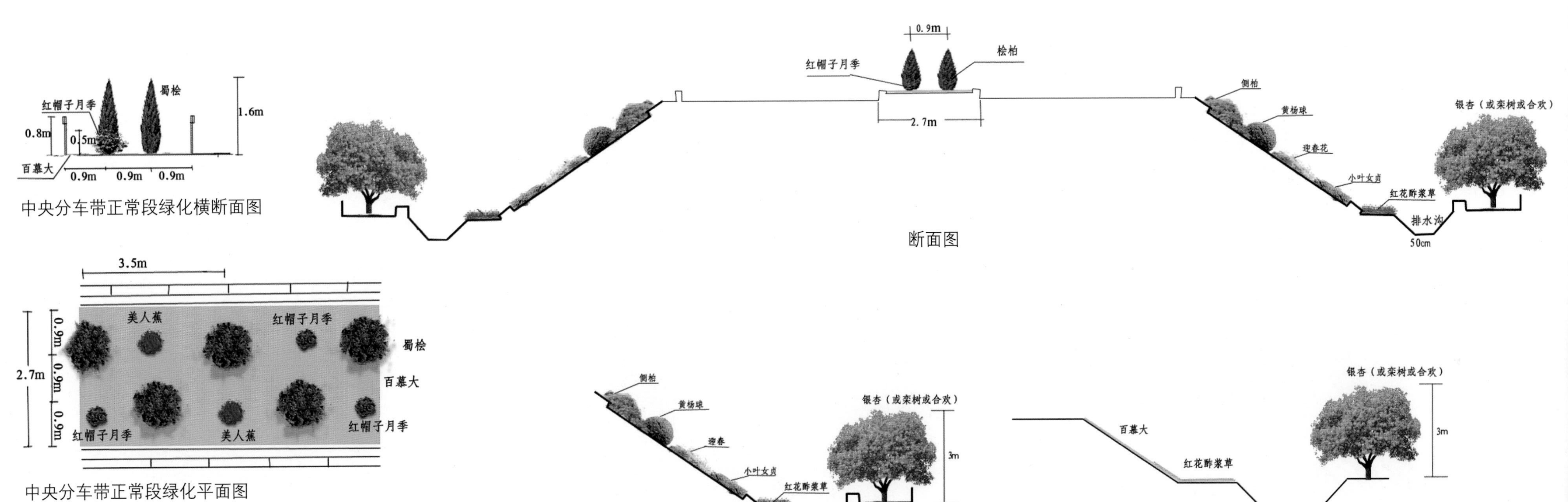

中央分车带正常段绿化横断面图

断面图

中央分车带正常段绿化平面图

护坡绿化断面图

草坪培植床护坡断面图

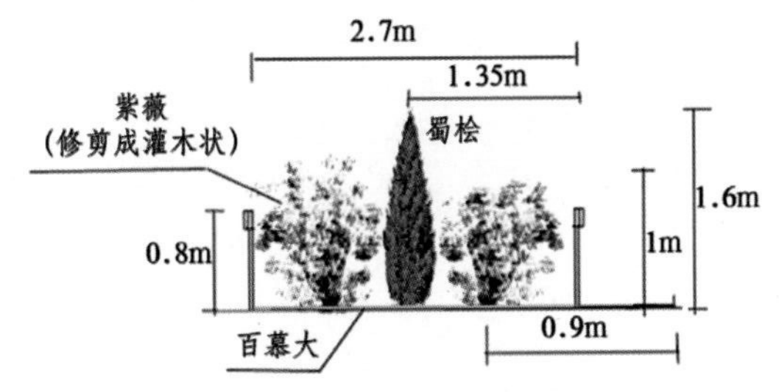

中央分车带变化段绿化横断面图

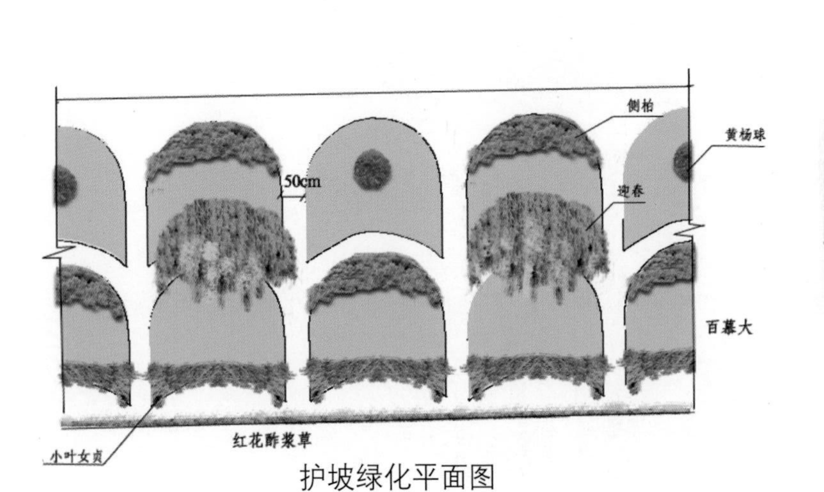

护坡绿化平面图

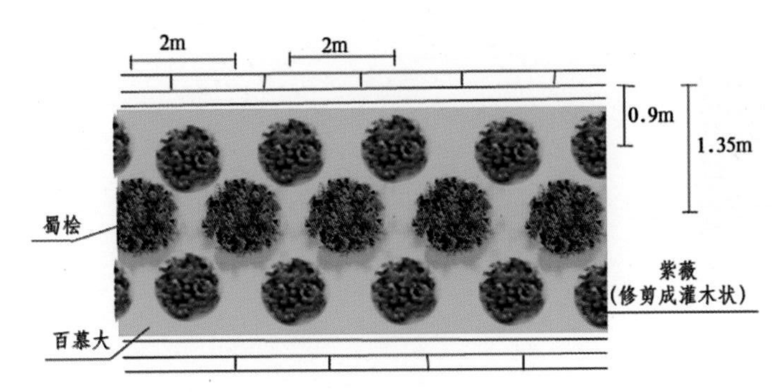

中央分车带变化段绿化平面图

百慕大

红花酢浆草

草坪培植床护坡平面图

六、河北三河文化中心广场景观改造设计

该项目是一处北方中小城市核心广场的景观改造项目。改造缘起广场北侧新建一座文化中心建筑，新建筑与原有广场缺少联系且产生形态冲突；同时，原广场空间硬质场地过多，休息设施过少，植物过少，不能满足市民日常休闲娱乐及各项活动开展的需求。改造设计遵循“以人为本、生态经济”的理念，以低成本手段解决场地现状问题，最大限度地满足老百姓使用户外空间的需求。

（一）项目难点

如何将广场与文化中心建筑有机整合，融为一体，改善文化中心建筑所处地地势低洼、形象不够突出的问题；同时，从三河市民日常休闲活动的舒适性、丰富性等要求出发，真正将其打造成三河市民喜闻乐见的城市客厅。

（二）项目设计特点

1. 协调建筑　降低景观的身段，以烘托建筑、彰显建筑、满足建筑功能为目标。本方案充分利用原世纪广场的下沉空间，因高就低，沿着广场中央轴线方向进行竖向处理：首先，以2%的坡度向南降低建筑南广场的地平面，在现状最低洼处设计一处薄水面（5 300m^2），以形成建筑的倒影，扩大建筑空间，突显建筑。薄水面南侧，直至102国道，以1.4%的反坡逐渐抬高地平面，形成自102国道到薄水面的一个渐变的视野。自国道沿轴线方向看建筑，基本没有遮挡，形成一个很好的建筑观赏面。同时，为丰富薄水面无水时广场中轴空间的景观层次，自南向北依次布置了小跌水、中央音乐喷泉等两处景观。

2. 功能复合　本项目之所以采用薄水面而非选择水池形成建筑的倒影，主要考虑到薄水面可以实现干湿空间的交替，能够将临时性的观演活动与老百姓日常戏水活动两种不同性质的使用空间整合到一起，实现景观功能的复合，从而提高有限空间的土地使用效率。

3. 因地制宜　尊重原世纪广场的地形条件和植被条件，最大限度地利用现有植物、竖向高差等布局新的景观元素：薄水面的设置充分利用了原有场地的下沉空间，从而大大降低了土方量，节约成本；广场周边原有30多株长势较好的雪松也被保留下来，融入到新的种植设计体系中，起到了很好的骨架作用。

4. 以人为本　为了改变原世纪广场绿地面积小且集中、广场内无绿化、休息设施少、夏季暴晒等问题，改造设计不仅将绿地面积大幅增加，而且采取化整为零的手法，利用几条主要的弧形绿地来分隔广场空间，休息性的坐椅与弧形绿地相结合布局，增加绿地与硬质广场、水面的穿插，丰富广场景观空间形态的同时，增强市民使用广场空间的舒适性；同时，也达到协调建筑形态的整体效果。

5. 彰显文化　深入挖掘三河市历史文化，提炼出孟各庄遗址文化元素作为主要的文化符号，并使之融入到景观小品、铺地、雕塑等设计之中，提升广场景观的整体内涵。

（三）设计技术与创新

通过采用改良的薄水面技术，低成本高效益地解决了烘托文化中心建筑、满足北方市民亲水戏水等功能要求。

很多人认为薄水面景观是高科技水体，尤其是对于上海世博庆典广场而言，更是如此。为了在三河市实现薄水面这一设计构想，项目组在整体构思确定之前便与世博庆典广场的设计方及水池的施工方取得联系，清晰地了解世博庆典广场水镜的技术要点以及工程成本。世博庆典广场水镜为每平方米6 000元的造价，其高额费用主要源于以下三个方面：第一，水镜面下面巨大的水池及雾喷系统；第二，水池底板的钢结构微调体系；第三，用以保持水质和水量的动力装置和水循环处理装置。世博庆典广场水镜之所以要这么做，其主要目的是要展现我国现代的高科技水平，同时为世博期间大型活动提供舞台。

三河市文化中心广场薄水面的采用，其主要目的是形成建筑倒影，为市民特别是孩子在夏季提供自由戏水的场所。为了实现这一目的，显然不需要照搬世博庆典广场的雾喷体系和钢结构微调系统（两个最花钱的系统）。只要把水池底板做平，水膜做到5cm以下，水池与广场铺装无障碍连接，便可以达成目的。因此，项目组采用了以下的水池底板结构做法：钢筋混凝土结构，双层防水，面层采用600mm × 600mm × 50mm的深灰色花岗岩铺装，水池底板排水坡度控制在0.5%以内，在底板下面设置了两条带形排水沟，将泄水汇入南侧喷泉池下面的水坑。为了保证水质，夏季基本上3d换水一次，春、秋季7d换水一次，单次换水量250t左右。换下来的废水一方面用于周边植物的灌溉，另一方面进入喷泉水池循环利用。实践证明，这种因地制宜的改良版薄水面设计是完全可行的，不仅很好地实现了预期景观效果，而且每平方米造价降到了800元，施工难度也大大降低。

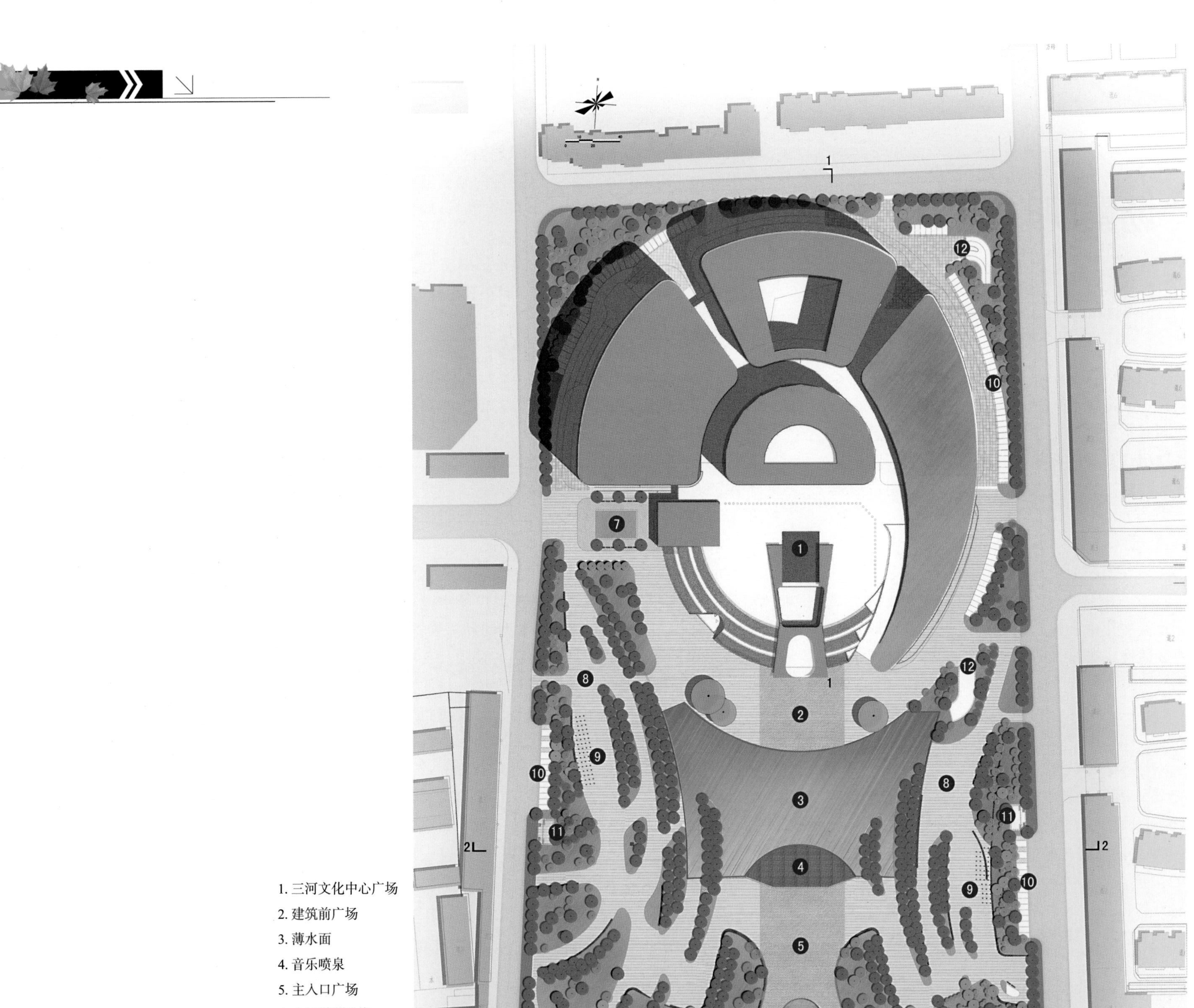

1. 三河文化中心广场
2. 建筑前广场
3. 薄水面
4. 音乐喷泉
5. 主入口广场
6. 入口景题叠水
7. 玉兰广场
8. 历史文化印迹广场
9. 景观文化柱
10. 停车场
11. 公厕
12. 车库出入口

总平面图

广场南北向1—1剖面图

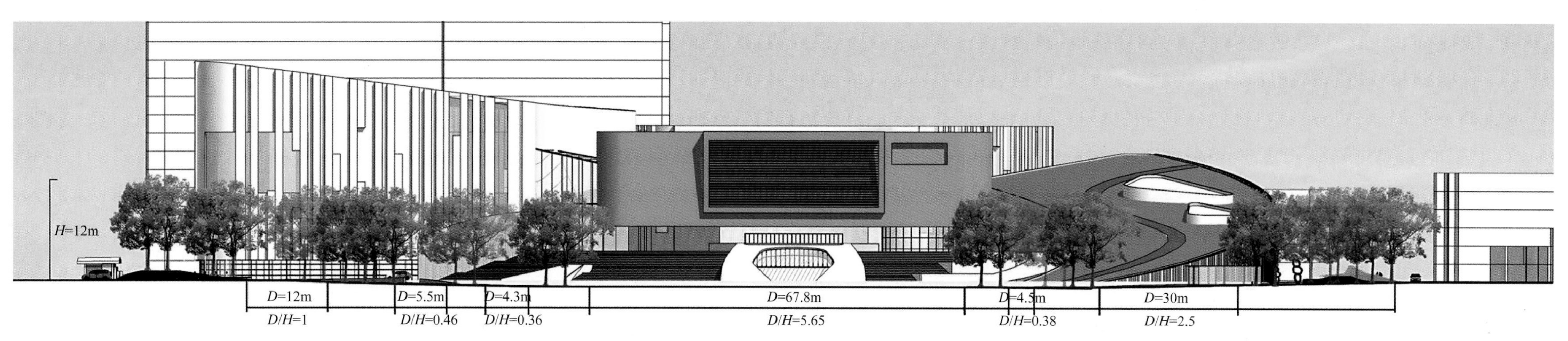

广场改造后植物界面与场地宽度比例（D/H）：多样的D/H值，丰富了广场空间的体验和感受，大乔木的增加，增加了广场的舒适度。

广场东西向2—2剖面图

剖面图

自102国道向文化中心方向

自文化中心向102国道方向

广场全景

水镜中的文化中心

跃动的喷泉

儿童戏水（活动）

弧形绿带与文化中心建筑

音乐喷泉与薄水面（动静对比）

薄水面与音乐喷泉（动静对比）

薄水面与文化中心建筑

在广场南北轴线上，文化中心建筑南侧，充分利用原世纪广场的下沉空间设计一处面积为5 300m^{2}的薄水面，减少工程量，节省造价，经济合理。薄水面水膜厚度为3 ~ 5cm，平静时能够形成清晰的倒影，扩大景观空间。

局部实景一

水边的林荫休息空间

广场西侧绿带与休息空间

广场边的林荫休息空间

挡墙与坐椅结合

为增加广场休息空间的舒适性，避免夏季暴晒，广场绿地空间呈条带状穿插于铺地和水池之间，划分出多种活动和文化展示空间，承载展览、跳舞、健身等多种活动。广场绿地面积占总面积的43%。

西侧弧形绿带与水面、铺装的穿插关系

景观文化柱和弧形绿带

薄水面与弧形绿带

局部实景二

七、安徽宣城火车站站前广场设计

（一）现状分析

宣城市火车站属通过式布置类型。这种类型对列车的接发作业较为方便，通过能力大，一般有两个咽喉区，在使用上有很强的灵活性。但是由于不容易伸入城市中心地区，所以站场点容易形成城市道路的交叉。

本项目正是这种类型的集中反映，其动态交通和静态交通的科学组织是做好项目设计的关键。

整个用地呈梯形，总占地面积约5.5hm^2，呈不规则四边形，长条形水面位于中部，用地竖向起伏不大。

（二）规划指导思想与设计理念

1. 定性与定位　宣城市火车站站前广场是该城市主要入口门户之一，是人流出入与集散的焦点，是城市景观风貌的第一印象，是动态交通与静态交通的结合部。其附属休闲绿地是站前广场综合功能的延伸，是站前旅客逗留及旅客与城市居民的休闲场所。

2. 战略与主题　首先把本项目整个用地功能确定为宣城火车站站区的“绿心”，使其成为区内各个不同功能地块的对话框。

规划战略就是紧扣“人与自然和谐共生”的主题，在满足站前功能的前提下，抓住“生态健康、以人为本、文化内涵、景园境界”四大要素。

3. 理念与目标

（1）人居环境舒适性　城市任何地块满足功能总是作为第一需要，根据本地块的“定性与定位”分析，本地块的主要功能包括交通集散、生态调节、休闲观景、社会交往、文化交流等方面。

（2）可持续发展的系统性　自然、社会、经济、文化各子系统的协调与可持续发展是当今历史演替的潮流。人与自然的对话是以注重保护、适度开发、持续利用为前提的，其实质是对合理开发强度的把握。人本身即是大自然的一部分，人类活动必须给自己留有空间，规划设计中必须留足弹性。

（三）总体构思

1. 秉承设计理念，重点做到“整、全、精”

（1）“整”　由于本项目用地相对不规则，与站前用地功能相违背，所以首先要把用地做“整”，整体协调景观内容。

（2）“全”　站前地块功能要求综合而复杂，在一个地块中满足多样性功能，必须配套多样化空间，并相互协调、巧妙过渡。

（3）“精”　在空间有序布局的基础上，重点选择站前集散广场、湖心叠水广场、休闲交往广场等做精做细，同时有效地布局在主轴线上。

2. 功能与轴线分析（略）

3. 设计立意与景观构成　本方案立意为“团结、和平、创新、发展”，表现宣城领导和广大宣城人民团结一致、蓄意勃发的豪迈情怀和坚定信念。

景观构成上采用充分展示这一立意的螺旋式构图。在追求造型大气、优美的同时，意境得到升华。

效果图

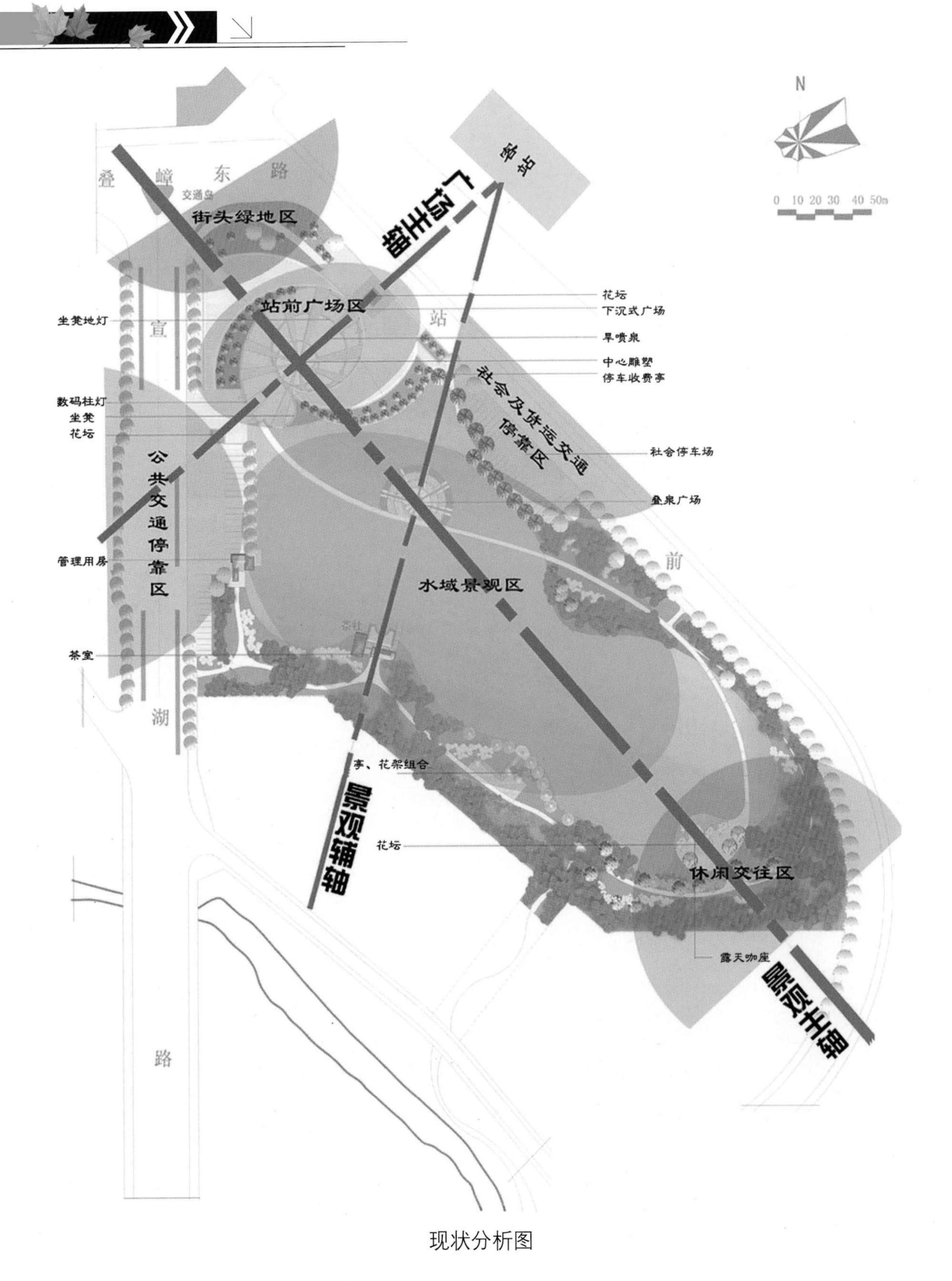
叠嶂东路
交通岛
街头绿地区
广场主轴
车站
站前广场区
宣
站
花坛
下沉式广场
旱喷泉
中心雕塑
停车收费亭
坐凳地灯
数码柱灯
坐凳
花坛
社会及货运交通停靠区
社会停车场
公共交通停靠区
叠泉广场
管理用房
前
水域景观区
茶室
湖
亭、花帮组合
景观辅轴
花坛
休闲交往区
露天咖座
景观主轴
路
现状分析图

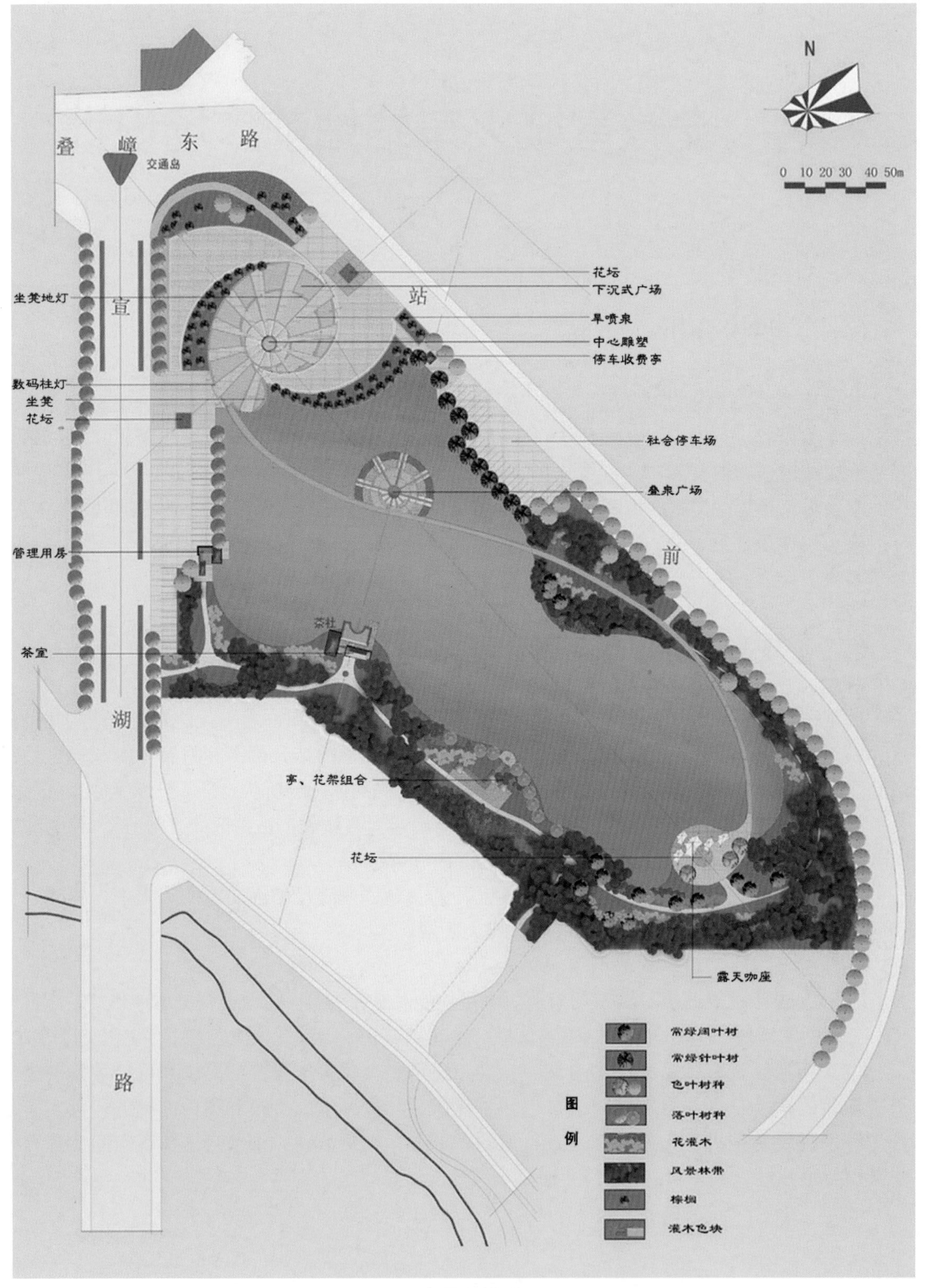
叠嶂东路
交通岛
宣
站
花坛
下沉式广场
旱喷泉
中心雕塑
停车收费亭
坐凳地灯
数码柱灯
坐凳
花坛
社会停车场
叠泉广场
管理用房
前
茶室
湖
亭、花帮组合
花坛
露天咖座
路
图例
常绿阔叶树
常绿针叶树
色叶树种
落叶树种
花灌木
风景林带
棕榈
灌木色块
总平面图

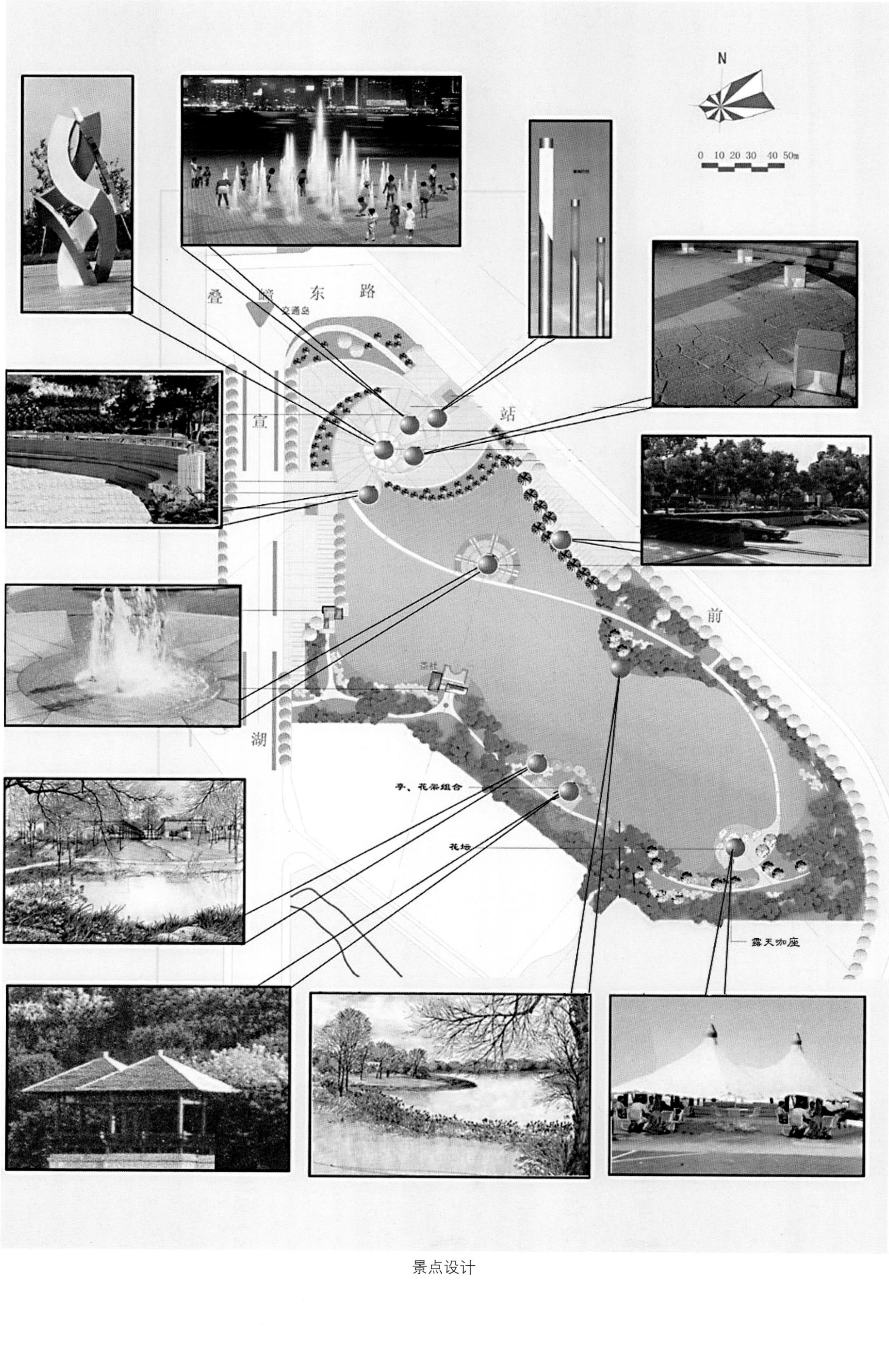

景点设计

八、浙江绍兴袍江工业区长林港滨水绿地规划设计

（一）项目概况（略）

（二）设计指导原则

1. 生态设计原则　本设计的重点是以植物造景为主的生态型景观营造。植物选择以具有药用价值且有较高观赏性的植物为主，利用植物的不同生态习性及形态、色彩、质地等营造各具特色的景观区域。植物配置运用乔、灌、草三者相结合的多层次植物群落，在有限的空间范围内达到最大的绿量。

2. 亲水设计原则　该滨水绿地整块用地沿长林港江展开，有亲水性设计的良好基础。因此，沿河岸布置铺装硬地、园路，点缀景观建筑小品，给人以感官上的愉悦和心理上的惬意，同时又可从立面上丰富河道景观 。

3. 景观结合功能原则　该规划设计吸收了美国风景过程主义学派的独特魅力，在风景园林中展示曾经有过的或正在发生的当地的风土人情和历史文化，如保留了原有的一级取水泵和具有浓郁绍兴风格的石桥。当然，其功能性还是非常重要的，为了员工们能够在工作之余休闲，精心设计了园路，达到线形流畅、曲径通幽、移步换景的效果。

（三）总体构思和布局

1. 景观特点　本设计采用不对称式构图来安排各种构景要素。滨水绿带呈长条形，西面为园区制药厂房，东面长林港江对岸为综合楼和食堂。该区段以三条不同圆心的圆弧开口相间相向构成S形主园路，构成连贯优美的园路框架，成为衔接长林港江两岸景观的连接线，是景观的延伸线，也是震元堂百年创业的历史再现。入口区以植物的单植、丛植来达到点、线、面的统一，构成一个规则且有变化的整体。水岸曲折，富有力感，并注意亲水性的表达。岸边设置三座木桥和若干亲水挑台。在中心区段部分采用硬质铺装，可以容纳更多的人聚会或休憩。区段中心设立一块圆弧形浮雕景墙，雕刻图案为古代加工制药的千年演变史，展现祖国医药的博大精深，以吻合震元园区的文化内涵。铺装采用灰蓝色基调的花岗岩铺地，淡雅、素洁，与绍兴传统建筑色调相协调。

2. 植物造景　植物的选择以乡土树种为基础，结合考虑已成功引进的外来树种，并尽可能利用具有观赏价值且易于管理的药用植物，竖立铭牌写明该药用植物的名称、用途，使游人能识别草药的原貌，满足其好奇心和求知欲。由于药厂生产的需要，花灌木尽量不用。所用药用植物种类较多，但数量较少，以便管理。根据造景和人们心理、行为的需要设置，形成多种绿色空间环境，分别满足个人、小组或群体的需要。本设计还特别注意以下几个方面：小气候的营造，如夏季遮阴、冬季纳阳；立体绿化，尽量增加单位面积的绿量，如石缝里嵌何首乌、石斛等；选用乔木、灌木及多年生草本植物，易于粗放管理。

3. 主要景观及休闲设施

（1）芦香榭　四周种植荷花和芦苇，取其芦苇荡中飘动的荷香，故命名。四周开敞，可观四围景色，供员工闲暇时放松、休闲。

（2）林荫区　由多棵榉树环状列植，夏天可避日，冬季可纳阳，产生一种以树干为柱、以树冠为顶的绿色长廊的效果。

（3）雕塑　用以反映震元科技园区的良好发展势头。

（4）园碑　记录震元科技园区的前身震元堂的历史及“货真价实，真不二价”的立业古训。

（5）浮雕壁画　长约38m的花岗岩浮雕景墙，上刻中药制药加工发展的千年历史。

（6）亲水挑台　7块木制休憩台，供员工水边休憩。

总体鸟瞰图

芦香榭影景点效果图

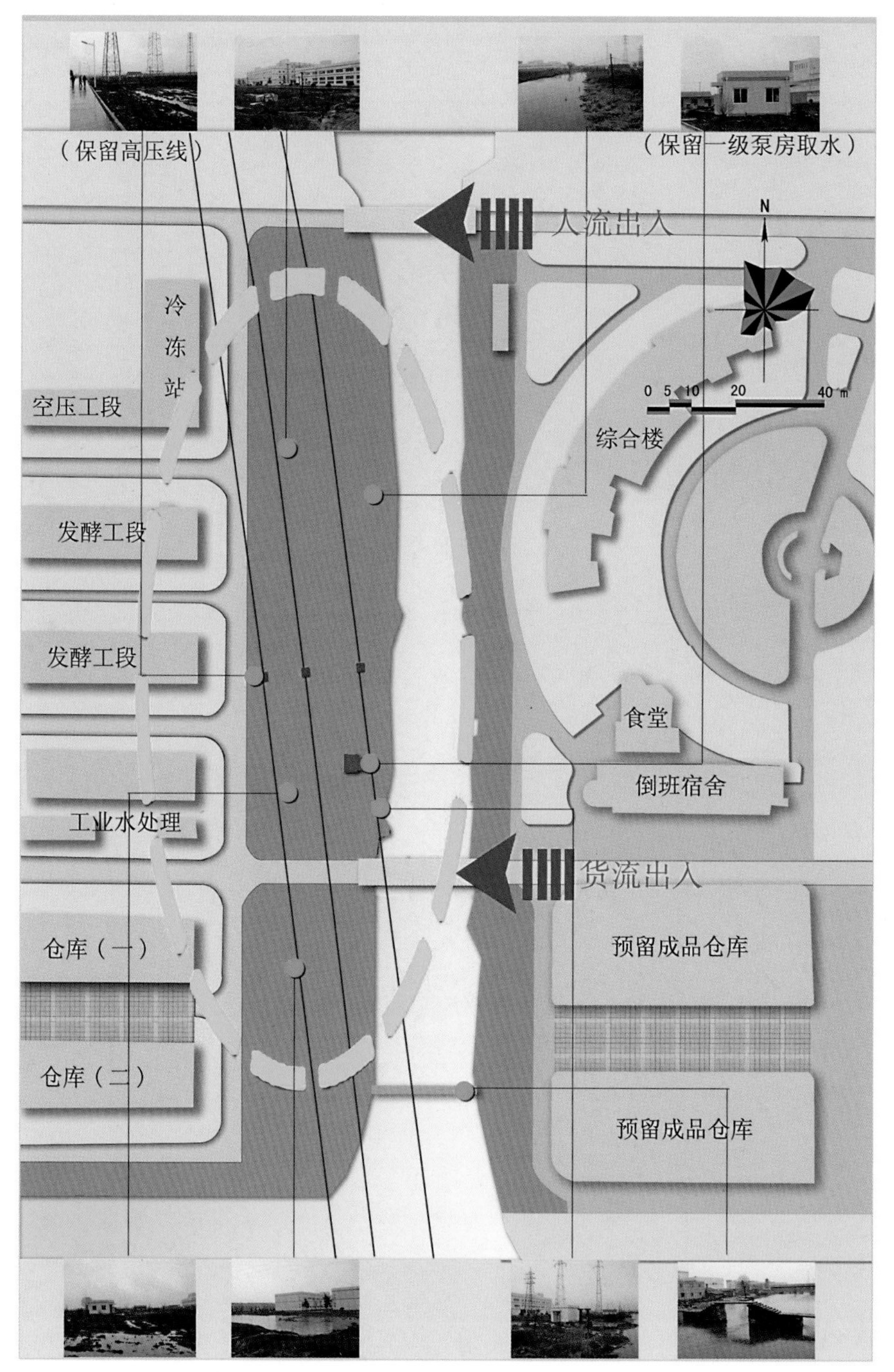

现状分析图

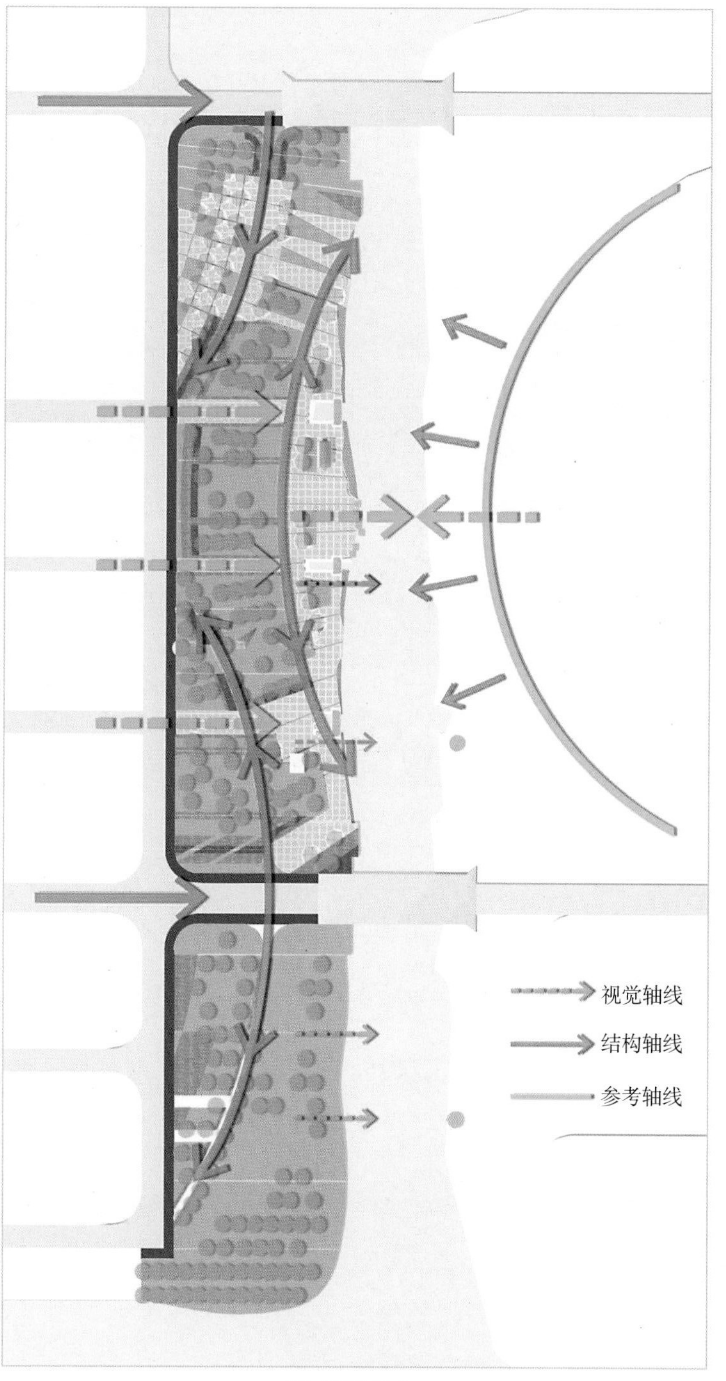

景观结构图

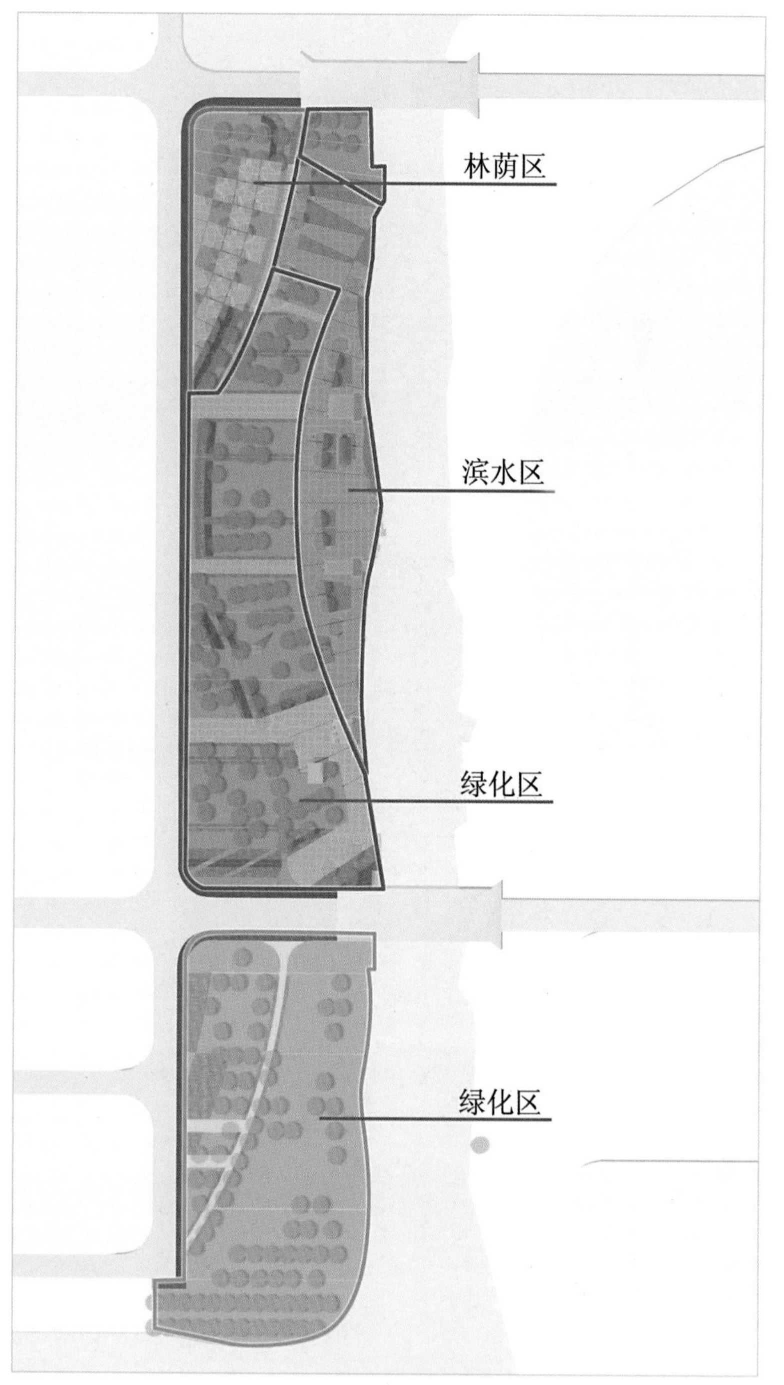

功能分区图

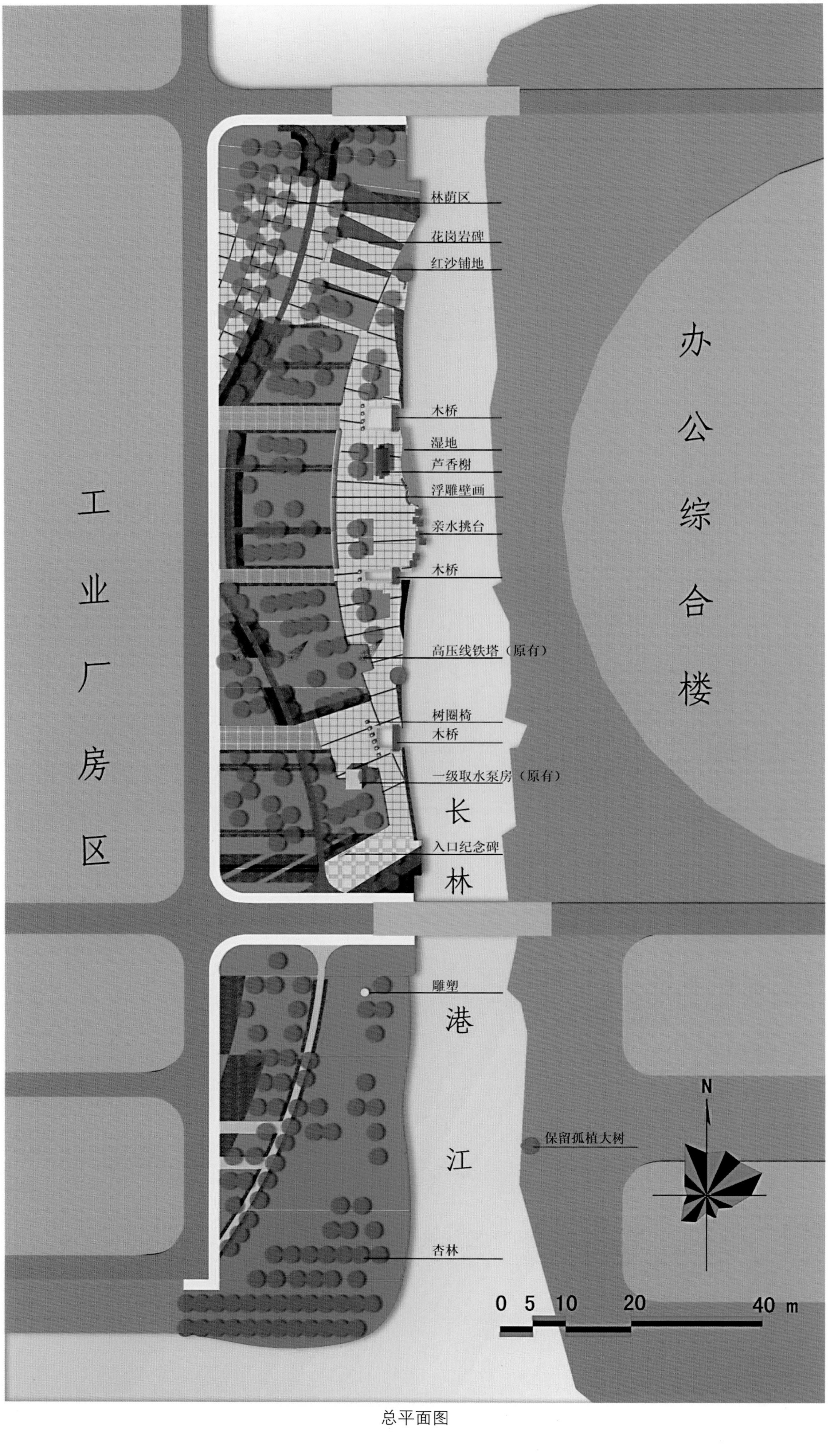

林荫区
花岗岩碑
红沙铺地
木桥
湿地
芦香榭
浮雕壁画
亲水挑台
木桥
高压线铁塔（原有）
树圈椅
木桥
一级取水泵房（原有）
入口纪念碑
工业厂房区
办公综合楼
长林
港江
雕塑
保留孤植大树
杏林
N
0 5 10 20 40 m

总平面图

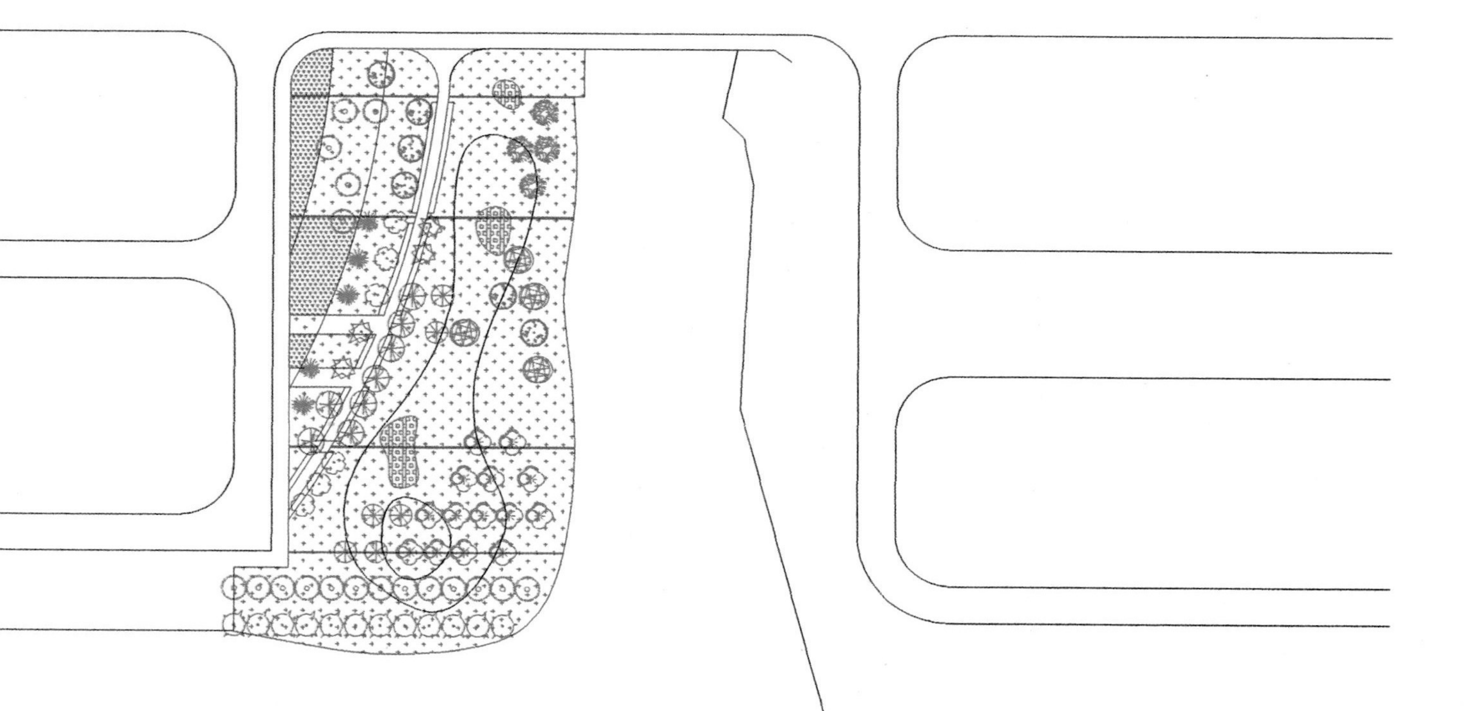

植物配置表

名称	图例	名称	图例
榉树		木槿	
银杏		紫荆	
合欢		紫薇	
枫香		石榴	
黄山栾树		侧柏	
石楠		罗汉松	
香樟		紫叶李	
国槐		含笑	
凤凰木		海棠	
杨梅		金桂	
垂柳		杏	
厚朴		夹竹桃	
女贞		青皮竹	
吴茱萸		矮植被	
月桂		高植被	
杜仲		药草	
柑橘		水生植物	
桃花		马尼拉	
		舟山新木姜子	

备注：
矮植被的植物种类：月见草、鸭跖草、白花杜鹃、白头翁、石蒜、石菖蒲、打破碗碗花
高植被的植物种类：金叶女贞、红花檵木、山茶花、十大功劳、金丝桃
水生植物种类：鸢尾、芦苇、荷花
药草种类：当归、何首乌、知母、萱草、射干、白茅、地黄、石斛

植物配置图

九、安徽合肥十五里河部分河段绿地规划设计

（一）概况

十五里河是巢湖流域的重要组成部分，自西向东穿城而过，是横贯合肥的主要河流之一，是合肥洪水流入巢湖的主要出口，担任泄洪重任。此次综合治理河道为中下游先锋桥——同心桥段，中下游段位于合肥市郊区，长度19.430 44km。绿化设计为此次河道整治段河岸环境治理和河岸生态恢复。

设计河段绿地现状：先锋桥至高王路段滨河两岸为自然河道，河道较长。河道两岸为岗地，不再做护堤，河道两岸可绿化的绿地仅为一行种植带，位于城郊，绿地与农田、鱼塘、桃林、荒地等紧密连接，树木布局形式受到局限。高王路至同心桥段为此次整治工程的主要地段，河流洪水水位高于周围村庄，河道两侧均为新设计的堤岸，绿化环境设计以市政设计院提供的河道防洪堤断面图为依据。河堤遇丰水季节，水位高，流量较大，因此防洪固堤是此段的重点，而河道两岸为新改建的堤段，可在河道两侧的堤坡、堤顶、平台及堤顶的道路绿地进行绿化设计，绿地面积大，地形变化多，通过绿化环境设计，可起到固堤、防洪作用，减少水土流失，恢复河道生态环境，形成生机盎然的生态河道绿化景观。

（二）设计理念

十五里河滨水绿化景观带是城市整体绿化景观环境系统中的重要组成部分，在绿化景观设计中，以城市绿地系统规划为依据，以景观生态学理论为指导，充分考虑到河段的自然条件与城市的关系及防洪的具体要求。遵循适地适树的原则，尽量选择乡土树种，合理搭配乔、灌、草，结合周边地理环境、自然条件，因地制宜，合理布局，优化绿化结构；绿化、美化河岸，防洪固堤，减少水土流失，降低周围环境对河流造成的污染，同时兼顾与周边毗邻的农田、果树经济林、池塘、村庄等协调，形成和谐高效的一体化的复合网络生态系统，提高河道及其环境质量，恢复生态，改善水域生态环境；将绿化设计纳入城市生态绿地系统之中，体现合肥市园林城市的独特风貌，达到整个城市的生态环境的自我更新与协调发展，使经济建设与环境治理同步发展。

（三）设计基本原则

1. **适地适树，因地制宜** 根据河道水位的要求与限制，河道两岸的堤岸上不同位置和高度应选择不同的乔、灌、草种类，均应为耐水湿及浅根性的乡土树种。大量选用经济树种及蜜源植物和牧草，以获得一定经济效益。少量引进美化、观赏树种，进行物种的优化搭配，形成独特的乡村景观。

2. **满足功能，安全美观** 绿化要考虑行车安全，注意通视效果，留出足够的安全视距，优化河岸道路的视觉环境，植物宜选择低矮的灌木。

3. **结合生产，提高收益** 种植规格小的苗木，早期株行距紧密，长成大苗时进行移植，使植物景观一直保持完好，并有一定的经济效益。

4. **层次清晰，错落有致** 植物在空间上分布除了河道两岸堤顶绿化植物以列植形式为主外，还包括其间植的植物以及坡面和平台的植物配置，在空间分布上有疏有密，再辅以植物搭配形式的变化，使得整个绿化带不至于显得过于呆板。在纵向上用乔木、灌木和地被进行合理搭配，使空间层次变得充实、丰富。在横向即在立面上，植物应注重主、次树种的合理搭配，充分考虑植物天际线的升降变化，合理而优美、变化节奏富有韵律感的天际线无疑会给人带来视觉上的享受，整个景观在立面上的层次丰富多变。

5. **空间连贯，系统有机** 在狭长带状空间的构成上，植物可采用连续的构图方式，但也应注重不同模式特征的景观段落之间的交替与联系，将不同形态的植物段落在空间上组合成一条绿色的景观长链，形成主次分明、整体有序的滨河绿化带。

6. **主次搭配，节奏多变** 河道两岸为狭长带状空间分布，植物配置在连续构图的基础上产生变化，即使同一模式的植物在形式上的搭配与组合都应有变化。尤其是河堤背水面坡下的平台，大面积大范围的植物林带延续不断的变化，组景时还应考虑植物组群的错落有致、有疏有密、有开有合，在平面构图和空间构成上终始都贯穿着一种起伏跌宕、有收有放的节奏和韵律。

7. **景观协调，强调特色** 滨河绿带景观设计应与城郊周围自然、地理环境相协调一致，减少冲突，强调融洽。

（四）具体设计手法

1. **中游段** 位置：先锋桥至高王路。

此段绿化充分结合原有的自然形成的河道，结合周边环境，达到整体和谐统一。河道两侧分为四个小模式段：农田、桃林、池塘、荒地，每个模式段采用不同的设计手法。靠近农田边用池杉、杨树形成农田防护林带；靠近桃林则利用现有的条件，种植垂柳，使桃树与垂柳搭配，形成“桃红柳绿”的景观，再用金钟花进行垂直绿化，整体表现一种生机盎然的春意；与池塘接壤处种植耐水湿的池杉、垂柳，配以花灌木如木芙蓉，形成明显的空间层次；而荒地边缘种植较耐瘠薄的杨树、刺槐，并配以紫叶李、乌桕等色叶树种进行色彩上的协调搭配，使荒芜的土地变得色彩绚丽，充满生机活力。

2. **下游段（Ⅰ）** 位置：高王路至合巢公路。

设计时充分考虑防洪固堤的特殊性，同时考虑到迎水面堤坡标高10m以下不能种植植物的要求。故在迎水面阶地平台上种植池杉，三棵为一组，行列式种植；在迎水坡面顶部仅种植一至二排紫穗槐，其余坡面种植粗放型的狗牙根，一方面固堤，同时也可达到绿化、美化的效果。在背水堤面用紫穗槐片植，达到色块效果，并铺以狗牙根。在车道的背水面紫叶李与紫穗槐搭配，形成层次感，堤顶的行道树靠近水面用垂柳列植，另一侧用杨树列植，并间植紫叶李。另考虑车道转弯处，内侧种海桐球，以防止遮挡行车视线；外侧以紫叶李与杨树相间种植，增加方向感，同时形成节奏的更替。

3. 下游段（Ⅱ） 位置：合巢公路至同心桥。

设计时充分考虑防洪固堤的特殊性，同时考虑到迎水面堤坡标高10m以下不能种植植物的要求。因此在迎水面堤坡顶部仅种植一至二排紫穗槐，其余坡面种植狗牙根；而在背水面坡面上，在靠近坡顶可用紫穗槐或金钟花进行垂直绿化，坡面用紫穗槐进行片植，以达到大色块的色彩效果，同时铺以狗牙根。在自行车道的背水面坡上可采用有观赏性的木槿、紫叶李进行搭配，其林下片植紫穗槐，形成高、中、低的空间层次。在堤顶上的行道树靠近水面用垂柳列植，另一侧用杨树列植，并间植紫叶李，使杨树成为柳树的自然背景，这样植物的天际线就会有所变化，变得柔和、优美。

背水坡下接10m平台，平台上用水杉林进行大色块构图，构图时考虑植物组群的开合变化，使节奏有快有慢。水杉林之间配以成群或成组种植的乌桕、旱柳，形成变化丰富的天际轮廓线。

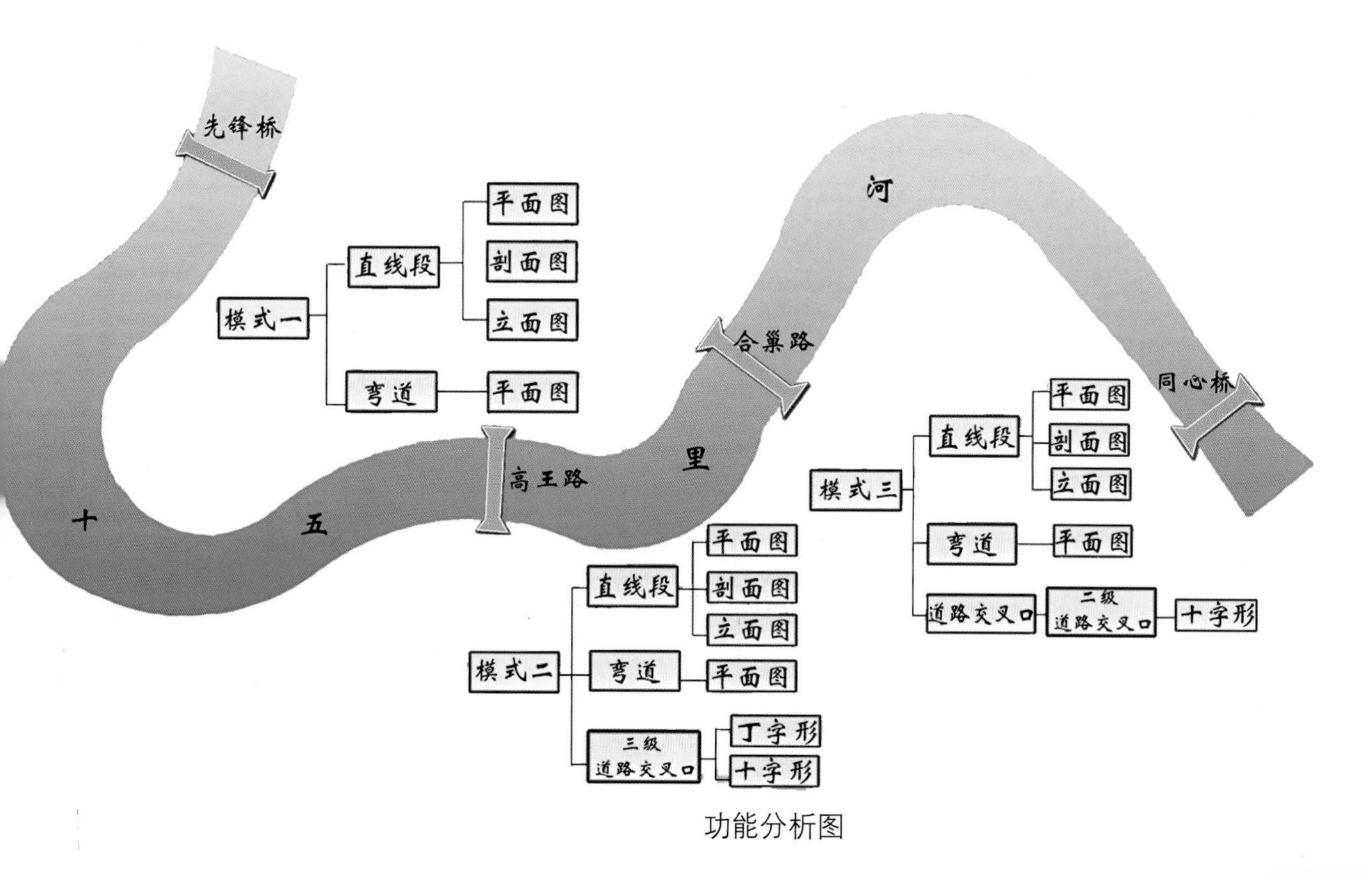

功能分析图

剖面图

迎 水 坡 面

背 水 坡 面

立面图

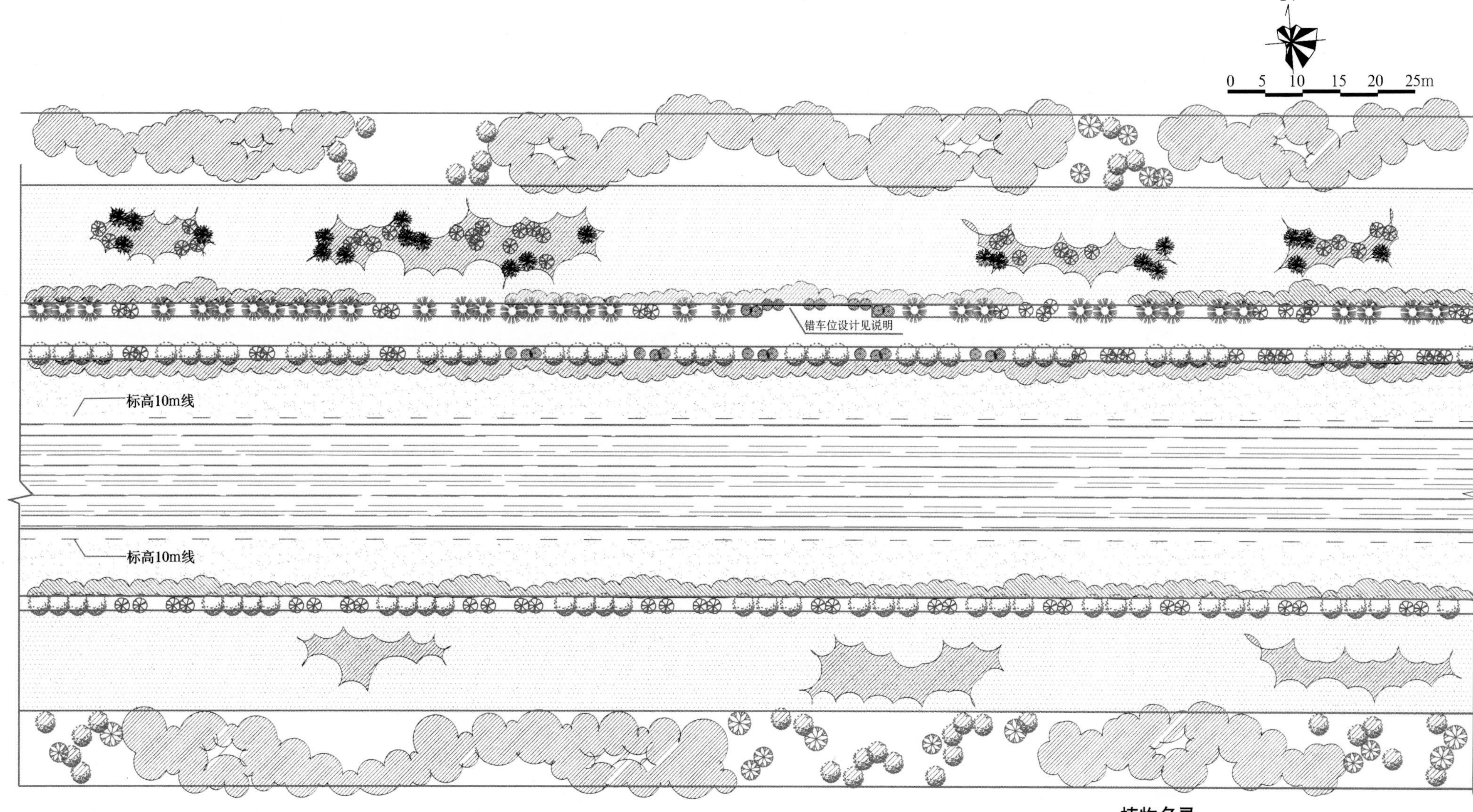

直线标准段平面图

植物名录

图例												
植物名称	水杉	垂柳	旱柳	杨树	乌柏	紫叶李	海桐球	木槿	紫穗槐	金钟花	狗牙根	三叶草

说明

1. 标准段长为200m。
2. 河道两岸迎水面堤坡坡顶种植一排或两排紫穗槐，有行车道的背水面坡坡顶以50m紫穗槐隔15m间植70m金钟花。
3. 其中在10m宽平台上水杉林每隔20m以40m或80m的植物林带交替间植。
4. 每隔500m一个错车带，设计规格为：15m×15m。
5. 虚线范围内不种草。
6. 直线段每连续1 500m间隔1 000m进行植物的整段换植：三叶草-狗牙根、杨树-刺槐、水杉-池杉。

合巢路至同心桥段——直线标准段

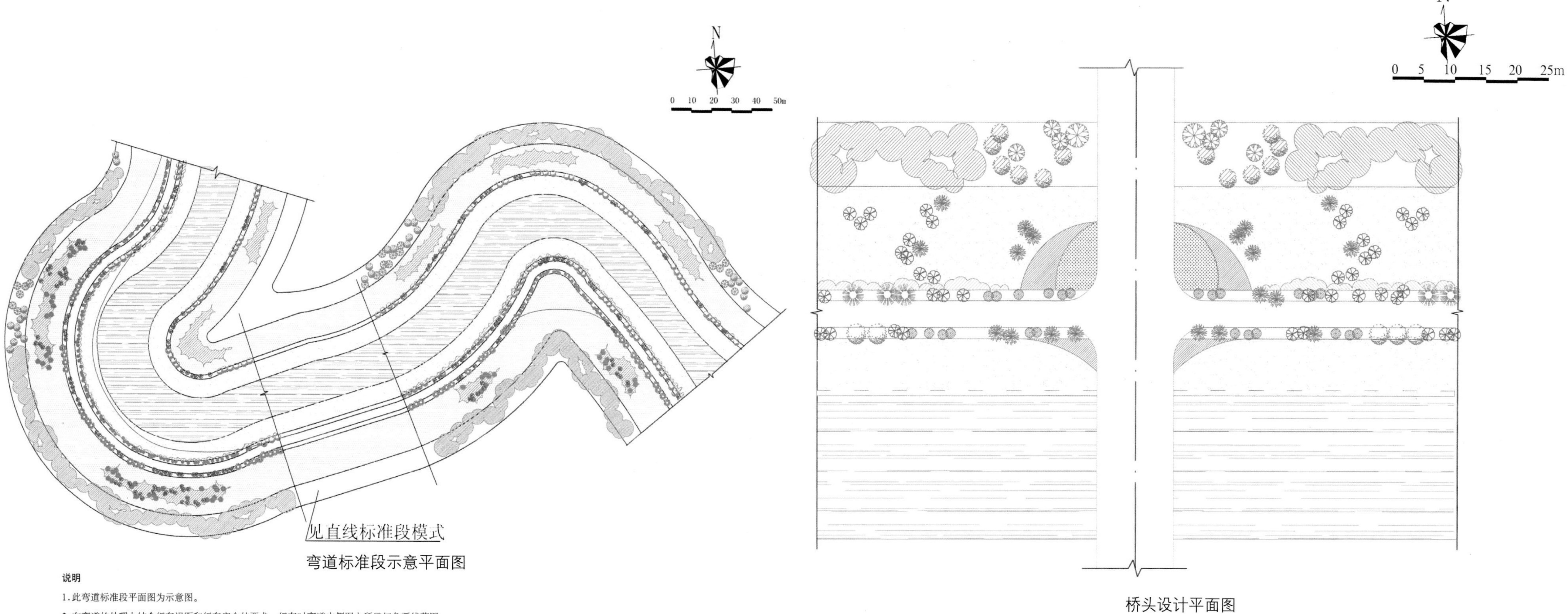

弯道标准段示意平面图

桥头设计平面图

说明

1. 此弯道标准段平面图为示意图。
2. 在弯道的处理上结合行车视距和行车安全的要求，行车时弯道内侧图上所示红色弧线范围内不能种植乔木，以低矮灌木如海桐球为主，外侧种植色叶树种以起到视线诱导的作用。

植物名录

图例											
植物名称	水杉	垂柳	旱柳	杨树	乌桕	紫叶李	海桐球	木槿	紫穗槐	狗牙根	三叶草

说明

1. 此模式段以桥头道路中心线分别向两侧延伸50m作为此段长度。
2. 此桥头道路为二级干道，图中所示为二级干道与河堤岸道路交叉所形成的十字交叉口绿化设计平面图示意。
3. 两侧水杉林种植为25m长的自然林带。

植物名录

图例												
植物名称	水杉	垂柳	旱柳	杨树	棕榈	紫叶李	乌桕	海桐球	紫穗槐	紫叶小檗	金钟花	狗牙根

合巢路至同心桥段——弯道标准段与桥头

居住区绿地与单位附属绿地规划设计案例

一、江苏南京土桥人居森林总体规划（胡长龙编写）
二、江苏南京凤凰和鸣苑绿地规划设计（胡长龙编写）
三、江苏如东三元世纪城绿地规划设计（胡长龙编写）
四、某居住区中心绿地黄金广场规划设计（李静、张浪编写）
五、皖西学院绿地规划设计（马锦义编写）
六、某农业大学科研教学基地绿地规划设计（马锦义编写）
七、某中学校园绿地规划设计（胡长龙编写）
八、江苏省残联体育训练基地景观规划设计（胡长龙编写）
九、江苏徐州中国淮海食品城绿地规划设计（胡长龙编写）
十、某工厂环境景观设计（马锦义）
十一、江苏靖江苏源热电有限公司绿化规划设计（胡长龙编写）
十二、某地海事处庭园绿化规划设计（马锦义编写）

一、江苏南京土桥人居森林总体规划

（一）规划定位

营造生态林及景观林为主，开发休闲、旅游、度假和低密度住宅的人居森林环境，是“绿色南京”建设工程之一。

（二）规划原则

严格遵守土地规划原则，用于配套设施建设和开发的土地占人居森林工程项目土地总面积的20%～30%；开发用途限于旅游、休闲、度假和低密度住宅；设计遵循自然原则，森林覆盖率不低于80%。

（三）指导思想（略）

（四）规划依据（略）

（五）总体规划

1. 总体构思　该区为自然山水丘陵地，中部有郑家边水库，总面积2 068 744m^2，山清水秀、溪流纵横，地形丰富多变，因势利导，适当理水。根据不同功能的需要，由北向南规划为五个区域：山地森林区、人居森林北区、水景区、管理中心、人居森林南区。

2. 功能分区

（1）山地森林区

位置：位于园区北端，面积为462 715m^2，地形为山地丘陵。

主要功能：创造可持续发展的生态林，以提高人居环境的质量，为居民提供登山旅游观光服务。

主要景点：观景亭、江天塔等。

主要居住点：布置江南民居式多层建筑，森林一村、森林二村、森林三村为本区员工生活居住使用，主要为园区内管理职工和居民提供良好的环境。

（2）人居森林北区

位置：位于园区北部、山地森林区南侧，面积为425 886m^2，地形较为平坦，适合人居。

主要功能：创造可持续发展的生态森林，提高人居环境质量。

主要景点：观景亭、水竹涧、花溪、鸢尾涧、荷花池等。

主要居住点：现代建筑风格住宅别墅区。

（3）水景区

位置：以园区中心部位水库映山湖为主要活动范围，面积395 414m^2。

主要功能：设置现代水上游乐设施，为游客提供一个良好的水上运动及赏景场所。

主要景点：沿岸设置水上森林、映山岛、码头、周郎桥、映月桥、花溪桥、闲池阁、映山榭、水族餐厅、休闲茶舍、过水汀步、休闲别墅等景点，为游人赏景、水上游乐提供服务等。

主要居住点：周围布置现代建筑风格小别墅，供游人赏景、休疗养使用。

（4）管理中心

位置：位于园区中心部位、映山湖的西侧，占地面积106 026m^2。

主要功能：包括管理区、接待区和百花广场三个部分。管理区包括会务大楼和科教大楼，规划将综合商业服务设置于此，兼顾对外的商业综合服务功能、物业管理等，并为游客提供休息的场所和进出车辆停留。接待区为现代建筑风格，具有接待国内外贵宾及商业洽谈的功能。百花广场的主要功能是健身活动、休闲观赏。

主要景点：百花园。

（5）人居森林南区

位置：位于园区南侧、管理中心南部，面积为678 703m^2，地形较为平坦，适合人居。

主要功能：创造可持续发展的生态森林，提高人居环境的质量。

主要景点：映山半岛、映山亭、芙蓉岛、芙蓉池、梅-茶园、土桥、映山河、小溪河等。

主要居住点：住宅别墅区。

3. 景观布局

（1）山地森林区

江天塔：位于最高峰，为钢筋水泥砖结构攒尖五层塔。游人到此，整个人居森林景观一览无遗。

（2）人居森林北区

观景亭：位于中部山顶制高点，主要功能是让游人在此驻足远望此间美景，一览无余，为浑厚稳重的古亭风格。

水竹涧：位于园区西部，向南自然流淌至映山湖。溪流淤积处形成涧，涧中种植水竹，形成自然水景。

花溪：位于水竹涧东侧，与水竹涧相通，汇入映山湖。涓涓溪流，溪中种植各类水生花卉。

鸢尾涧：位于园区中心，纵贯整个人居森林北区，流入映山湖。涧中种植鸢尾，形成独特景观。

荷花池：位于园区东侧，与水上人家相通，纵贯整个人居森林北区，汇入映山湖。池中种植荷花，营造荷塘月色之美景。

（3）水景区　包括整个映山湖，面积15 816.52m^2。广阔的水面水质清冽，光可照人，环顾四周，尽是芳草如盖，落英缤纷。湖岸桃红柳绿，湖面碧波荡漾。游客可荡舟于广阔的绿波之上，细细品赏四周的湖光山色。

水上森林：位于映山湖西测，面积21 646m^2，整个水域均种植池杉，营造水上森林景观。游

船可在其中游览。林中设有水上木屋，供游人休闲赏景。

映山岛：位于映山湖北部，共有大、中、小三个岛屿，仿蓬莱、瀛洲、方丈三山仙境，再现瑶池美景，岛上种植红花杜鹃，点缀五针松，形成水上绿荫蓬莱景观。

码头：于映山湖北侧、东侧、南侧岸边，共设有三个。主要是方便游人水上娱乐，如划船、水上赏景，又可连接其他景区以确保游人顺利安全、快捷地进出于水上游乐。

周郎桥：位于水面东部狭窄处，桥西为映山湖，桥东为水上人家、荷花池。桥长20m、宽8m，建筑面积160m^2。该桥既使游客游览路线简化，同时满足人们到达水面的心理需求。桥体雄伟壮观，古朴典雅，凭栏而望，荷叶翩翩，荷花点点，映山榭浮于荷叶之上，若幻若真。立足桥上，可以观赏到几乎全园的秀丽景色，远山近水、湖光山色，皆为佳景。

映月桥：位于映山湖北端，桥南为映山湖，桥北为鸢尾涧。桥长30m、宽8m，建筑面积240m^2。与映山岛相望，沿岸水景尽收眼底。

花溪桥：位于映山湖西北部，直通北出入口。桥南为映山湖，桥北通水竹涧和花溪。桥长15m、宽8m，建筑面积120m^2。沿岸山水美景尽收眼底。

闲池阁：位于映山湖东北岸，与映月桥相邻，与过水汀步隔岸相望，面积400m^2。闲池阁可借映月桥、映山岛及映山榭的景色，游人可在此休息、品茶、观景，是一个休闲的好去处。

映山榭：位于映山湖水面东端，与仙人桥相邻，水榭面积150m^2，系仿古建筑，集休息、品茶用餐、临水观景于一体。附近水域种植大片荷花，夏日荷香缥缈，沁人心脾。此地远可以看过水汀步、花溪桥，近可以观映山岛的景色。

水族餐厅：位于娱乐综合楼南面，面积300m^2，其主要功能是供游客参与收获鱼、虾类全过程，并参与捕捉、烧烤、品尝等活动。

休闲茶舍：位于映山湖东部，面积300m^2，在尽情玩乐之余，休憩、品茗、赏景，其建筑为田园农家风格。

过水汀步：位于水上森林东侧，该处湖面较窄，在水中设置汀步石块，可供游人嬉戏，同时也可连接两侧景区，方便游人交通。

休闲别墅：位于园区映山湖西部、北部山坡沿岸而建，占地面积15 816.56m^2，面对映山湖的怡人风景，背靠山坡大面积森林，大有身居世外桃源之感，沿地势布置别墅群。别墅群中设有广场、花园，形成园中有园的传统特色。

（4）管理中心

百花园：位于管理中心南部，占地面积7 855m^2。种植各种草花、盆花、盆景、温室花卉等，主要功能是在作为花生产基地的同时，丰富园区的绿化美化，创造四季百花盛开的美好景观，游客可在烂漫花丛中散步、休憩、谈心、观赏，充分体会大自然的清新感受。

百花广场：为主出入口主景，位于管理中心中部，面积为17 306m^2，景观大道中间设有带状花坛。主要功能为健身、赏景，中央设有主题雕塑。

（5）人居森林南区

映山半岛：位于园区中部，主要种植冬季常绿树种，营造以冬景为主的四季景观。

映山亭：位于映山半岛，飞檐翼角的映山亭恰似点景之笔，游人可以在此休憩品茶，向南可观赏一望无际的梅园美景。

芙蓉池：位于人居森林南端，池中设有芙蓉岛，岛上种植水杉，水面点缀荷花，岸边布置木芙蓉。

梅-茶园：位于园区西部，梅、茶立体栽植，面积75 944m^2。阳春三月，万梅争艳，俨然又一“香雪海”。登临园区制高点梅、花山顶，一览全园梅群拥簇，芬芳吐蕊，幽香袭人。茶园因地制宜地加以保留，这样既可保持本园果茶生产的优势，又节约了投资费用。游客可根据自己兴趣参与采茶，充分享受收获的乐趣，也可休息品茶或者购买茶叶。

土桥：位于园区南部，桥南为芙蓉池，桥北为映山河、小溪河。桥长40m、宽6m，建筑面积240m^2。沿岸山水森林自然景观尽收眼底。

映山河：位于园区东部，北起映山湖向南贯穿整个人居森林南区至芙蓉池。河水利用地形落差，呈自然流淌，沿岸景致丰富多样。映山河以东以桂花金秋飘香为主景。

小溪河：位于园区西部，与映山河、芙蓉池相通。河水利用地形落差，呈自然流淌，沿岸景致丰富多样，水中种植荷花，沿岸种植垂柳，营造夏景。

4. 道路、出入口、森林停车场

（1）道路　园区道路系统规划力求概念明晰、功能明确，使各功能区有机衔接，形成张弛有度的特色空间形态，主、次出入口与主环路以及外部交通干道衔接得当，既联系方便又互不干扰，实行人车分流。

①对外交通：园区西侧有汤铜公路与园区内一级干道贯通。

②对内交通

一级干道：由北出入口环经人居森林北区、水景区、管理中心至主出入口为环湖北路；从主出入口环经人居森林南区中部到南出入口为环湖南路。均为一级主环路，宽10m，长2 552m，面积25 520m^2。通往各大区，具有交通、景观等功能。

二级次干道：主要功能是循环贯穿园区内五大分区，沟通主环路与各区。规划宽8m，长3 495m，面积27 960m^2。

三级次干道：循环贯穿到每个居住区和景区，宽6m，长5 614m，面积33 684m^2。

四级次干道：结合森林景观空间体系，设置步行系统，通过巧妙布局，步移景异，创造舒适宜人、富有魅力的人行空间，以满足游览、观光、休闲的需要。规划宽4m，长5 614m，面积22 456m^2。

（2）出入口　自北向南沿汤铜公路分别规划有主出入口、北次出入口和南次出入口共三处。

（3）森林停车场　占地为总面积的2%。

（六）竖向设计（略）

（七）技术经济指标（略）

（八）用地平衡表（略）

（九）生态林造林规划（略）

现状图

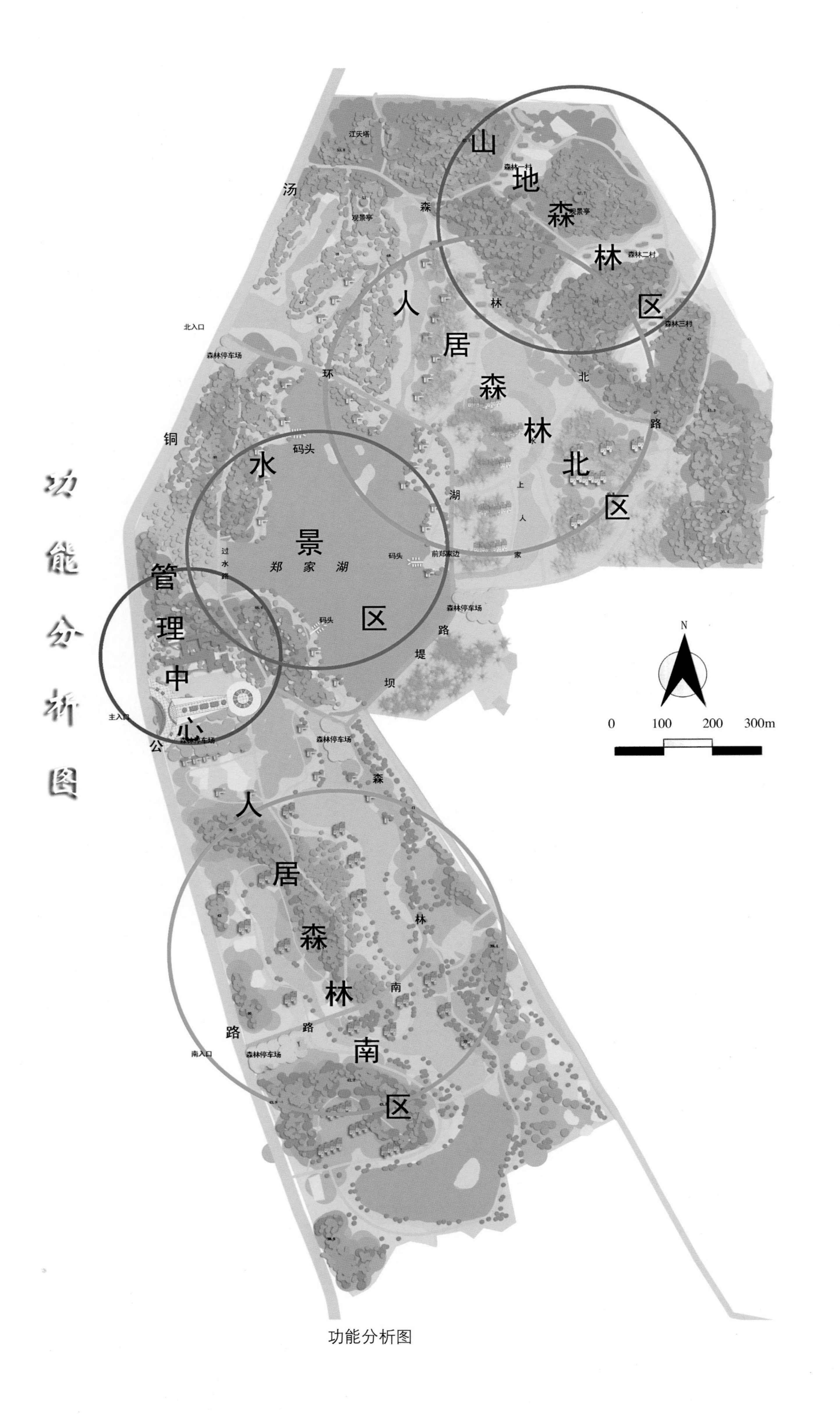
功能分析图
山地森林区
人居森林北区
水景区
管理中心
人居森林南区
郑家湖
江滨塔
观景亭
森林一村
森林二村
森林三村
北入口
主入口
南入口
森林停车场
码头
前郑家边
过水路
汤铜公路
环湖路
堤坝路
森林北路
森林南路
上人家
N
0
100
200
300m

功能分析图

总体规划设计
杜村水库
N
0 100 200 300m
山地森林区
汤
铜
环
湖
路
映山湖景区
水上人家
森林北区
森林北路
森林人居北区
北入口
森林停车场
花溪桥
映月桥
垂钓中心
码头
映山岛
休闲茶社
闲池阁
水族餐厅
过水路
映山榭
周郎桥
管理中心
休闲别墅
堤坝
主出入口广场
景观大道
百花广场
森林人居
映山河
小溪河
森林南区
南路
南入口
映山亭
土桥
芙蓉岛
芙蓉池

总体规划设计图

生态林造林规划设计
1、山核桃、火炬松、鸡毛竹、太子参
2、榔树、黑松、马尾松、箬竹、梧梗
3、黄连木、雪松、鸡毛竹、五加
4、臭椿、棣树、白皮松、箬竹、柴胡、枸杞
5、杜仲、五针松、菲白竹、黄精
6、香椿、罗汉松、菲白竹、天冬
7、枫香、金钱松、紫竹、何首乌
山
地
森
林
区
1、合欢、国外松、菲白竹
水
竹
涧
菖
尾
涧
花
溪
2、山槐、雪松、淡竹
3、榉树、国外松、水竹、满山红
4、麻栎、乌饭树、水竹
7、水竹、连翘
荷
花
池
1、乌桕、意杨、芦苇
5、鹅掌楸、毛竹、六月雪
7、紫楠、银杏、刚竹
2、河柳、落羽杉、菖蒲、连翘
8、赤杨、广玉兰、凤尾竹
3、垂柳、乌桕、迎春、水蜡烛
6、枫香、苦槠、满山红
9、栾树、毛竹—淡竹、茶花
北
居
路
北
区
汤
铜
北入口
4、山槐、五针松、杜鹃
5、落羽杉、垂柳、迎夏
池
杉
林
码头
水
景
郑家湖
湖
区
堤
2、红枫、银杏、鹅掌楸、含笑、
金桂、银桂、丹桂、四季桂
6、枫杨、垂柳、迎春
理
中
7、合欢、五针松、杜鹃
1、广玉兰、玉兰、海棠、五针松、杜鹃
8、枫杨、垂柳、迎春
9、水竹林、连翘
4、百花园（草花生产及景观）
3、银杏、意杨、栾树、
珊瑚树、雪松、百慕大
公
森
林
后郑家边
N
0
100
200
300m
2、赤杨、黄连木、含笑
5、栓皮栎、黑松、紫叶李
1、樟树、麻栎、榔树、蜡梅、
茶梅、银柳、红瑞木、麦冬
人
居
南
3、七叶树、桂花、红叶小檗
6、红枫、龙柏、杜鹃
7、乌桕、垂柳、柳杉、鸢尾
路
南
8、梅林果、茶
区
4、合欢、榉树、杜鹃、雀梅
9、广玉兰、美国山核桃、沿阶草、凤尾草
芙蓉岛
10、榆栎、黑松、红花檵木、紫金牛

生态林造林规划设计图

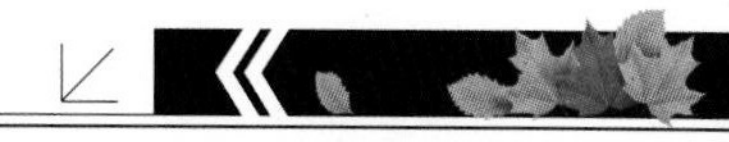

二、江苏南京凤凰和鸣苑绿地规划设计

（一）项目概况

凤凰和鸣苑位于南京市鼓楼区中央路401号，在鼓楼区中央路与许府巷交汇处的西北侧。项目总占地面积约40 700m²，其中A地块为二类居住用地，约34 261m²，容积率1.88；B地块为商业、办公用地，约6 477m²，容积率4.48。整个项目地形平坦，无较大高差变化，绿地率30%，建筑密度23%。

（二）总体构思

以凤凰为主题构思，力求创造舒适、健康、优美、和谐又具有丰富文化内涵的高品位人居生态环境。

凤凰是中国传说中的一种瑞鸟，是百禽之王，四灵之一。凤凰具有五种动物的特征，身上有五德字样的花纹，其形象寓意正是“和”，古人将其视为和平的象征，本设计借其表达人们的和谐、幸福的愿望。

设计采用综合的手法，以植物造景为主，点缀人工自然山水和建筑小品景观，营造喜庆、祥和、家居美满、休闲健身的气氛。形成一个中心、一环、四带、十个景点，组成完整的生态环境绿地系统。

（三）规划设计

1. 自然条件（略）
2. 规划原则（略）
3. 规划依据（略）
4. 树种选择（略）

5. **树种规划** 利用小区特有的人工地形以及主干道迂回的特点，在小区外围种植高大乔木，在小区内种植种类、形态各异的小乔木、花灌木及草坪、花卉等，使人虽居小区，但有置身丛林之感，以表达小区人士似林中凤凰之意。

（1）外环景观 以银杏、广玉兰为主，配以花台、花坛、花境，春季一片嫩绿，夏季浓荫匝地，秋季满树黄叶，季季景观各异。

（2）北带景观区 多种花草树木与园内山水建筑小品景观相配，体现一年四季景观的变化。

（3）南带景观区 选用梧桐树作为主要行道树。“桐实佳木，凤凰所栖”，“种得梧桐树，自有凤凰来”，以体现浓郁人文气息。再配以金桂、玉兰等，寓意金玉满苑的昌盛景象。

（4）中心广场 配植珙桐树，又名鸽子树，珙桐科落叶乔木，第三纪古热带植物的孑遗树种，中国特有单属科、单种属珍稀植物，以此与神鸟凤凰雕塑和谐搭配。

（5）东苑景区 以花台、花坛、花廊、花架等垂直绿化为主，以提高东苑环境的绿量。

（6）道路

小区干道：为一级主环路，宽5m，长750m，主干树种为香樟、银杏、广玉兰等。

二级次道：宽3m，长340m，主干树种为鹅掌楸、湿地松等。

三级次小道：宽1.5m，长425m，结合各空间景观体系，设置步行系统，通过巧妙布局，步移景异，创造舒适宜人、富有魅力的步行、观赏空间，以满足游览、观赏、休闲的需要。主干树种为柳树、樱花、榔榆、香樟，主要树种为黄连木、乌桕、桂花等。

（7）景观大道 为主出入口主景，两侧以灯笼树、银杏为主，景观大道中间设有带状花坛，带状花坛中点缀系列名人雕塑。广场中心设有主题雕塑——金凤凰，其背后用花木廊架衬托。

6. 投资估算（略）

7. 规划特色

（1）文化底蕴特色 全苑所有景点都以凤凰作为题名，体现吉祥、喜庆、共建和谐社会的邻里关系，体现凤凰和鸣文化底蕴。全苑景点充分展示文化名人的雕塑及诗词、绘画艺术作品，以利苑区居民在游览、散步、赏景中得到启迪和教育。

（2）规划布局特色 本苑在突出主体形象的环境空间采用了西方规整式布局手法，在居民生活和身边环境空间采用了中国传统的自然风景式布局手法。绿化树种的选择和配置与流线型园路景观相结合，营造具有大小、收放、动静变化的空间景观，具有较强的识别性。

（3）环境景观特色 本规划把地形、水体、建筑小品、雕塑相结合形成多组立体景观，采用大量多样的花草树木创造具有季相变化的多层次立体生态绿化景观，形成最佳人居环境。

（4）高新科技特色 本苑规划充分使用了节水、环保新技术。将自然雨水循环聚集再利用，使景观水形成流动水系，在水体中种植净化水体的水生植物。

天正湖滨
中央路
许府巷
芦席营

总平面图

天正湖滨
中央路
许府巷
芦席营
外环景观
北带景观区
南带景观区
东苑景区
幼儿园景区
中央路绿带
景观大道
凤祥一隅
出入口景观
休闲娱乐
丹凤朝阳
百鸟争鸣
燕子呢喃
休闲娱乐
百鸟朝凤
主体形象展示
（中心广场）
健康娱乐
凤凰起舞
主出入口景观
表现书文化
文化名人雕塑群
百灵欢唱
居民健身运动
绿色廊道幼儿园环境景观
游戏场
凤翼天祥
出入口景观
凤凰献瑞
行人休闲广场
市政交通 安全防护
组织交通、卫生防护、减弱噪声、行人遮阴赏景等

功能分区及景点布置图

N
0 10 20 30m
天 正 湖 滨
中 央 路
芦 席 营
许 府 巷
小 区 干 道
凤凰献瑞
凤凰起舞
百鸟朝凤
（中心广场）
百灵欢唱
丹凤朝阳
百鸟争鸣
燕子呢喃
凤祥一阁
3 幼儿园
一级道路
二级道路
三级道路

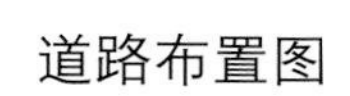

道路布置图

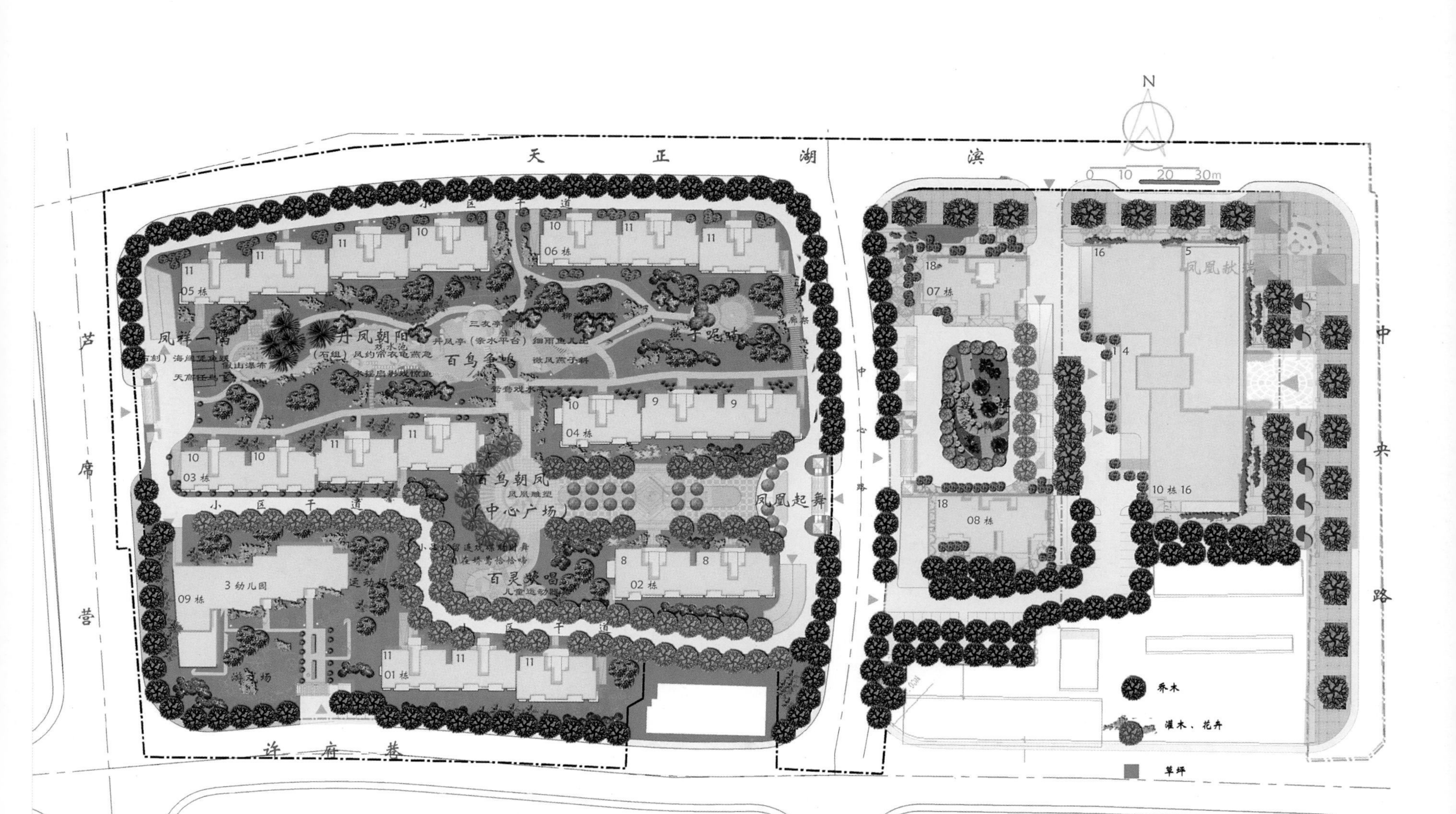

N
0 10 20 30m
天 正 湖 滨
中 央 路
芦 席 营
许 府 巷
小 区 干 道
凤凰献瑞
凤凰起舞
百鸟朝凤
（中心广场）
百灵欢唱
丹凤朝阳
百鸟争鸣
燕子呢喃
凤祥一阁
3 幼儿园
乔木
灌木、花卉
草坪

绿化布置图

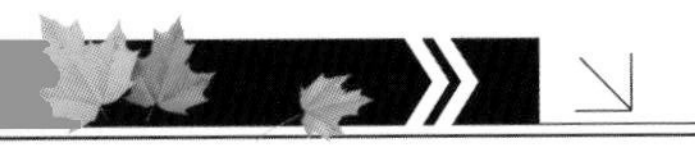

三、江苏如东三元世纪城绿地规划设计

（一）项目概况

如东三元世纪城占地面积超过98 000m²，建有条式、点式多层住宅楼，并有底层商业服务用房、车库和小型停车场等配套设施。绿化设计是在已确定的小区建筑及道路布局的基础上进行的，绿化用地约20 776m²，占小区总面积约21.2%。

（二）设计指导思想

①以绿化为主，适当点缀小品，做到四季常青、长年有花。

②依据小区内不同绿地周围的居住和商业环境特点，兼顾美化构景与小区的道路遮阳、交通视线、室内采光等方面的要求，进行布局和景观创造。

③尽可能多地创造可供居民游憩的绿化空间，满足居民户外活动的要求。每一组团内绿地较集中，有利于绿化造景和游憩绿地的安排。

④适地适树，在形成良好绿化景观的同时，应考虑方便今后养护管理，尽量节约投资和今后养护管理费用。

⑤中心广场的设计应考虑如东传统文化历史，并要求与三元世纪城的建筑风格相协调。

（三）布局

根据三元世纪城的道路系统、住宅楼房、商业用房、公共设施等布局的不同，全区园林绿化布局形成一个三元中心广场、一条花园街、两条步行街、两个组团绿地及宅旁庭院绿地。

1. 三元中心广场　位于三元世纪城中心，面积为4 540m²。

①以如东的东海明珠雕塑——“虹”为主体，该雕塑高8m，用现代的材料表现大自然虹的再现，象征三元世纪城这颗东海明珠在如东崛起。

②以大海为中心，创建天、地、人三元和谐的水景。此间设有海滩、草坪及象征大海的水池，供家长带领少儿进行室外戏水等游乐活动，晚间有彩灯照射，更加展现海上霓虹的风情。

③三个活动广场象征真、善、美，互相嵌合沟通融为一体。分别为服装展示广场、少儿杂技广场和绿荫广场，供广大群众娱乐、休憩、赏景，开展各种文化体育活动。绿荫广场为广大群众夏季室外休憩、社交提供了方便，服装展示广场和少儿杂技广场为群众的晨练等体育活动及商家的产品宣传等提供方便。

④古街文化保护，此广场保留了如东古街装饰的风格并与周围建筑融为一体，有利于群众游览、散步、赏景、购物。

⑤广场中还设有古色古香的宣传画廊，白墙、浮雕与古典方亭融为一体，与周围建筑协调一致，起到表现如东传统文化的宣传、教育作用。

⑥为了增添广场的动感，还设有山水幕墙，夜间与灯光相配更加生动活泼。

⑦中心广场用现代新材料铺装了场地和水池，其中广种乔木，为广大群众提供了一个良好的休憩环境，方便大众在此开展文化娱乐活动、交友和休憩。

2. 花园街、步行街

（1）花园街　位于中心广场南侧，是游客步行、游览、购物的必经之街，占地4 036m²。其中布置了高大乔木、中心花台坐凳及盆花雕塑，以方便游人购物、休憩、赏景使用。

（2）步行街　南步行街位于南入口以内，两侧布置高大乔木，步行街中心线上布置花坛、雕塑、坐凳等休息设施，方便游人购物、赏景、休息。西步行街位于西入口内部，与花园街相连，两边种有高大乔木并布有带状花坛、坐凳等休息设施，方便游人购物、赏景、休息。

3. 东苑、西苑住宅区组团绿地

（1）东苑　东苑住宅区组团绿地位于东苑住宅区西南部，广种高大乔木，布有带状花坛群、坐凳等休息设施，方便小区居民就近休息。东苑住宅区宅旁绿地以带状绿地、落叶乔木为主体，广种草皮，面积3 590m²。

（2）西苑　西苑住宅区组团绿地位于西苑住宅区中部，面积1 912m²，广种高大乔木，布有带状花坛群、花架、坐凳等休息设施，方便小区居民就近休息。西苑住宅区宅旁绿地以带状绿地、落叶乔木为主体，广种草皮，布有坐凳等，还有小广场，方便小区居民就近休息，面积3 330m²。

4. 商业庭院

（1）北园　以秋景为主，多种植秋季彩叶树种银杏、乌桕、木槿、桂花等，并配有其他绿色植物，具有四季景观效果。

（2）南园　位于南区商业用房之间，以冬景为主，多种植松、竹、梅，营造突出的冬景效果，并配有其他绿色植物，具有四季景观效果，面积3 700m²。

（3）西园一　位于西区上商业用房之间，以春景为主，广种春季花木玉兰、迎春、月季等，并配有其他绿色植物，具有四季景观效果，面积1 820m²。

（4）西园二　位于西区下商业用房之间，以夏景为主，广种夏季花木合欢、紫薇、石榴等，并配有其他绿色植物，具有四季景观效果，面积1 420m²。

5. 出入口、道路、广场

（1）出入口　分为东、南、西、北四个出入口。南出入口以双塔为特色，北出入口以自然山石花卉为特色，东出入口以古典牌坊为特色，西出入口以喷泉、花坛、雕塑为特色。

（2）道路　以榉树、榆树、槐树、杨树、马褂木、银杏等高大乔木为主作行道树，创造绿色的廊道，方便人流、物流使用，长1 260m。

（3）广场　西出入口广场位于西出入口内，面积1 800m²，中心布置雕塑、喷泉、花坛及廊柱，作为西出入口的对景。停车场有北—西停车场、北—东停车场、西停车场三个，地面以花砖草皮装饰为主，上面种植高大的落叶乔木，构成夏季绿荫停车场，面积2 495m²。

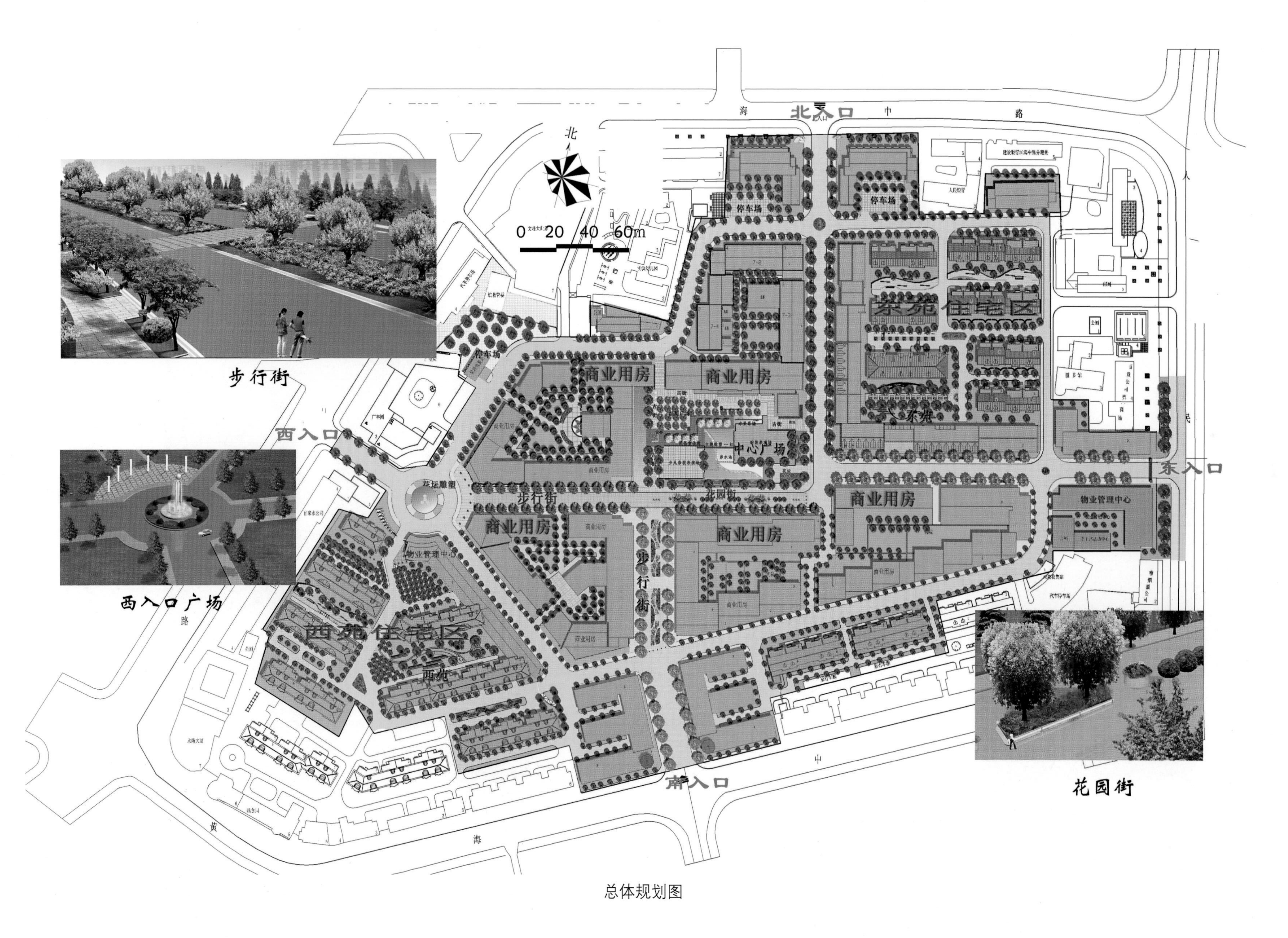

步行街
西入口广场
花园街
北入口
西入口
东入口
南入口
海中路
北
0 20 40 60m
停车场
商业用房
东苑住宅区
西苑住宅区
中心广场
东苑
西苑
物业管理中心
步行街
花园街
花坛雕塑

总体规划图

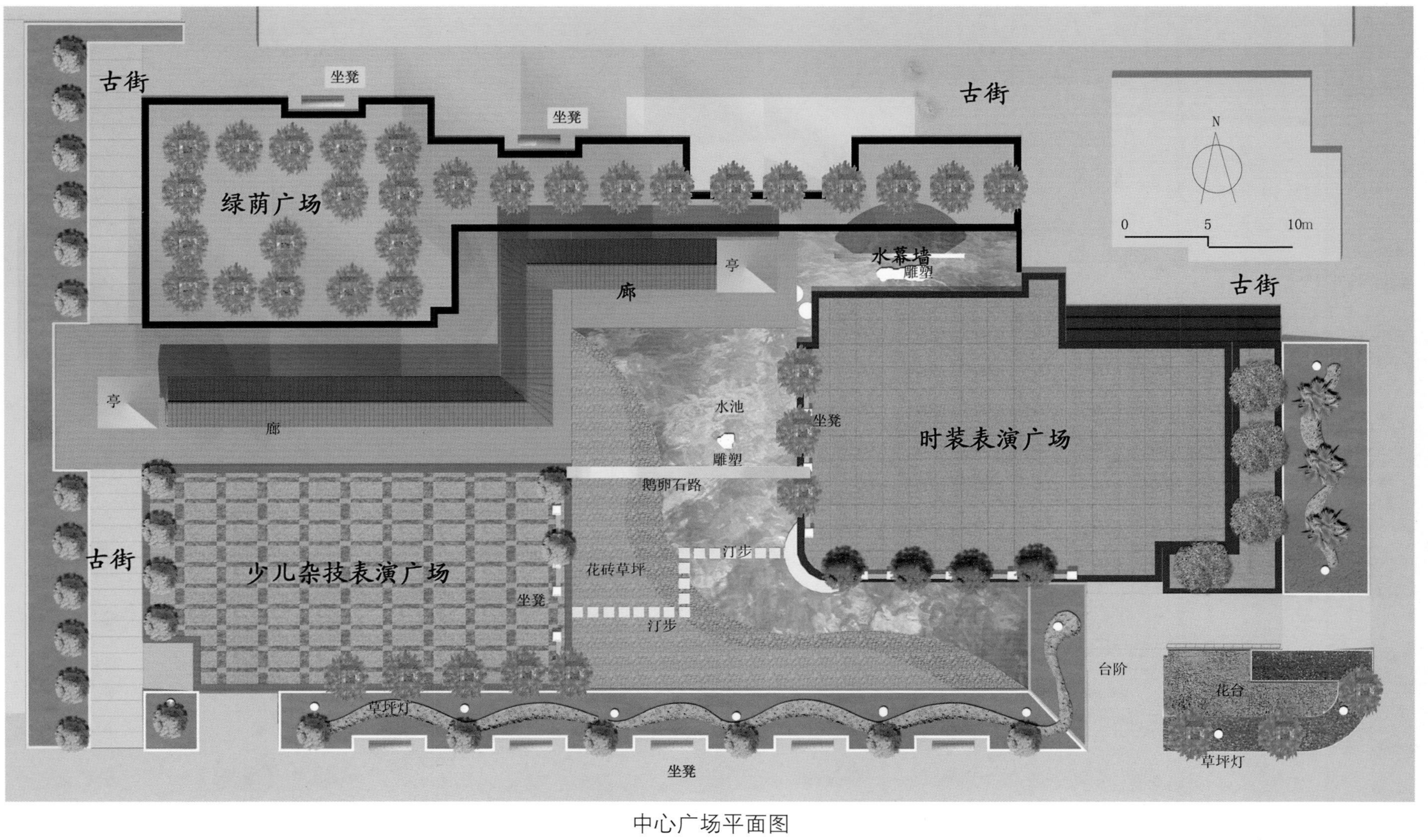

中心广场平面图

中心广场效果图

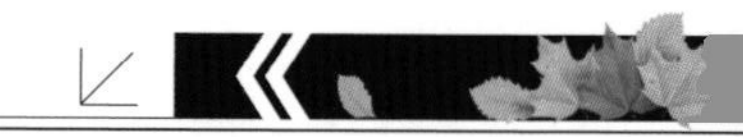

四、某居住区中心绿地黄金广场规划设计

（一）设计背景

黄金广场为金水房地产开发公司开发的中高档住宅小区的中心绿地，属居住区休闲广场。小区建筑以中高层、小高层楼房为主，整个小区的交通组织采用人车分流，在东、北入口设有地下停车场的入口，小区内禁止汽车通行。中心绿地近1.2万m^2，并有约3m的高差。由东向西呈台地跌落，并且南高北低。

（二）设计指导思想

充分利用现有地形及地面高差，以重点与一般布置相结合的原则，充分考虑小区内各年龄段居民的活动需要，以人为本，对绿地进行功能分区，有组织地安排小区居民活动，适当改造地形，用自然、朴实的园林小品和简洁的植物配置，创造回归自然、明快宜人的园林环境，为居民提供良好的休闲、娱乐、交往和运动空间。

（三）设计原则

1. **可持续性——生态原则**　利用点、线、面相结合的立体化的绿色环境，确保小区内较大的绿量和良好的生态环境。在植物选择与配置上充分考虑其自然属性，以形成稳定的生态群落。利用过滤的雨水补充水池的水量，并在植物生长季节、干旱以及水池清理时，用池水浇灌植物。

2. **自然性——亲水原则**　人的亲水性是与生俱来的，小区的景观轴线以水景为线索，将小区整个绿地连起来，可进入的旱喷泉、下沉广场的跌水、浅水池以及中心绿地水池通过对地形的运用，形成瀑布、跌水、涌泉、溪流、亲水平台、卵石滩等水景，使人们总能触水、戏水、玩水。在景观小品、园路的选材时，多采用自然材料，尤其是在沿水园路、临水平台、下沉广场的台阶上，选用木板铺设，使居民在户外活动时，有很好的触觉感受，有归属感，使中心绿地成为室内空间的延伸。

3. **时代特色性——文化原则**　新居住小区应从总体规划到环境景观设计上具有其本身的时代特性，创造新时代的当代文化。景观轴线与自然流畅的水体、健身坡道的组合，使小区环境整体划一，严谨而又自然舒畅；虚实相映的设计，使整个中心绿地有很好的俯视效果；大面积起伏的草坪和以灌木大图案为主的植物配置，都使小区环境具备时代特色。树木配置以果树为主，体现了黄金广场朴素的家园文化，以金黄色花、叶、果植物为主，体现了黄金广场主题文化。

（四）设计手法

1. **景观轴线设计**　通过景观视线的应用，整合小区中的景观轴线关系，把整个小区中的三个景区在视觉上统一起来，用一条东西主轴线和一条南北主轴线与一条东西辅轴线，和连接小区的出入口的景观主视线交叉来控制全局，并在轴线交点和轴线端点布置园林建筑、小品或重点设计。

2. **景点布置**　中心绿地景观区以与东入口的水渠中心线延伸线和中心绿地相交点为中心绿地的第一景点，设立入口小广场，小广场上设立旱喷泉，旱喷泉的水姿简单，组合成圆柱形，人们可在其中穿行，水流汇集，顺地势跌落到下沉广场。下沉广场是中心绿地的主要景点，也是整个小区的主要景观和活动区域。广场中心设一座穹顶的圆亭，用玻璃隔断，玻璃门窗将亭封闭，亭内放置钢琴。亭子位于东西景观主轴线和东西主轴线的焦点，是下沉广场的中心点，亭子周围铺设卵石水道，此处是旱喷泉跌水的通道，也是亭子雨水落下的水道。亭子顶的雨水通过有组织排水的设计，顺玻璃隔断落下，形成水幕景观。下沉广场周边设立观赏台阶，便于小区举办小型钢琴演出会或其他文艺演出，提高小区的文化品位。下沉广场设置壁灯、地灯、射灯等多种照明设施，创造独特的光环境，是一处别致的主景点。下沉广场的卵石铺地形成浅水池，将亭子的水道与中心绿地的水池连成一体，形成丰富的户外共享空间。

下沉广场通过框架廊、半椭圆广场与小区会所形成小区东西主轴线。主轴线的南面由渐宽的健身坡道通向会所。北面由蜿蜒流畅的水池将下沉广场与北入口连成景观主视线，水池上分别设立拱桥、下沉平台、曲桥、平桥等建筑，既是园路通畅的节点，又是景观的焦点。水边的植物多选择枝条披挂、常在水边种植的植物，如迎春、金丝桃、木芙蓉。驳岸采用缓坡的卵石深入水体后，池底用蓝色瓷砖铺底，使水池有深远的感觉。蜿蜒流畅的水形将亲水平台、园桥、园路、铺装场地连成一体。

3. **植物配置**　植物配置力求做到乔、灌、草结合，做到春有花、夏有荫、秋有色、冬有绿，体现植物的季相变化。植物种植采用片植、丛植为主要形式，使小区显得简洁、自然。为丰富景观，也采用多种种植形式，有列植、对植、点植等，常用植物有香樟、棕榈、银杏、柿树、板栗、石榴、木瓜、蜀桧、桂花、石楠、迎春、金丝桃、木芙蓉、火棘、葱兰、鸢尾等。

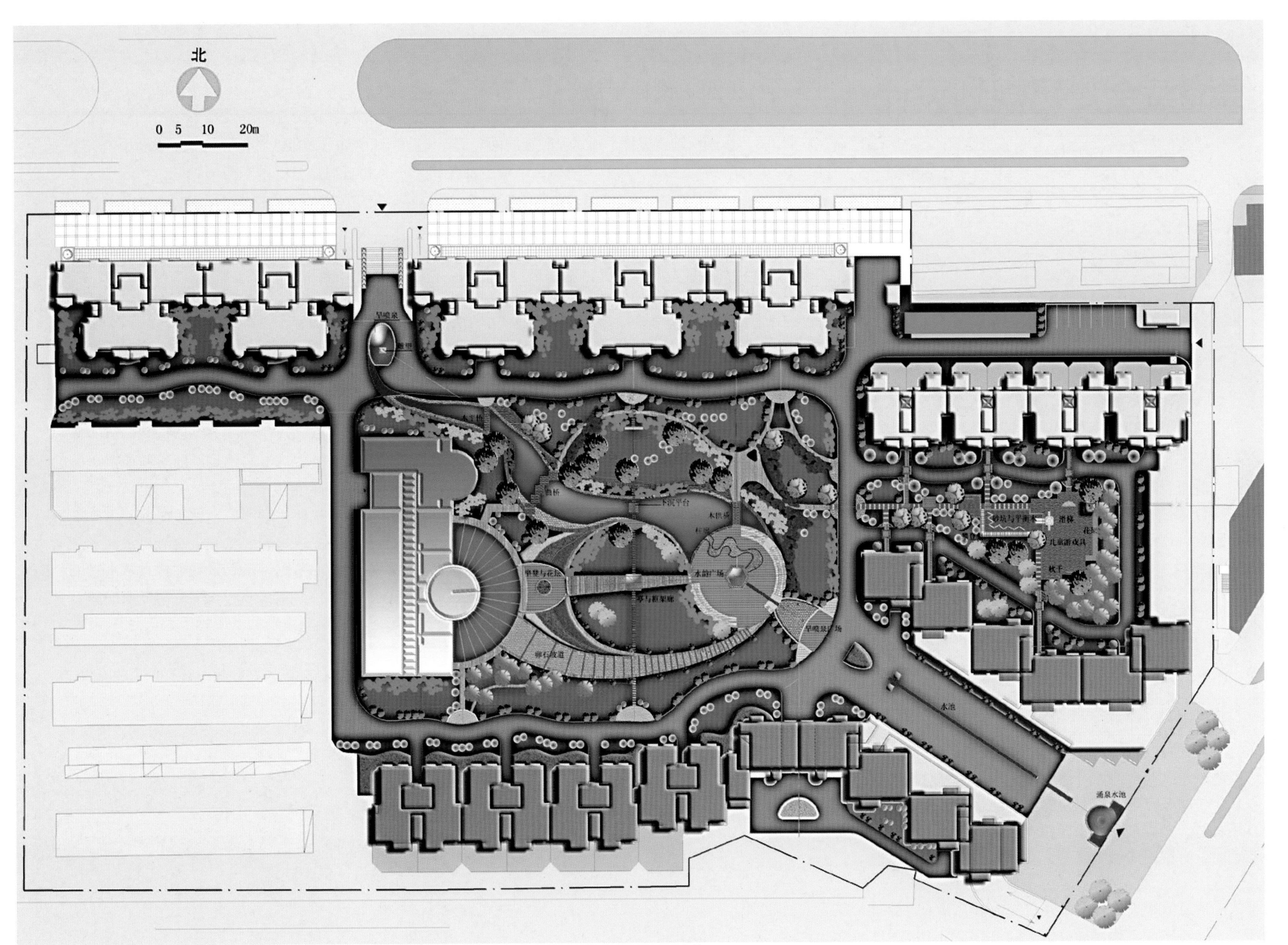
北
0 5 10 20m
旱喷泉
汀步桥
曲桥
下沉平台
木栈桥
水韵广场
亭与框架廊
卵石坡道
旱喷泉广场
砂坑与平衡木
滑梯
儿童游戏具
秋千
水池
涌泉水池

总平面图

效果图

主入口

次入口

五、皖西学院绿地规划设计

（一）项目概况

皖西学院坐落在富饶秀美的安徽省西部中心城市、历史文化名城——六安市内，整个学院总面积102hm^2，分为本部、东区、北区三个校区。此次规划的为皖西学院本部校区，位于市区西部的月亮岛（亦称桃花坞），属于老校区与新建校区相结合的大学校园。为了更好地体现皖西六安地区悠久的历史文化底蕴和皖西学院丰富的校园文化内涵，创建国内具有一定影响和省内一流的综合性大学，并进一步发挥校园绿地景观环境生态效益和社会效益，在皖西学院（本部）总体规划的基础上，结合老校区绿地景观现状、六安城历史人文和月亮岛自然景观资源等，对皖西学院（本部）校园环境绿地景观进行系统、完整而又科学合理的规划和设计，使整个校园拥映"绿荫碧水"、办学辈出"颖士贤才"，形成自然与人文和谐统一的生态环境与文化景观。将皖西学院建成真正的求知、治学的"世外桃源"。

（二）规划依据

《皖西学院校园总体规划》(2002)；皖西学院"关于报送'十五'事业发展规划的报告"；《皖志综述》(安徽省地方志编撰委员会，安徽省人民政府，1988)；《六安市志》(六安市地方志编撰委员会，江西人民出版社，1991)；皖西学院本部校园基地现状及相关资料。

（三）规划目标

校园绿地景观规划设计的目标为创造"五境"，即：品位高雅的文化环境、严谨开放的学术环境、催人奋进的学习环境、舒适优美的生活环境、和谐统一的生态环境。

（四）规划设计理念与设计主题

大学不仅是知识的殿堂，更是传播文化、培养情操、追求真理的场所。因此，环境绿地景观规划设计着力体现21世纪大学校园精神风貌，积极营造"脚踏实地、勇于探索、敢于创新"的校园文化氛围，并鼎力构建现代都市文明特征，特别是自然生态与历史文化赋予校园环境景观以深刻内涵。通过发掘地方悠久的历史文化内涵，结合水体、植被、地形等自然生态景观特征，表达现代风格的景观空间形态，使每个来过学校的人士，无不感受到皖西学院特有的人与自然、景观与情感以及科学技术与文化艺术的交融统一。这就是"绿荫碧水映华庭"的规划设计理念和设计主题。"绿荫碧水"就是优美的自然生态环境；"华庭"则是具有丰富的地方历史文化内涵，同时具有时代气息的，融先进科学、技术、文化、艺术于一体的开放式大学公共庭园。整个规划设计着力营造品位高雅、生态和谐、科学技术与人文情感互动、具有深厚文化底蕴和鲜明地方自然与人文特色的校园绿地景观。

（五）规划设计指导思想

（1）延续总体规划，构建和谐景观 校园环境绿地景观是校园总体环境的重要组成内容，其规划是总体规划的延续、补充和完善。在新区总体规划的"一区两带"的基本格局框架与精神指导下，使各种文化景观、生态植物群落景观、游憩场地与生活设施景观、地形及水体景观等与各种功能建筑、社会活动、交通等关系协调，布局科学合理，共同构成和谐统一的校园有机整体景观。

（2）打造人性空间，满足功能要求 师生员工是校园生活的主体，环境景观规划设计充分考虑师生员工工作、学习和生活的需要，以人为本，满足广大师生员工对物质环境与精神环境即生理与心理的双重需求，调节和促进身心健康。在创造人性化景观空间的同时，还要做到因地制宜。高度重视自然景观的作用和人文环境的特点，对两者加以协调。无论是人文景点设置，还是自然植物群落的布置，既满足不同分区功能的要求，又能体现特定环境的人文内涵和景观特色。

（3）糅合"绿荫、碧水、庭园"，推行生态造园 校园环境绿地景观营建以植物为主要构成元素，遵循生态设计的思想理念，注重保护和利用现有的景观资源，特别是新校区淠河滨水丛林、老校区现状绿化等自然景观资源，尊重自然生态过程和自然力的影响，积极营造具有良好生态功能和可持续发展的绿色校园环境。适当点缀园林艺术景观与设施小品，丰富庭园环境艺术景观内容，增加校园环境绿地的文化艺术氛围和使用功能。植物造景以树木为主体构架，草坪、花卉作铺垫，创造种类多样、层次丰富、色彩多变的校园环境植物群落景观，做到四季有花、常年有景、历史文脉与自然景观交融统一，形成"绿荫碧水映华庭"的校园景观生态格局。

（4）体现环境特色，形成整体风格 校园环境绿地景观规划根据不同分区的自然与人文环境特点，力求创造内容丰富、各有特色的校园局部景观空间。同时注意局部与整体的关系，在形式与内容两个方面既有变化，又有统一，做到局部变化、整体统一。校园各类绿地景观主题明确，分布合理，特别是各个集中游憩绿地，紧扣环境主体建筑的功能与主题，创造既富有个性又与环境主题相统一的校园文化景点。校园环境景观总体呈现"清新自然、开放疏朗"的风格特色，反映出21世纪大学校园的精神风貌。

景观规划整体上达到：以透见大，以景见深，以绿见美；以古见悠，以文见情，以境见长。

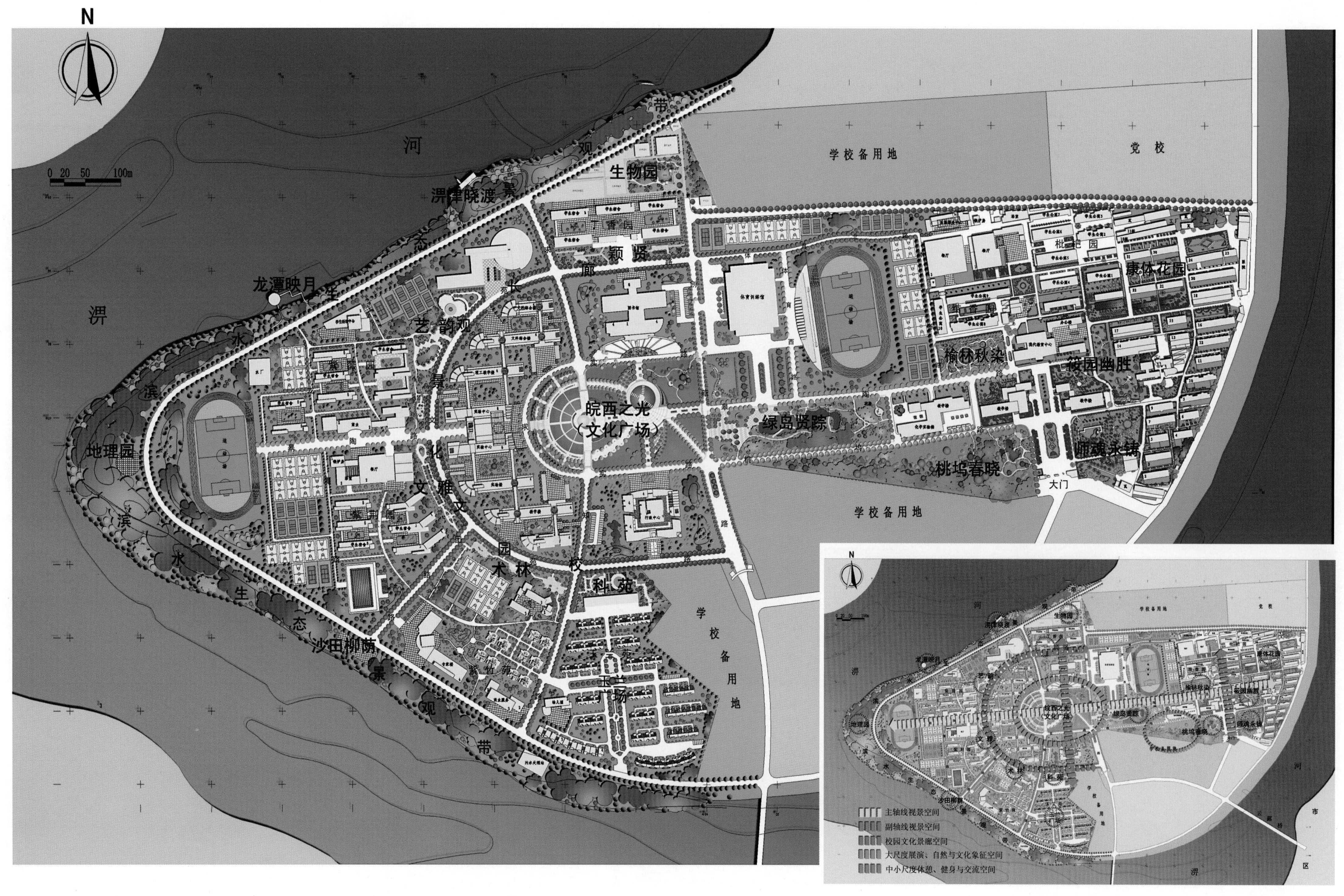

总平面图

景观空间分析图

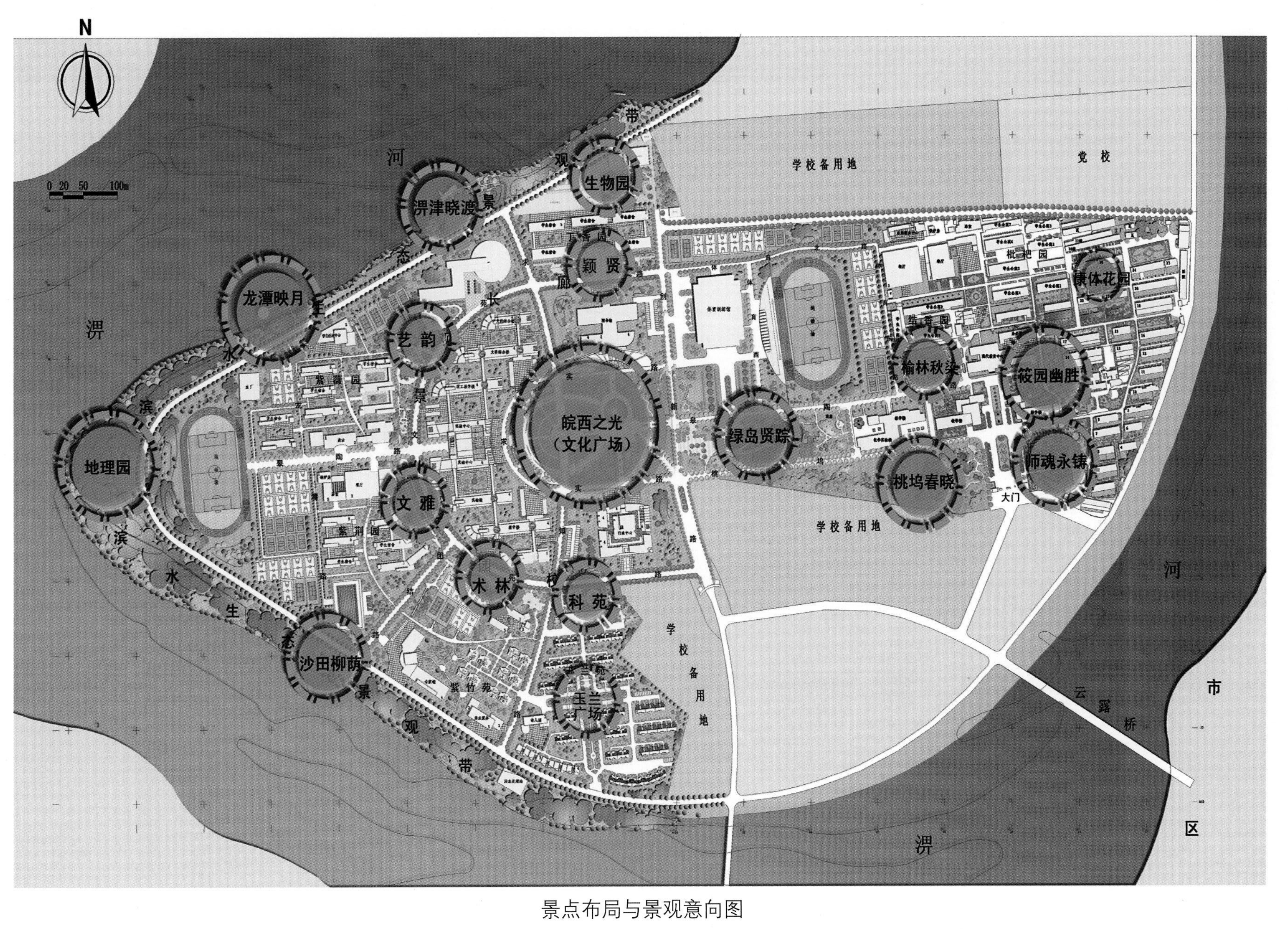

景点布局与景观意向图

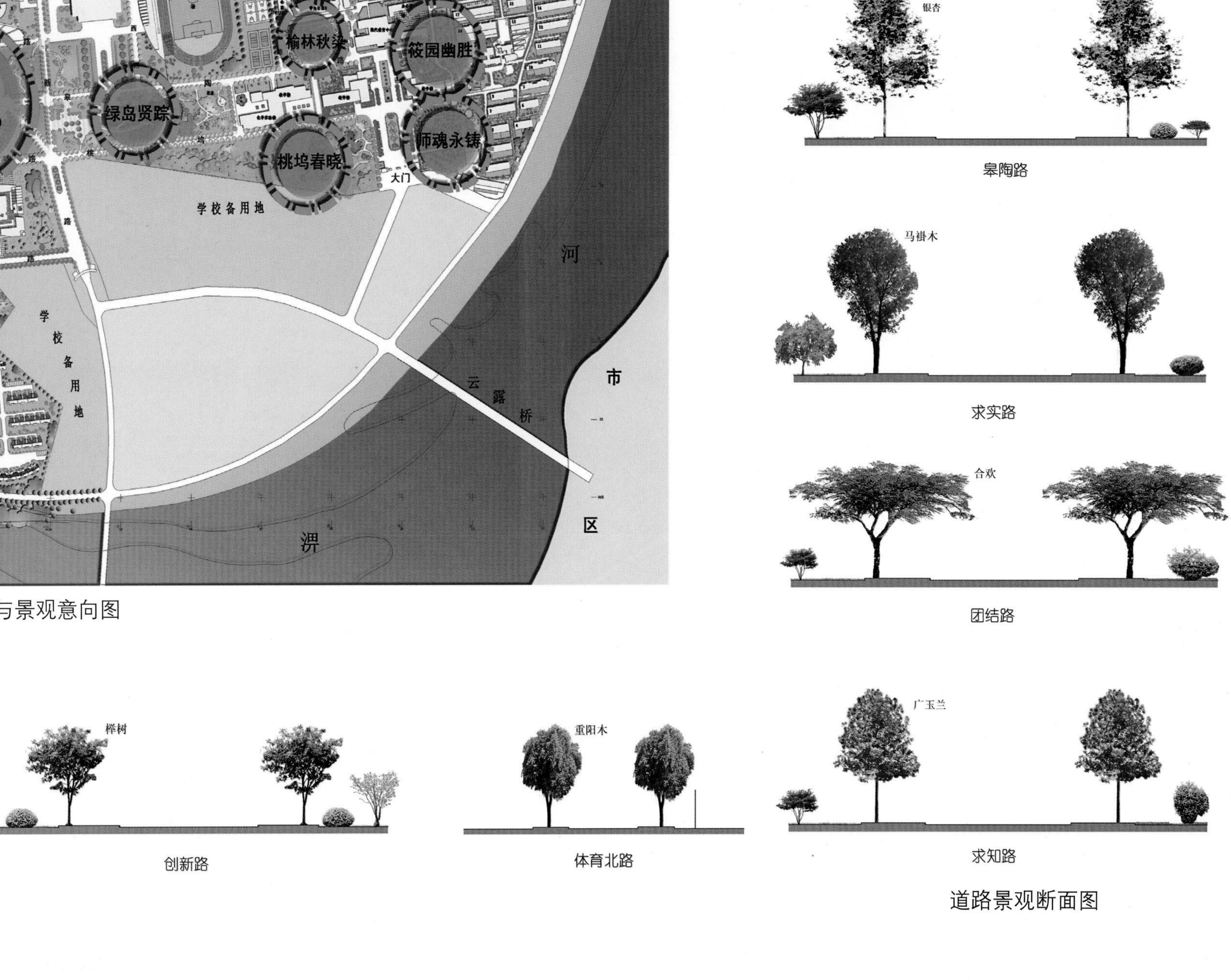

道路景观断面图

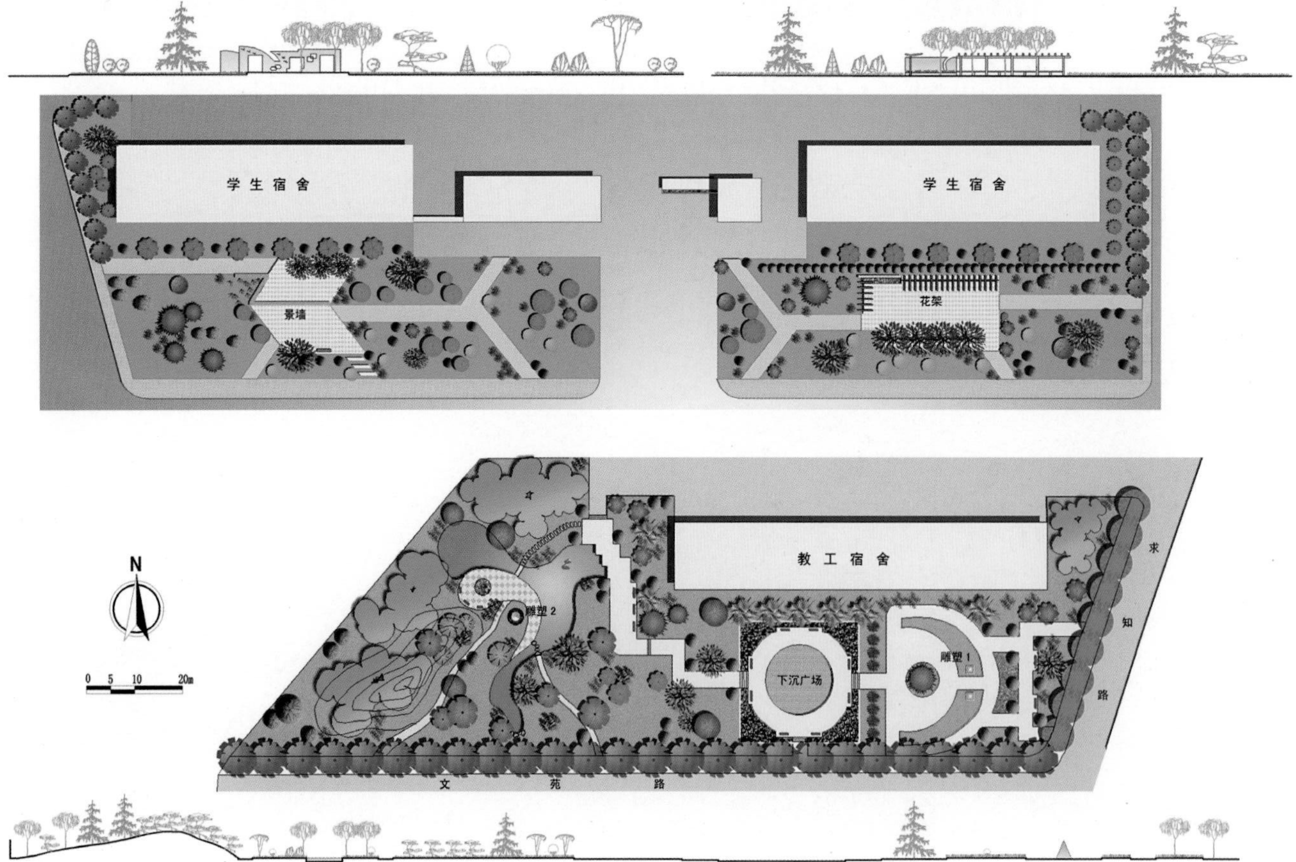
学生宿舍
学生宿舍
景墙
花架
教工宿舍
下沉广场
雕塑1
雕塑2
N
文苑路
求知路

颖贤科苑

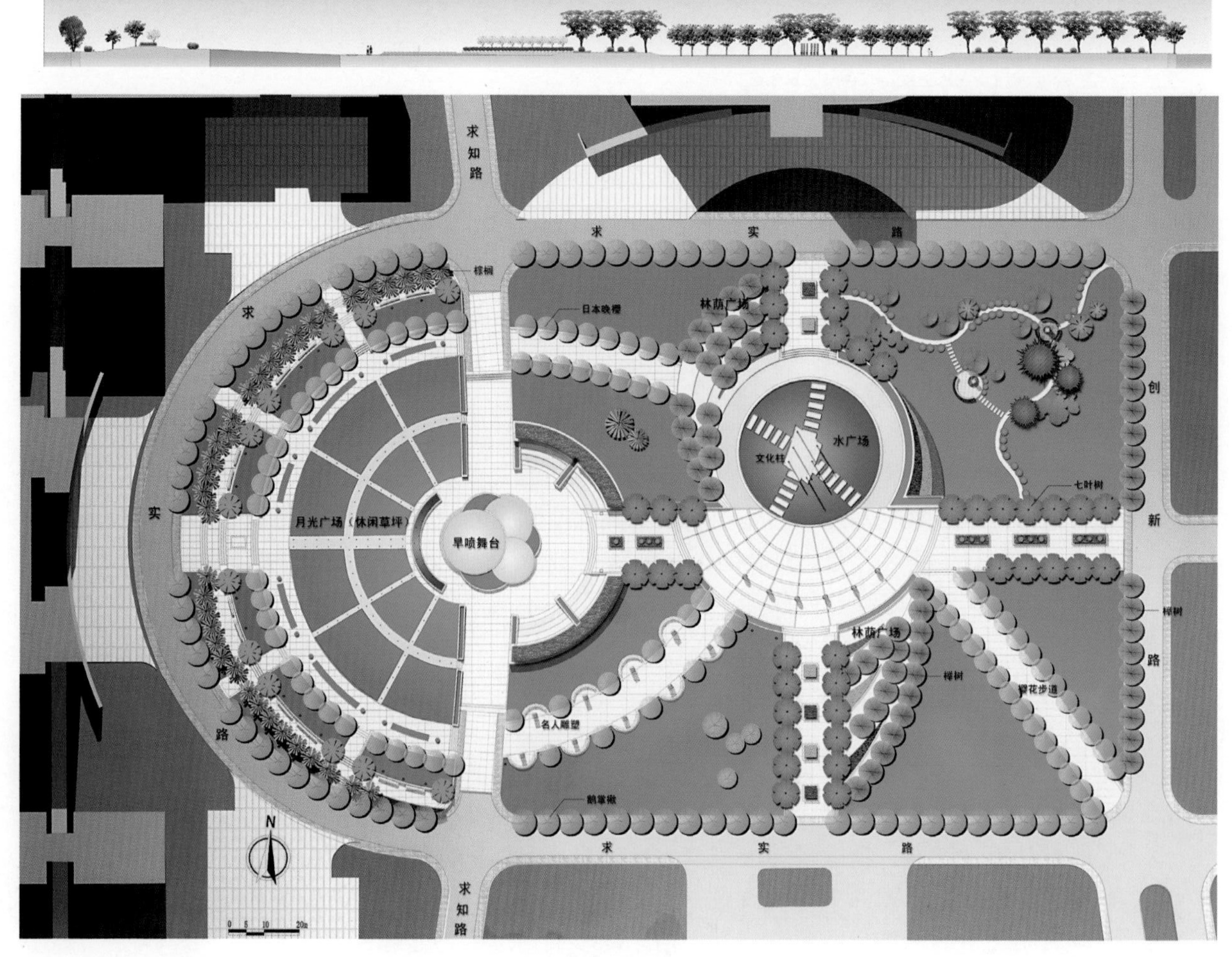
求知路
求实路
早晴舞台
月光广场（休闲草坪）
水广场
林荫广场
日本晚樱
七叶树
名人雕塑
求实路
新创路
N

文化广场

六、某农业大学科研教学基地绿地规划设计

（一）规划指导思想与目标

围绕基地建设发展目标，充分考虑教学、科研、服务等综合功能要求，同时结合农业大学不同专业学科特点和现状资源与用地条件，科学规划、合理布局、精心构思，着力打造功能完善的新型三农教科基地、景观秀美的园林式新型校区和科学技术先进、文化内涵丰富的现代农业园区。

（二）总体空间结构

基地规划总面积超过330hm^2。总体由两大空间组成，即新型农业大学校园空间和新型现代农业园区空间。校园空间居中，农业园区分设两翼，"一园两区"由一条交通轴线加以贯穿，三者有机结合，共同构建产、学、研一体化的新型三农教科中心基地。

（三）功能分区

根据基地发展建设的总体目标定位和具体功能要求以及基地现状资源与用地条件，规划将基地"一园两区"功能大空间再划分为公共管理与服务区、教学与生活区、专业科教园区、创新与创意农业园区四大功能区块，每个功能区块又分为若干功能或项目小区。

（四）重点空间生态分析

基地空间生态环境较为突出的有两处：一处是公共管理与服务区的水库环境自然生态拓展空间，规划利用大水面的优越自然条件，结合周边缓坡地森林植被营造，构建校园大型滨水生态景观空间，宽阔秀美的山水生态环境成为新型校园一大景观特色；另一处是以动物科技科教园与资源环境科教园为主的污染生态控制空间，由于动物养殖废弃物处理、环境工程与土壤污染实验等过程，如处理不当，就有可能造成一定的环境污染，从而影响整个基地生态环境质量，所以，该区域须采取废弃物无害化处理和资源再利用等有效措施进行环境生态控制。

（五）水系规划

基地水系规划保留中部汉子坝水库以及东、西两条河道、水库出水通道等主要水体，并适当加以调整，符合基地雨水汇集、防洪以及农作物灌溉、园林景观等多种功能要求。其他大量的浴池、水塘填平用于建设或农作物教学实验种植。动物科技科教园根据水产养殖教学科研需要，开挖一定面积的养殖池塘水面。

（六）绿地景观系统规划

绿地景观系统主要由公园绿地、实验生产绿地、建筑环境绿地、道路景观绿地和外围防护绿地组成。公园绿地是指游览、休憩绿地，包括公共管理与服务区的汉湖公园、农业主题公园和教学与生活区的小游园；实验生产绿地为专业科教园中植物种植类用地；建筑环境绿地包括教学与生活区、创新与创意农业园区、食品工程等专业科教园以建筑为主体的环境绿地，各种建筑周围布置各种树丛、草地等绿化植被；道路景观绿地主要是主次干道的中央绿带、行道树绿带等；外围防护绿地是沿基地周边与公路之间设置的卫生防护隔离绿带。整个基地绿地系统布局以汉湖公园为中心生态绿核，各类绿地点、线、面相结合，整个基地充满绿色氛围。

鸟瞰图

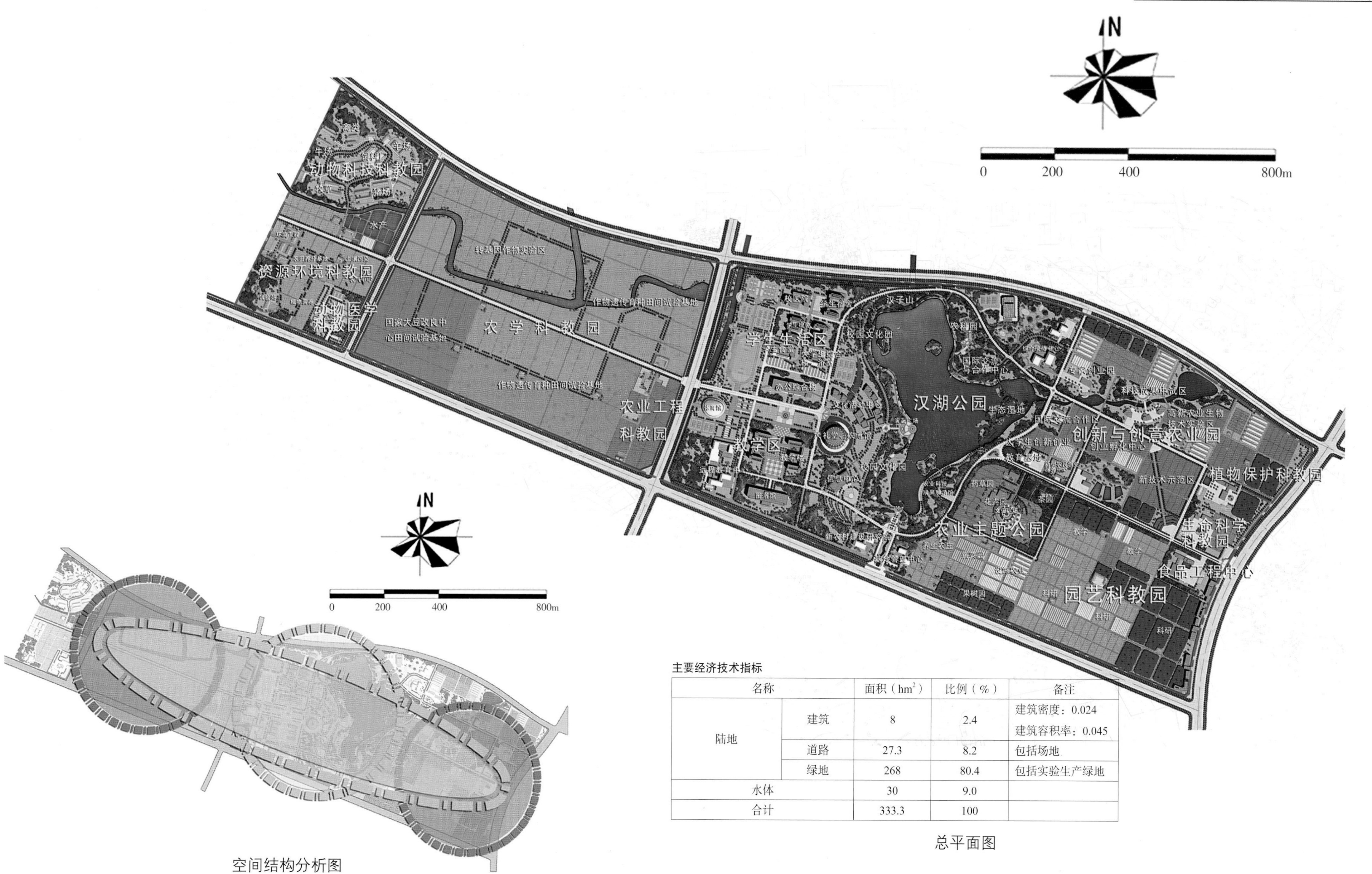

主要经济技术指标

名称		面积（hm²）	比例（%）	备注
陆地	建筑	8	2.4	建筑密度：0.024 建筑容积率：0.045
	道路	27.3	8.2	包括场地
	绿地	268	80.4	包括实验生产绿地
水体		30	9.0	
合计		333.3	100	

总平面图

空间结构分析图

教学与生活区

教学与生活区位于基地东部独立地块西侧，处于整个基地的中部位置，占地40hm^2，是新型农业大学校园的主要功能区。该区地块较为方整，东侧和公共管理与服务区相邻，西侧设基地次出入口与“农业硅谷”二级道路相连，内外联系方便。该区又以东西主干道轴线为界，分为教学区和生活区两个小功能区。

创新与创意园区

创新与创意农业园区位于基地东北部，公共管理与服务区以东，占地30.7hm^2，是新型现代农业园区产、学、研一体化的重要功能组分。该区东部接近东大门，西北部则直接与北门相连。

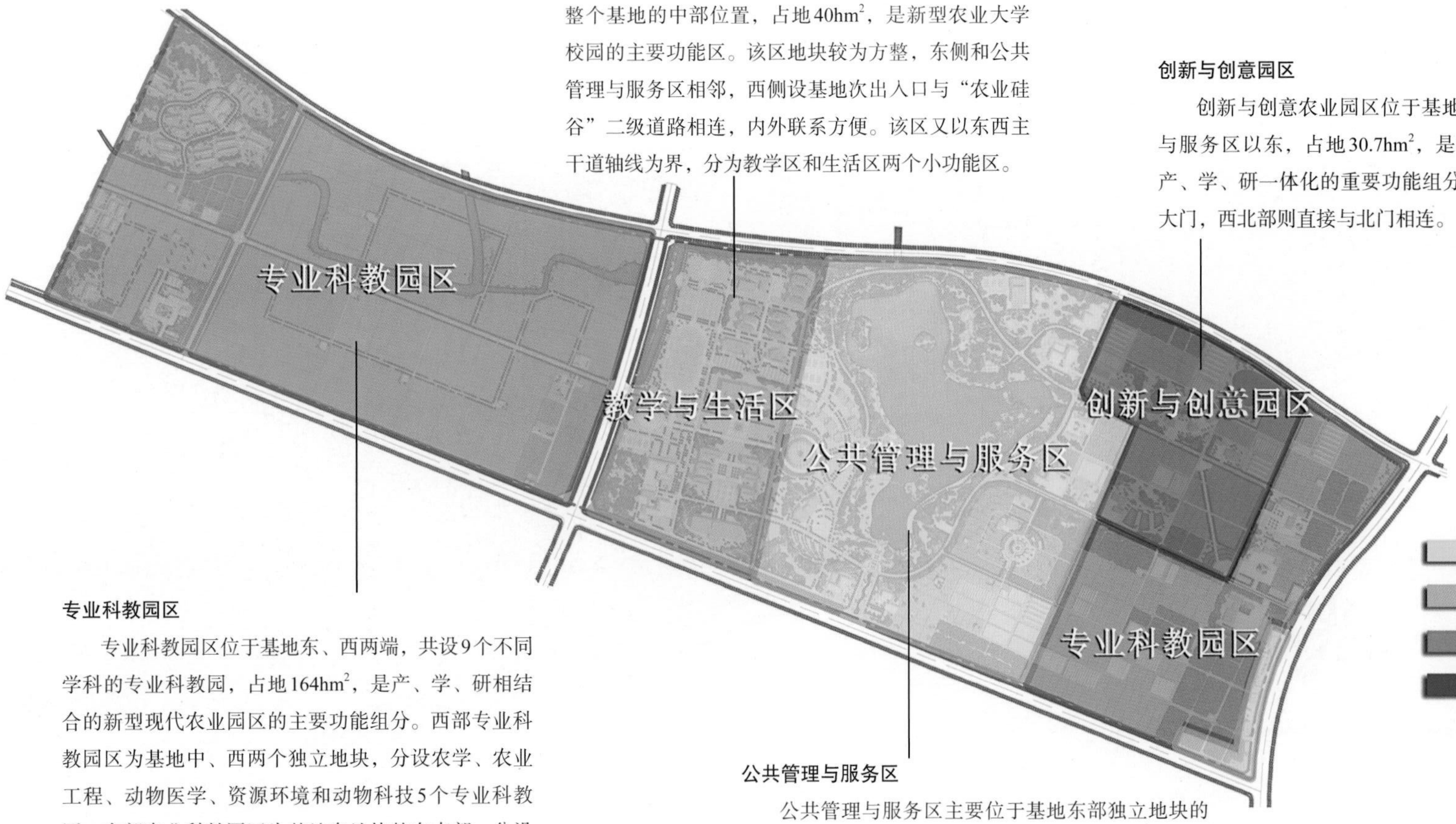

专业科教园区
教学与生活区
公共管理与服务区
创新与创意园区
专业科教园区

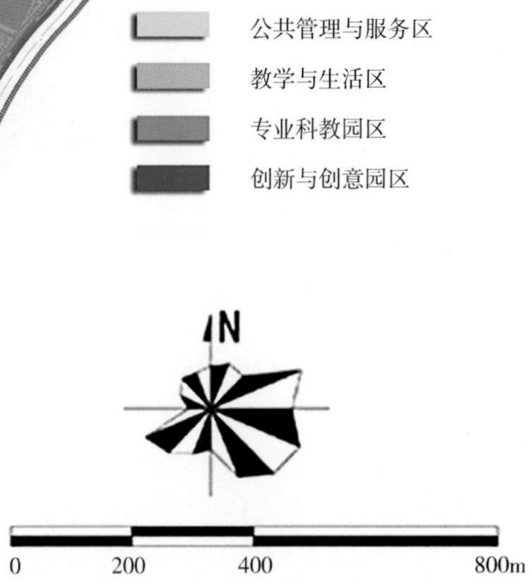

公共管理与服务区
教学与生活区
专业科教园区
创新与创意园区

N

0 200 400 800m

专业科教园区

专业科教园区位于基地东、西两端，共设9个不同学科的专业科教园，占地164hm^2，是产、学、研相结合的新型现代农业园区的主要功能组分。西部专业科教园区为基地中、西两个独立地块，分设农学、农业工程、动物医学、资源环境和动物科技5个专业科教园。东部专业科教园区为基地东地块的东南部，分设园艺、食品、生命科学和植物保护4个专业科教园。

公共管理与服务区

公共管理与服务区主要位于基地东部独立地块的中间，以汉子坝水库为中心，占地96.7hm^2，是新型农业大学校园的特色景观与功能区。该区南侧中部设基地主出入口与“农业硅谷”规划1号路相连接，北侧东部设基地次出入口与“农业硅谷”规划2号路相连接，内外交通联系便捷。另一部分位于基地东南侧的白袁公路边，面积2hm^2，用于直接对外的“三农”服务项目建设。

功能分区图

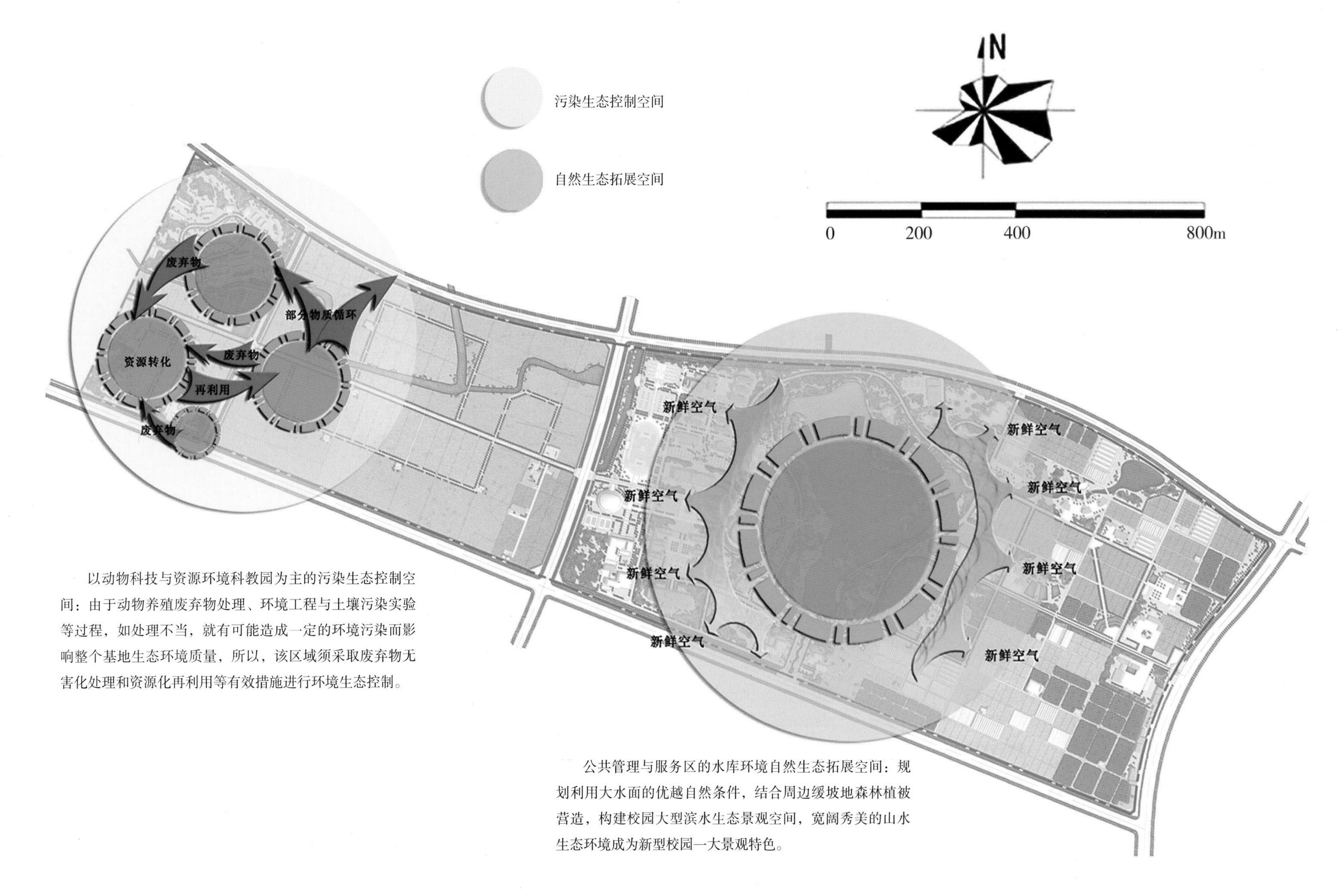

以动物科技与资源环境科教园为主的污染生态控制空间：由于动物养殖废弃物处理、环境工程与土壤污染实验等过程，如处理不当，就有可能造成一定的环境污染而影响整个基地生态环境质量，所以，该区域须采取废弃物无害化处理和资源化再利用等有效措施进行环境生态控制。

公共管理与服务区的水库环境自然生态拓展空间：规划利用大水面的优越自然条件，结合周边缓坡地森林植被营造，构建校园大型滨水生态景观空间，宽阔秀美的山水生态环境成为新型校园一大景观特色。

重点空间生态分析图

次干道

路面宽度为6 ~ 8m，主要用于连接主干道与功能区内部支路。

支路

路面宽度为3 ~ 4m，主要用于满足各功能区内部交通需要，主要通行自行车及行人，必要时可单向行驶机动车，采用水泥或沥青混凝土路面。

主干道

主干道呈轴、环布置，东、西为轴，中部为环。东轴主干道自东大门至汉湖，为景观大道，设3m宽中央花坛，路面宽15m。西轴主干道自汉湖至基地西端，路面宽10m。中部主干道为环湖景观大道，路面宽10m。环湖路与南大门（正门）之间设主入口景观大道。上、下行车道宽各8m，中央设一条宽28m的滨水景观绿带。

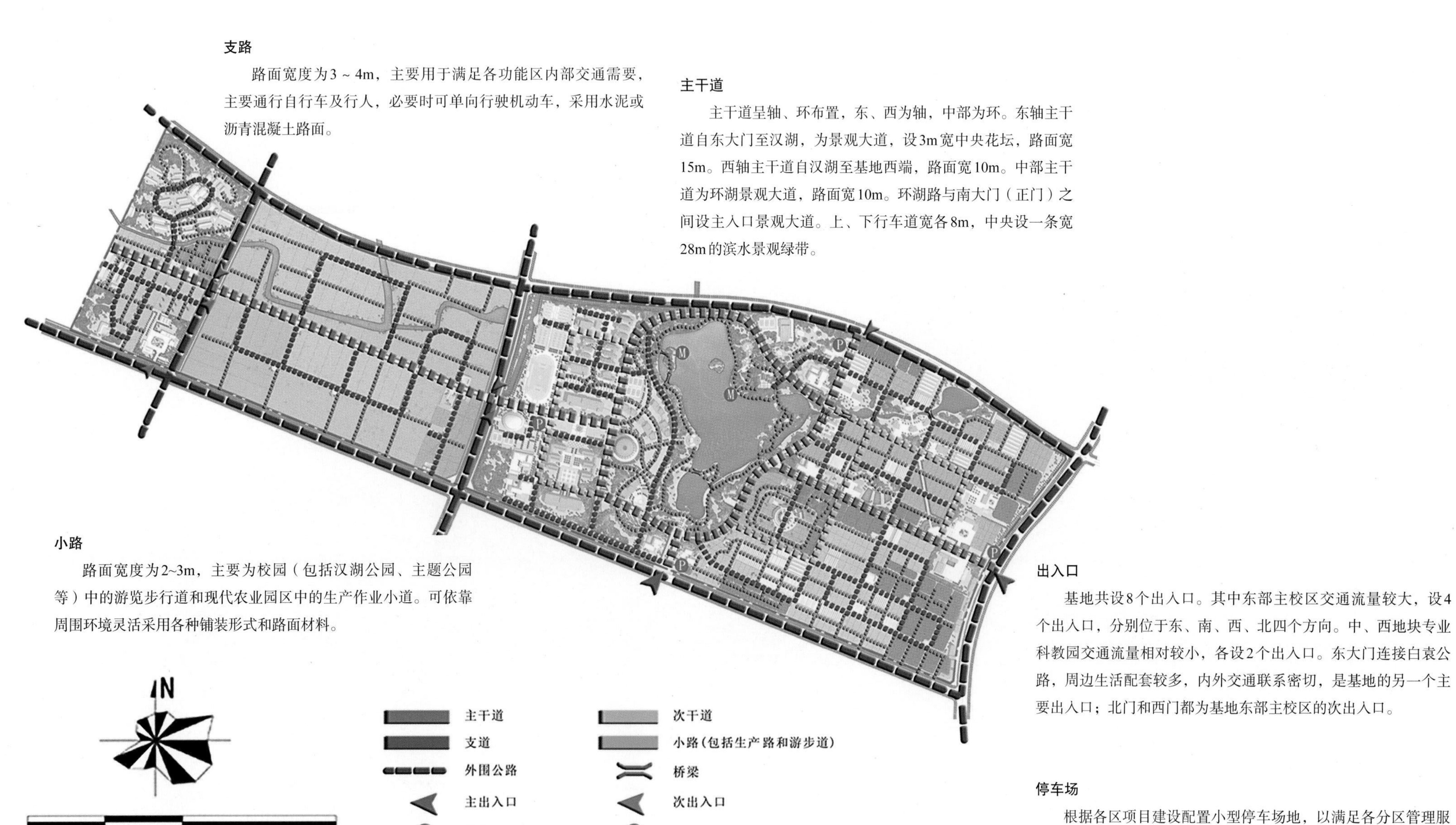

小路

路面宽度为2~3m，主要为校园（包括汉湖公园、主题公园等）中的游览步行道和现代农业园区中的生产作业小道。可依靠周围环境灵活采用各种铺装形式和路面材料。

出入口

基地共设8个出入口。其中东部主校区交通流量较大，设4个出入口，分别位于东、南、西、北四个方向。中、西地块专业科教园交通流量相对较小，各设2个出入口。东大门连接白袁公路，周边生活配套较多，内外交通联系密切，是基地的另一个主要出入口；北门和西门都为基地东部主校区的次出入口。

停车场

根据各区项目建设配置小型停车场地，以满足各分区管理服务、教研活动、生产物流、参观接待等各类停车需要。大型停车场建设采用生态技术措施，营造绿色生态型停车环境。

道路交通规划图

3000	6000	3000	6000	3000
人行道	车行道	中央绿化带	车行道	人行道
	15000			

15m干道断面图

2500	10000	2500
人行道	车行道	人行道

10m干道断面图

2000	8000	2000
人行道	车行道	人行道

8m支路断面图

2000	6000	2000
人行道	车行道	人行道

6m支路断面图

规划道路剖面图

七、某中学校园绿地规划设计

（一）基本原则

①校园绿地总体规划与学校总体规划同步进行。

②校园绿地规划必须贯彻执行国家和地方有关城市园林绿化的方针政策。

③校园绿地的规划应充分考虑学校所在地区的土壤、气候、地形、地势、水系、适生植物等自然条件，结合环境特点，因地制宜、充分合理利用地形地势、河流水系。

④校园绿化的形式应与学校总体规划布局形式协调一致。

⑤校园绿地规划设计要有地方特色，体现时代精神，要与时俱进，使校园环境富有时代气息。

⑥校园绿化要注意造景与使用的关系，贯彻经济、实用、美观的方针，合理规划，满足功能需要。

⑦校园绿地规划设计必须考虑便于实施和日常管理。

（二）校园绿地布局手法

校园绿地的布局常采用点、线、面相结合的手法，把整个校园连成一个统一的整体，以便充分发挥其改善气候、净化空气、美化校园等作用，创造优美、健全的生态环境。

（三）校园绿地规划设计

1. 广场　校园南部、西部设汇文广场、花坛广场两处，面积为3 618m²。

（1）汇文广场　位于南大门入口处，办公楼、综合教学楼前，面积2 931m²。中心区建假山一座，其上刻有名人题字“汇文”，象征永恒，汇高科技、文才为一炉，以激励学生持恒勤奋学习，立志做祖国的栋梁。四周环境设置彩色灯光、喷泉及中国红大理石铺装，外围布置月牙状花坛，其中嵌有“hui wen”，象征汇文学子遍天下。外围道路环绕，以利人流车行。四周环境中布置草坪及模纹花坛，植桃李花木。东部为停车场，花砖草坪铺装地面。种植大型乔木214株，形成森林停车场，有利于夏季遮阴。

（2）花坛广场　位于西大门入口处，面积687m²。以模纹花坛为主体，中心建优秀运动员雕塑一座，以激励学生勤奋学习、刻苦锻炼身体，为校争光，报效祖国。

2. 教学区　位于综合教学楼之间，其间设立春、夏、秋、冬四大特色的水院。分别配置具有春、夏、秋、冬季相变化的花草树木。

（1）春园　位于综合教学楼东北部的一个庭园，又叫迎春园。以迎春等春季花木为主体、配以其他花灌木的规整式庭园，面积1 080m²。

（2）夏园　位于综合教学楼西北部的一个庭园，又叫迎夏园。以木芙蓉等为主体、配以其他花灌木的规整式庭园，并在水中点缀盆花睡莲，形成夏季花卉特色庭园，面积905m²。

（3）秋园　位于综合教学楼东南部的一个自然式水院，又叫木樨园。在水上设置曲桥，并在水体中放养红鲤鱼，以供观赏。周围以桂花为主体，配以菊花等，形成金秋香味满园的特色庭园，面积899m²。

（4）冬园　位于综合教学楼西南部的一个自然式水院，又叫三友园。在水上设置汀步，并在水中放养红鲤鱼，以供观赏。水体西南角设置假山瀑布，其周围以松、竹、梅为主体，配以蜡梅等花灌木，形成“岁寒三友”特色庭园，面积673m²。

中心花园位于综合教学楼西部中心位置。它是以立体花坛为主的一个规整式庭园，布置高低错落有致的立体花坛，其间点缀小型雕塑和树球并配置常绿树球花灌木，周围设置坐凳，以利于学生室外学习使用，面积831m²。

教学区四周与道路绿化相结合，布置银杏、栾树、杨树、合欢、重阳木等。

3. 体育活动区　位于校园西南部，面积13 325m²。设置有足球场、排球场、篮球场和体育馆、游泳馆等。

在露天球场四周种植高大杨树、枫杨、银杏等落叶阔叶大乔木，以体现运动员高大、健壮的体魄，也利于夏季遮阴，冬季日光浴。体育馆、游泳馆四周全面铺装草坪，种植常绿针叶、阔叶大乔木为主，并点缀规整球树及门前花坛。

4. 生活区　位于校园西北部，面积3 599m²。宿舍楼及食堂四周铺装草皮，布置模纹花坛，并种植落叶阔叶大乔木。学生宿舍间绿地设置坐凳，配置各种观赏花木，以利于学生户外学习、交友、游览休息赏景。

5. 生物实习园地　位于校园北部，面积1 803m²。内设温室、荫棚、准备室、花圃、菜园、果园、小动物笼舍以及水生花卉园等，种植核桃、枣树、柿树、蔬菜、花卉等各种植物，为学生实习创造良好的条件。

6. 长堤烟柳　位于校园北部河边，两岸配置杨柳，形成长堤烟柳的春季景观。晚春时节，烟雨朦胧，长堤卧波，碧波荡漾，绿荫浮动，柳丝如烟，好一派迷人的春色。

7. 天然琼瑶　位于水体的南段，以玫瑰花架为主体，主要供游人休息、观赏四周的玫瑰景色，艳丽绚烂的颜色显示欣欣向荣、蒸蒸日上的学校前景。春日风和日丽，玫瑰繁花似锦，使学子们感叹生命竟能如此灿烂，激励学生奋斗拼搏，不断进取。

（四）校园道路绿化

1. 南北向的中心主干道　以银杏或马褂木为骨干树种，并与文化娱乐区的观赏花木相结合，形成立体多层次绿化景观。

2. 其他小路　以樱花、栾树、桂花、红枫、合欢等景观树为基调，配合各区绿化。

（五）校园防护林

全园丝竹混植常绿、落叶乔灌木，以防护外围大风的危害。西侧、南侧以枫杨、柳、水杉为骨干树种，并配置湿地松、海桐、珊瑚树等。北面及东侧配置银杏、杨树、槐树等为骨干树种，穿插紫薇、紫叶李、红枫等。

效果图

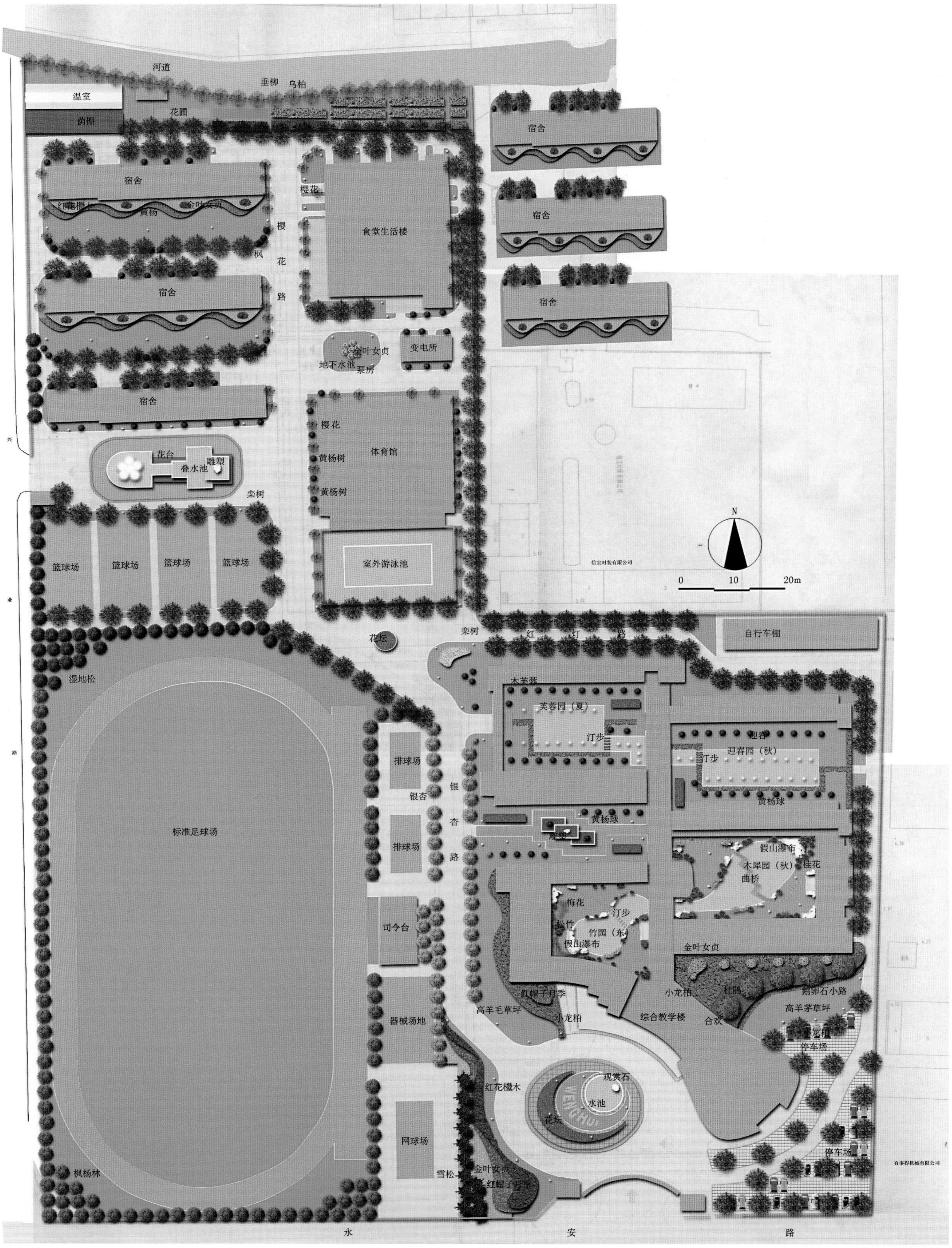
河道
垂柳
乌柏
温室
荫棚
花圃
宿舍
宿舍
宿舍
宿舍
宿舍
宿舍
红花檵木
黄杨
金叶女贞
樱花
樱
花
路
枫
食堂生活楼
变电所
金叶女贞
地下水池
泵房
樱花
黄杨树
黄杨树
体育馆
花台
叠水池
雕塑
栾树
篮球场
篮球场
篮球场
篮球场
室外游泳池
N
0
10
20m
信宜时装有限公司
栾树
红
灯
路
自行车棚
花坛
湿地松
标准足球场
排球场
银杏
排球场
银
杏
路
司令台
器械场地
网球场
枫杨林
雪松
金叶女贞
红帽子月季
红花檵木
木芙蓉
芙蓉园（夏）
汀步
迎春
迎春园（秋）
汀步
黄杨球
黄杨球
假山瀑布
木犀园（秋）
桂花
曲桥
梅花
汀步
松竹
竹园（东）
假山瀑布
金叶女贞
红帽子月季
高羊毛草坪
小龙柏
小龙柏
综合教学楼
合欢
杜鹃
鹅卵石小路
高羊茅草坪
停车场
观赏石
水池
花坛
WENGHUI
停车场
百事得机械有限公司
兴
业
路
永
安
路

规划设计图

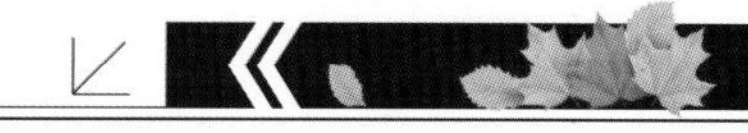

八、江苏省残联体育训练基地景观规划设计

（一）基地概况

1. 地理位置　江苏省残联体育训练基地位于南京市浦口区永宁镇西部临近长江二桥、三桥绕城公路北段，北部临近宁扬铁路，东邻老山林地，南接珍珠泉的北山。基地交通方便、林木自然资源丰富。规划面积133 200m²，其中一期规划86 580m²。

2. 自然条件（略）

（二）指导思想

①规划以人为本，着重考虑残疾人使用要求，综合考虑社会效益、环境效益、经济效益，最终把该基地建设成可持续发展的最佳体育休闲度假生态环境。

②因地制宜，充分利用永宁良好的自然山地景观和人文景观资源，使资源开发与保护有机结合，发挥其森林生态效益和体育运动休闲价值，因势利导，合理安排各种项目，使基地四季均有景可观。

③充分利用当地现有植被及乡土树种资源，选择结合当地的地理条件和现有的山林树种，因地制宜，再配植适宜本地生长的花草树木，创建最佳体育运动休闲生态环境。

（三）规划原则

①认真贯彻执行《中华人民共和国残疾人保障法》《中华人民共和国体育法》和国家体育工作的方针、政策，动员、组织和指导残疾人开展体育活动的原则。

②中国残疾人体育协会相关规定原则。

③严格遵守土地规划原则，规划以残疾人体育训练为主的，兼顾对外开放体育运动、观光旅游和休闲度假的生态环境。

（四）规划依据（略）

（五）总体规划

1. 规划定位　充分利用当地自然条件，现有的道路和各园区衔接，合理规划无障碍通道、地形落差及各功能分区。为不同年龄段的人们创造舒适的体育休闲、度假、疗养、娱乐的最佳生态环境。

2. 总体构思　基地为自然山水丘陵圩地，总面积为133 200m²，山地起伏不大，因势利导、适当造水。根据不同功能的需要及基地的地理条件优势和良好的自然景观，将基地按功能分布依次规划为三个区域：综合接待管理区、体育活动区、休闲赏景及生产区。

3. 功能分区及景点布局

（1）综合接待管理区　本区位于基地东北部，占地20 342m²，设有停车场、综合大楼，用来基地管理和客人接待等。位于主出入口南部，建筑面积为7 000m²，建筑标高17.3m，考虑到残疾人使用的功能需要，建筑规划楼层只有2～3层，建筑为欧式风格。

主题广场：位于主出入口正南、综合楼北大门前，占地面积4 882m²，在景观大道及主体建筑的轴线上规划半圆形广场，中心广场核心以运动员动态雕塑为主，周围布置喷泉雕塑，种植几何形常绿树木及花坛。

水景广场：位于综合楼和综合体育训练馆之间的中轴线上，占地面积3 875m²，以水池喷泉为主，对称布置带状花坛、草坪。

建筑环境景观：位于综合楼南部，占地6 114m²，以直线几何型人工水流四面环绕，规划为欧式亲水空间为主。分涌泉水池、荷花池、喷泉水池三部分，水源在喷泉水池，穿过生态林，流向休闲赏景及生产区。在水域设有亭廊、平台、汀步、水亭、花架等景点。有利于休闲娱乐又方便散步赏景。

太阳能花房：位于综合楼西北角，与花架相结合，占地面积158m²，用于花卉观赏养护。

度假别墅环境景观：位于综合楼南部，占地7 228m²，规划为欧式建筑风格，主要是向游客提供休息、就餐、住宿、健身、疗养等服务，以自然生态园林景观为主。

（2）体育活动区　本区位于基地中部，占地39 497m²，有综合体育训练馆、体育场、篮球场、网球场、游泳池等设施。

综合体育训练馆：位于综合楼南部、度假别墅区西部，建筑面积7 000m²，建筑标高23m，考虑到残疾人使用的功能需要，建筑规划楼层只有2～3层，建筑外立面以欧式风格为主。环境景观以草坪和观赏树木为主。

体育场：位于综合体育训练馆的西部，中间有环形干道相隔，占地面积26 046m²，规划为标准体育运动场。环境景观以草坪为主，周围布置高大的落叶乔木，有利于夏季遮阴。北部生态林种植常绿乔灌木，冬季具有防风功能。

篮球场与网球场：位于综合体育训练馆的南部，占地面积3 995m²，规划为标准体育运动篮球、网球场。环境景观以草坪为主，周围布置高大的落叶乔木，有利于夏季遮阴。

游泳池：位于知音湖西侧，占地面积2 456m²，规划为标准游泳池，游泳池西侧配有更衣间、冲淋房等配套设施。环境景观以草坪为主，周围布置高大的落叶乔木，有利于夏季遮阴。

（3）休闲赏景及生产区　布置以生态温室为主体，以垂钓休闲为中心，周围布置名花名木生产基地。

垂钓中心：位于基地西部、土山之上，与生态温室相结合，形成一体。占地34 714m²，造有占地3 080m²的人工湖——知音湖，湖中设有蓬莱岛屿，再现瑶池之美景，岸边设有假山、瀑

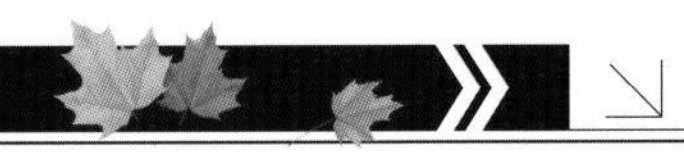

布、仙人桥、花廊、亲水平台、垂钓亭、垂钓台等景点。

知音湖："无山不成景，无水不成园"，整个休闲赏景区就是以知音湖为主体。水体以静态为主，清澈平和，烟波袅袅。平时开展各种垂钓活动。

仙人山：位于知音湖北岸，其上建有生态温室，占地3 080m²，营造山清水秀之景。

仙人桥：位于知音湖，与无障碍通道相通，西端与中部环形干道相通。

蓬莱岛：位于知音湖北部，仿蓬莱仙境，创造层次丰富的水上景观，再现瑶池美景。

假山、瀑布：位于知音湖北部，无障碍通道南侧，假山高3m，瀑布从假山山腰淌下，流入知音湖。水体以动态为主，使整个知音园水体动静结合，相映成趣。

生态温室：位于知音湖北岸，仙人山之上，占地609m²，用于花卉观赏养护、生产。兼有科普培训功能。

生态林：位于基地北端，主入口西侧，占地面积7 208m²，作为二期森林停车场用。

爱心亭：位于生态林中部，主要功能是让游人在此驻足远望此间美景，一览无余，其建筑风格为浑厚稳重的唐代南亭风格。

4. 出入口、广场、道路、停车场

（1）出入口　位于园区最北端，为主要出入口，出入口大门两侧设有门卫保安处，建筑风格与主体建筑风格一致，负责基地的安全保卫工作。

景观大道：长270m，宽25m，为二板三带式景观路。

（2）中心广场　位于主出入口正南，道路占地面积4 882m²，在景观大道及主体建筑的轴线上规划半圆形广场，中心广场核心以运动员动态雕塑为主，周围布置喷泉雕塑，种植几何形常绿树木并布置花坛。

（3）道路

①主要道路

主干东路：宽11m，自北向南长271m，主干道东侧是中心广场、综合楼、中庭、综合体育训练馆、停车场、篮球场、网球场、度假别墅区；主干道西侧有知音园、游泳池、体育场。串连综合接待管理、体育活动、休闲赏景三大区。

主干西路：宽11m，自北向南长235m，路东有生态林、游泳池、体育场。路西为休闲赏景区。

东环路：宽6m，长271m，与中、西主环道相通。

西环路：宽6m，长271m，与中、西主环道相通。

北环路：宽11m，自东向西长457m，自北出入口起环绕中心广场，向西贯通中主环形干道和西环形干道。

南环路：宽6m，长450m，与中、西主环道相通。

②无障碍通道：位于体育运动区和休闲赏景区，宽3m，长450m，其中综合接待管理区至体育活动区由于东高西低，有2米多的落差，做挡土处理必须设置防护栏，规划S形减坡无障碍通道，以利游人特别是残疾人使用。

（4）森林停车场　位于北大门东侧，占地1 700m²，按照停车场地规范要求，全面种植落叶高大乔木，主要为游客提供停车服务。

5. 地形处理　根据现有地形起伏变化，低处挖土造水、高处堆土造山，在休闲赏景区地势最低处因地制宜地创造一个人工水面，水体深度0.5～2m，土方堆于人工湖北部，地形起伏形成土山丘，湖中部设蓬莱岛。

东干道东侧标高33.5m，西侧标高31m，东西高低相差2m左右，设挡土护栏。

（六）绿化规划（略）

（七）规划特色

根据现有地形地势，综合考虑可持续发展的需要，本规划具有以下特色：

1. 景观环境与建筑风格融为一体

①景观大道、主入口、主题广场、综合楼、水景广场、综合体育训练馆在一条中轴线上，为欧式建筑风格；周围布置喷泉、雕塑、模纹花坛、树木、草坪，呈对称布局。

②水体景观以几何形为主，景观规划与建筑风格协调统一。

2. 体育训练、观光休闲与生态园艺生产相结合

①主要是指二期开发中的休闲赏景及生产区，本规划除了突出的体育训练功能外，还兼备垂钓休闲赏景、三产观光旅游、花卉园艺生产等功能。

②休闲赏景区的垂钓中心位于基地地势最低处，地面标高仅为25m，现状有水源河流，可因势利导、因地制宜，最大限度地减少土方量，节省开支。

3. 规划具有较强的参与性　在观光旅游的同时，可参与各种体育运动、水产养殖垂钓活动、花卉园艺生产活动。

4. 统一规划与分期建设相结合　根据不同功能的需要及基地的地理条件优势和良好的自然景观，将基地按功能分布依次规划为三个区域：综合接待管理区、体育活动区、休闲赏景区。

（八）投资估算（略）

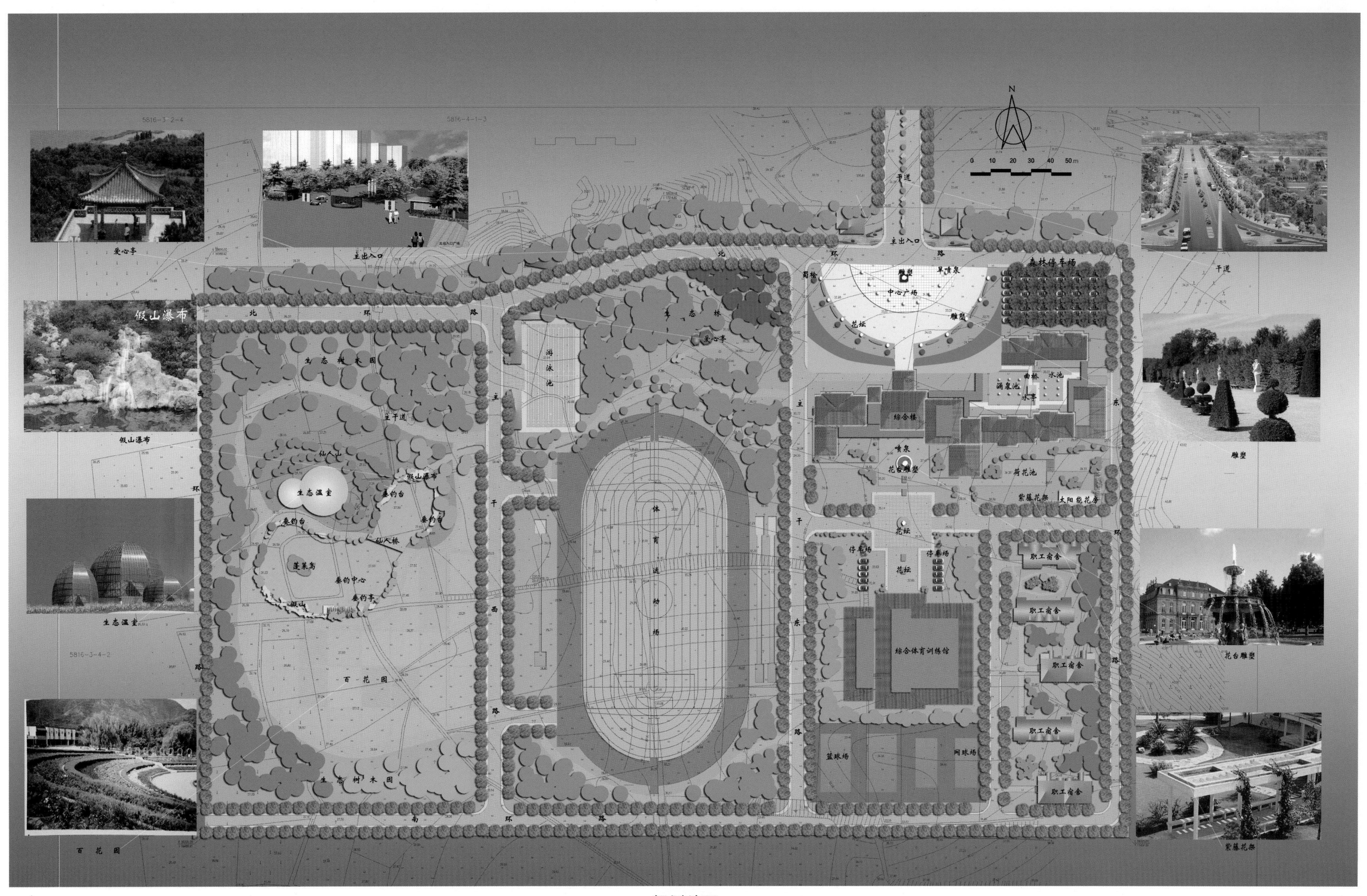
N
0 10 20 30 40 50 m
爱心亭
主出入口
假山瀑布
假山瀑布
生态温室
百花园
干道
雕塑
花台雕塑
紫藤花架
北环路
主出入口
中心广场
喷泉
雕塑
花坛
森林停车场
生态林
游泳池
综合楼
荷花池
紫藤花架
太阳能花房
停车场
花坛
职工宿舍
职工宿舍
职工宿舍
职工宿舍
综合体育训练馆
篮球场
网球场
体育运动场
生态树木园
主干道
仙人桥
垂钓台
垂钓亭
垂钓中心
蓬莱岛
假山
百花园
生态树木园
南环路
西环路
主干路
东环路

规划总图

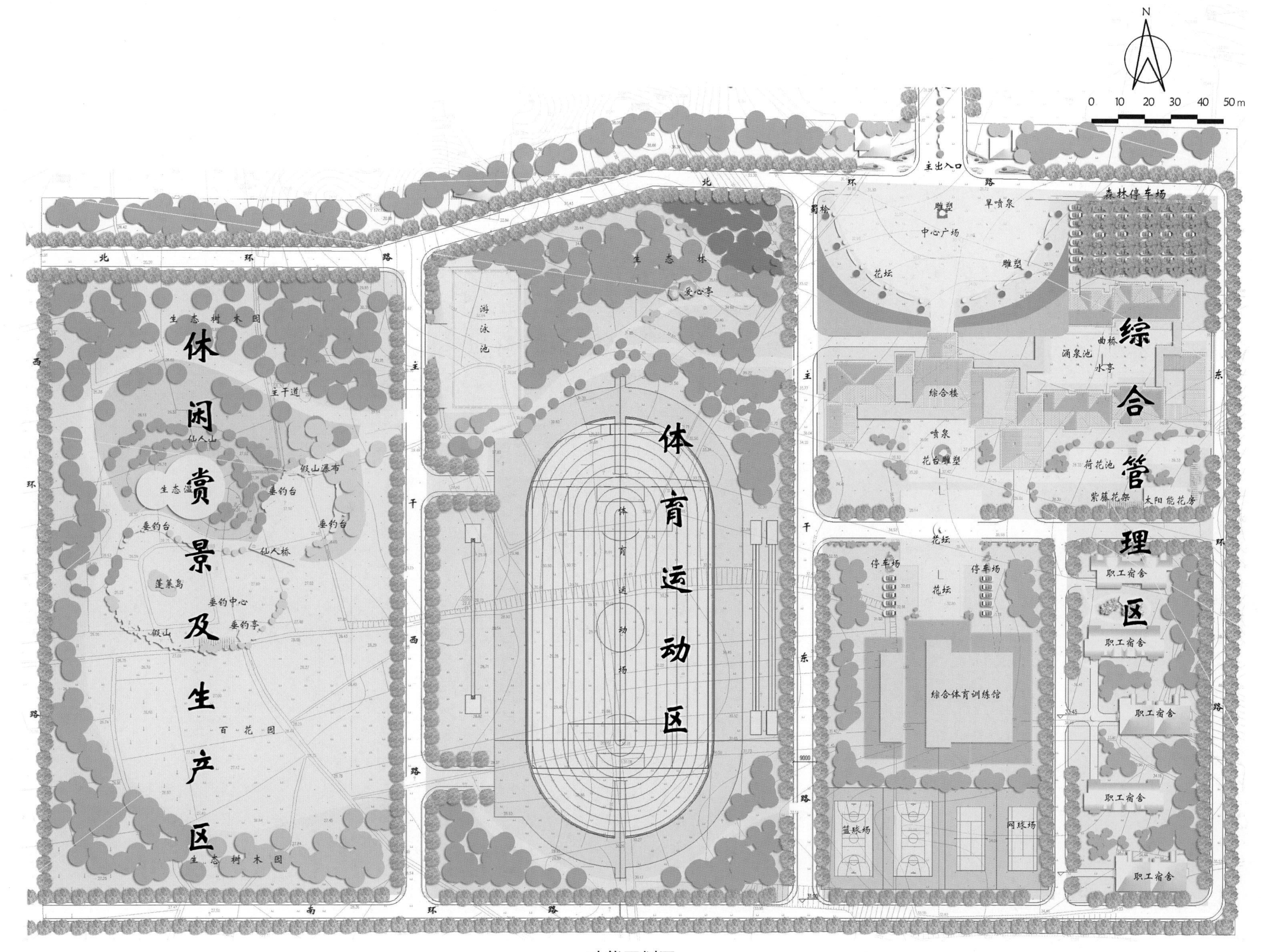

N
0 10 20 30 40 50 m
主出入口
北环路
森林停车场
旱喷泉
雕塑
中心广场
花坛
曲桥
涌泉池
水亭
综合楼
喷泉
花台雕塑
荷花池
紫藤花架
太阳能花亭
综合管理区
停车场
职工宿舍
综合体育训练馆
篮球场
网球场
主干东路
东环路
生态林
爱心亭
游泳池
体育运动场
体育运动区
主干西路
生态树木园
主干道
仙人山
假山瀑布
生态温
垂钓台
仙人桥
蓬莱岛
垂钓中心
垂钓亭
假山
百花园
休闲赏景及生产区
西环路
南环路

功能区划图

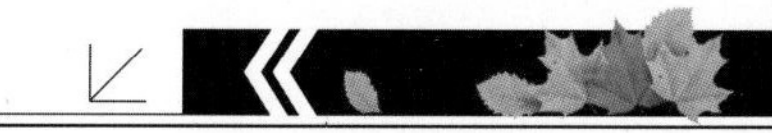

九、江苏徐州中国淮海食品城绿地规划设计

（一）项目概况

中国淮海食品城位于江苏徐州三环东路和徐宿淮盐高速公路的北侧，黄河故道的南侧，食品城的展览贸易核心区面积为170 115m^2。

徐州地处暖温带，具有长江流域与黄河流域气候过渡性质，气候温和、日照充足，春秋季短，回春较早，冬寒干燥，夏季多雨，春、秋旱突出，常有寒潮、霜、干旱、冰雹等灾害天气。年平均降水量为869mm，全年降水集中在夏季。年平均气温14℃，历年最高温度为40.6℃，极端最低温度为-23.3℃。

（二）规划原则及指导思想

①本绿地为商业、产业、居住相结合的专用绿地的性质。

②本规划应与徐州市城市总体规划及绿地系统规划协调一致。

③本区园林绿地规划以现代化的食品城为主体，居住及生产开发为依托，并体现徐州6 000年历史文化的内涵。

④用点、线、面相结合的手法，将公共绿地、街道绿地、沿河风光带绿地、宅旁厂区附属绿地融为一体，创造优良的城市生态环境，满足市民要求。

⑤因地制宜地利用本地土壤、气候、地形等自然条件，选择适宜本地生长的乡土树木花草。

（三）规划布局

全区分为中心广场区、传统文化街、生态观赏园、四季游园、沿河园林风光带、沿街园林风光带、生活区广场、解忧公主广场、商业办公区广场9个公共绿地。

1. **中心广场区**　位于食品城中部，面积55 200m^2，为食品城购物提供一个交通便利、环境幽雅的公共场所。设有食品之星、喷泉跌水、阶梯花坛、蔷薇花架等景点。广场绿化以高大乔木为主，如银杏、枫香等，利于游人赏憩。

2. **传统文化街**　位于食品城东部，两侧有彭城文化娱乐城等建筑，面积25 000m^2，主要为游客提供休闲娱乐和观赏汉、宋文化的场所，设有陶鼎、铜牛灯雕塑、汉画像石、金羊头花池、彭祖像、舞俑、玉豹雕塑、彭祖楼等景点，文化街入口种植高大乔木，为游客提供一个休闲娱乐和文化教育的场所。

3. **生态观赏园**　位于食品城西北角，面积为33 600m^2。设有彭龙腾飞、日月花坛等景点。绿化上主要采用树木成群、花草成片的自然式手法，以成群、连片的规模效应给游人留下回归自然的深刻印象。

4. **四季游园**　位于彭城文化娱乐城四周，面积为12 000m^2，为开放式绿地，设有玉兰迎春、石榴戏夏、红叶秋韵、茂林冬石景点，给游人提供一个观赏四季景观的休闲娱乐场所。

5. **沿河园林风光带**　位于食品城北部，濒临黄河故道，面积72 000m^2，创造一条融历史文化内涵、自然山水风景于一体的“珍珠项链”，绿化上创造以四季变化的序列景观。设有泗水求鼎、紫翠阁、长堤戏水、曲水流觞等景点。

6. **沿街园林风光带**　位于食品城南部，面积为66 000m^2，为开放式绿地，为游人和附近居民提供一个休闲观赏的风光带。设有玲珑花坛、丹桂飘香、瑶台雪海、枫林宜秋等景点。

7. **生活区广场**　位于文化街南侧，面积8 400m^2，创造一个开放式公共绿地，并设有各种娱乐锻炼休息设施，成为附近居民晨练休息的极佳场所。

8. **解忧公主广场**　位于中心广场区南侧，面积13 200m^2，周围是食品交易区，主要为经商者提供一个工作之余休憩娱乐的公共场所。

9. **商业办公区广场**　位于中心广场区北，主要为商业办公区工作人员及包装市场人员提供一个自由出入的空间，和中心广场区自然衔接，方便人员游玩赏憩。

（四）景点设置

1. **食品之星**　位于中心广场区，面积2 700m^2，以世界绿色食品标志为主题的高20m的雕塑屹立广场中央，象征淮海食品城欣欣向荣的美好前景，雕塑周围设有大型音乐喷泉，烘托出雕塑的雄伟气势。

2. **阶梯花坛**　位于中心广场入口处，面积为4 500m^2，种植色彩鲜艳的四季草花，创造热烈活泼的气氛。

3. **喷泉跌水**　位于中心广场入口100m处，面积1 500m^2，层层喷泉跌水，到夜晚景色更加迷人。

4. **蔷薇花架**　位于食品之星西侧，面积1 600m^2，长40m、宽10m的弧形花架上爬满了蔷薇，春天落英缤纷，游人仿佛置身仙境。

5. **陶鼎**　陶鼎是徐州新石器时代古墓文化的代表，点缀在主干道与传统文化街的交界处，揭示了徐州文化的起点。

6. **铜牛灯雕塑**　铜牛灯是徐州汉代文物珍品，点缀在文化街入口处，揭开两汉文化的序幕。

7. **汉画像石**　在文化街道路两侧的绿地中，设有4个长30m的汉画像石，表现春秋秦汉时的徐州文化。

8. **金羊头花池**　金羊头为西汉楚王陵墓精品，花池采用金羊头造型，面积200m^2，显示徐州源远流长的历史文化。

9. 彭祖像　位于文化街中心区，面积300m²，高20m，为纪念大彭氏国的开国鼻祖、烹饪大师彭祖。

10. 舞俑　位于文化街入口处，面积300m²，为汉代三绝之一，造型为一少女翩翩起舞，仿佛在欢迎远方来的客人。

11. 玉豹雕塑　位于彭祖楼前两侧，为西汉楚王陵墓精品，与彭祖楼相呼应，仿佛两个保护神守卫在门口。

12. 彭祖楼　位于传统文化街北部，面积1 200m²，唐代卢纶诗称彭祖楼"外栏黄鹄下，中柱紫芝生"，当年彭祖楼风采可见一斑。游人置身新建彭祖楼上，俯视整条文化街，追古抚今，心中起伏万千。

13. 玉兰迎春　位于四季游园区，娱乐城东北角，面积4 000m²，种植广玉兰、白玉兰、紫玉兰等乔木，玉兰花开，仿佛枝头停着展翅欲飞的白鸽。

14. 石榴戏夏　位于四季游园区，娱乐城东南角，面积4 000m²，种植植物以石榴为主，创造一个以夏季景观为主的小游园。

15. 红叶秋韵　位于四季游园区，娱乐城西南角，面积4 000m²，种植枫香、红枫、乌桕、银杏等，形成一个霜叶红于二月花的秋季景观。

16. 茂林冬石　位于四季游园区，娱乐城西北角，面积4 000m²，种植孝顺竹、紫竹，四季草花地被如鸢尾、金盏菊等，点缀一些怪石，形成一个幽静清新的小环境。

17. 泗水求鼎　位于沿河园林风光带，面积1 200m²，为一临水四方亭，亭为纪念汉高祖而作。

18. 紫翠阁　位于沿河园林风光带，面积108m²，为纪念徐州知府治水功臣苏轼而做，取自苏轼"新堂紫翠间"诗句。

19. 曲水流觞　位于沿河园林风光带，面积300m²，为纪念诗人王羲之而作，取自《兰亭集序》"又有清流激湍，映带左右，引以为流觞曲水"。

20. 长堤戏水　位于沿河园林风光带，面积500m²，为下沉式水上平台，游人拾级而下，亲近水面，随风波动的清水给全园增添了活泼飘逸的气氛。

21. 水上码头　位于沿河园林风光带，面积600m²，为一方形平台，可设置游船码头，供游人划船娱乐。

22. 玲珑花坛　位于沿街园林风光带，面积50m²，种植月季、瓜子黄杨、紫叶小檗等。

23. 丹桂飘香　位于沿街园林风光带，面积3 000m²，种植金桂、丹桂、银桂，秋季清香阵阵，令人心旷神怡。

24. 瑶台雪海　位于沿街园林风光带，面积2 000m²，梅花洁白，常以雪比，此处种白梅、红梅、宫粉梅，谓"香雪海"。

25. 枫林宜秋　位于沿街园林风光带，面积5 000m²，成片种植红枫、青枫等，展示艳丽秋色，令游人窥景忘返，自然生发"莫道枫林晚，此处最宜秋"的咏叹。

26. 彭龙腾飞　位于生态观赏园中心部位，面积1 500m²，高30m的抽象式雕塑屹立广场中央，象征着彭城在现代化建设中的美好前程。

27. 日月花坛　位于生态观赏园南部，面积300m²，种植各种草花，四季繁花似锦，使游人流连忘返。

（五）绿化规划

绿化规划根据各景区的特点，骨干树种、基调树种和花木、草花及草坪草搭配，创造乔、灌、草结合的立体生态环境。

1. 骨干树种　雪松、广玉兰、龙柏、桧柏、桂花等。

2. 基调树种　广玉兰、红枫、白皮松、合欢、海桐、紫叶小檗、白玉兰、栾树、榉树、桂花、鸡爪槭、杨树、柳树、女贞、罗汉松、蜀桧、竹类等。

3. 花木　樱花、蜡梅、梅花、珊瑚树、桂花、丁香、桃、李、杏、海棠、紫玉兰、木槿、金丝桃、牡丹、含笑、连翘等。

4. 草花与草坪草　葱兰、麦冬、红花酢浆草、白三叶、红三叶、马尼拉草等。

中心区展览贸易主馆广场效果图

中心区展览贸易办公区效果图

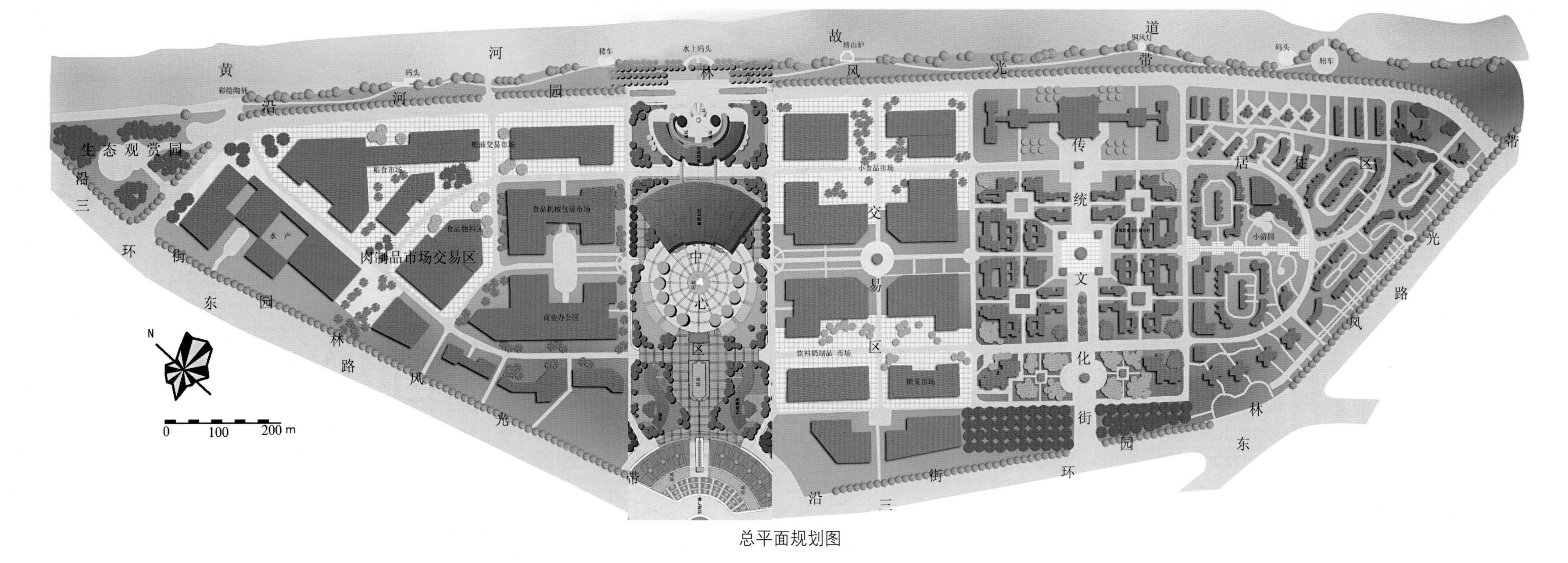

总平面规划图

中心区绿化设计图

十、某工厂环境景观设计

（一）场地概况

该项目厂区总体规划占地11.54hm²，建筑面积为35 084m²，建筑占地面积26 365m²，容积率0.304，建筑密度0.228，绿地率0.30。建设场地原为一片农田，场地内无山林、水体等自然景观资源和人文资源。场地东侧为黑马河堤岸防护林带，场地西侧为公路界沟和公路防护林带。项目地处新沂和宿迁两市结合部，同时也紧靠骆马湖，具有较好的区位优势，特别是随着骆马湖等周边旅游业的发展，公司作为地方名特优产品生产企业，将来结合发展休闲观光旅游，具有一定的潜力。

（二）景观设计理念

根据企业产品定位和经营理念，景观总体设计遵循“自然、高贵”的理念。在延续总体建筑方案设计欧式风格和自然理念的同时，进一步体现企业高品位的社会形象和文化精神追求，将中式皇家园林、英式自然风景园以及现代生态景观等元素加以有机结合，形成独特的企业户外空间环境景观。

（三）总体设计构思

环境景观总体构思为“一心，一带，六点，一片”。“一心”指由综合楼、研发中心、二期综合楼和大门建筑所围合的中心庭园，地处整个工厂用地的核心区域，又是管理与研发中心所在地，是企业文化形象展示的重要场所，采用中心广场的形式——御景广场。“一带”指工厂与249国道之间的绿化带——御品之窗景观带。“六点”指围绕管理区和生活区的主要建筑和庭园空间，设置六个局部景点——御厨小憩、清林雅境、兰雪春菲、梧碧夏荫、枫染秋韵和松筠冬翠。“一片”指生产区车间花园般的环境绿化景观。景观总体上体现高贵的企业品牌形象、悠久的文化底蕴和优美的自然生态环境。其中御景广场是整个工厂庭园的核心景观区，是企业品牌形象和文化理念的景观化场所。

景观植物选择以乡土植物为主，并注重乡土特色树木景观的表达，以体现景观设计生态性和地域特色，同时也考虑到传统园林文化内涵和企业人文精神。总体设计形式为混合式，即生产区及停车场以规整的列植树和模纹植物为主，中心广场采用规划式加自然树丛，生活区则主要为自然式群落景观，主干道种植行道树。

（四）景观功能分区与景点规划布局

整个工厂庭园景观环境分为四个功能区，即生产优化景观区、综合形象景观区、生活体验景观区和窗口展示景观区。不同景观区的主要功能各有不同，其景观设计的内容和手法也不一样。生产优化景观区以整齐的现代化厂房为背景，主要绿化美化生产环境，采用简洁的规则式，体现严谨、规范和整洁清新的景观形象；综合形象景观区以管理、办公建筑为背景，主要体现企业品牌形象和文化精神，设计成花园广场的形式，展示丰富的企业品牌形象和文化内涵；生活体验景观区以生活建筑为背景，采用自然式的景观布置，并结合小型游憩空间安排，以四组具有不同季相特色的植物群落景观，构成随时间轮回变化的优美自然景色，创造宁静、幽雅的户外绿色生活体验空间；整个庭园环境主要景点有8个，即御景广场、御品之窗、御厨小憩、清林雅境、兰雪春菲、梧碧夏荫、枫染秋韵、松筠冬翠。

（五）御景广场设计

御景广场作为中心广场，不仅是十分重要的企业外部景观形象空间，同时也承载着企业的文化特征、企业的发展理念和企业的社会责任等丰富内涵。因此，中心广场设计构思紧扣企业文化内涵和形象标识，采用以规则为主、结合自然的布局形式，既体现“御”所蕴含的庄重和高贵，又充满对“特色”与“自然”的追求。

在造景和构图手法中反复出现“御”“品”和象征企业标识符号的扇形构图，景观密切围绕“御品名庄”展开，由水的源、汇、流贯穿始末。御景广场景观总体构思分为三个部分，即御泉、龙湖、名庄。

1. 御泉　“御”与“品”形神兼备的交融。在入口处采用规则对称的形式，布置国花——牡丹花坛，体现一种类似皇家园林庄重、高贵的景观氛围。同时采用古典园林的传统造景手法——框景，极具符号意义的扇形构架在对植龙爪槐的掩映下，将人的视线引入到御泉的圣境中。御泉为御景广场的中心主景——水景雕塑，由“御罐”、曲水流觞（平台）和跌水组成，并与牡丹花坛呈品字形布局，位于中轴线上，充分体现“御”字所蕴含的庄严和高贵。“御罐”中涌出的泉水汇入御字形的曲水流觞中，从龙头状的壁泉流出，形成动态的跌水景观。“罐”也是企业文化的一个缩影符号，水是生命之源，在与传统文化和企业产品内含的交融中完成品位的升华，传达的是现代企业的发展理念，同时也是对中国传统饮食文化的传承和创新的象征。

2. 龙湖　传统与自然的对望、渗透。由御泉涌出的水，汇入龙湖中，湖水蜿蜒动感，形似龙的身躯，也象征天龙般神秘的“骆马”之影。南岸“青瓷凝碧”模拟的是御用镶金青花瓷器的形象，形成宜人的半岛景观。青瓷步道引发人对传统文化的联想，瓷盘与“食”的联系密切，强调企业对现代食品的高品位追求，满足现代人既要健康又要高品质的饮食需求。南岸与北岸清新自然的疏林草地所形成的自然景观形成对望，中间有汀步相连，不同质感的景观空间相互联系渗透，丰富了景观的内涵与层次。

3. 名庄　第六种感觉第六种味道。在龙湖的尽头是构架于湖岸的“六味陶罐”，六个陶罐分置于方形格构中，从每个方向看均为“品”字形排布，反复强调企业对高品位的不懈追求——御品、名庄。六个陶罐栽种不同的花卉，或置于陆地，或置于水中，并配合高科技的雾喷效果，水生植物的点缀增加了庄园的野趣，穿梭于方形格构中，设计所要再现的是沸腾的庄园秘制煲汤的场景，体味企业所特有的文化与氛围。同时将“食”的“味”与“人生五味”联系，使意境得到了进一步的升华，“酸、甜、苦、辣、咸”人生百态五味俱全，五个陶罐采用不同的字体表达和象征这五种不同的人生意味。第六个陶罐则代表的是企业的独特品味和发展理念，五味之外还有第六味、第六种感觉，也是一种崇高的追求，这种追求在传统与自然交融后，形成创新理念，并引领新的健康饮食潮流。六味陶罐旁是三个呈“品”字形布局的合欢树池，其中两个设置坐椅，可供游客赏景小憩。

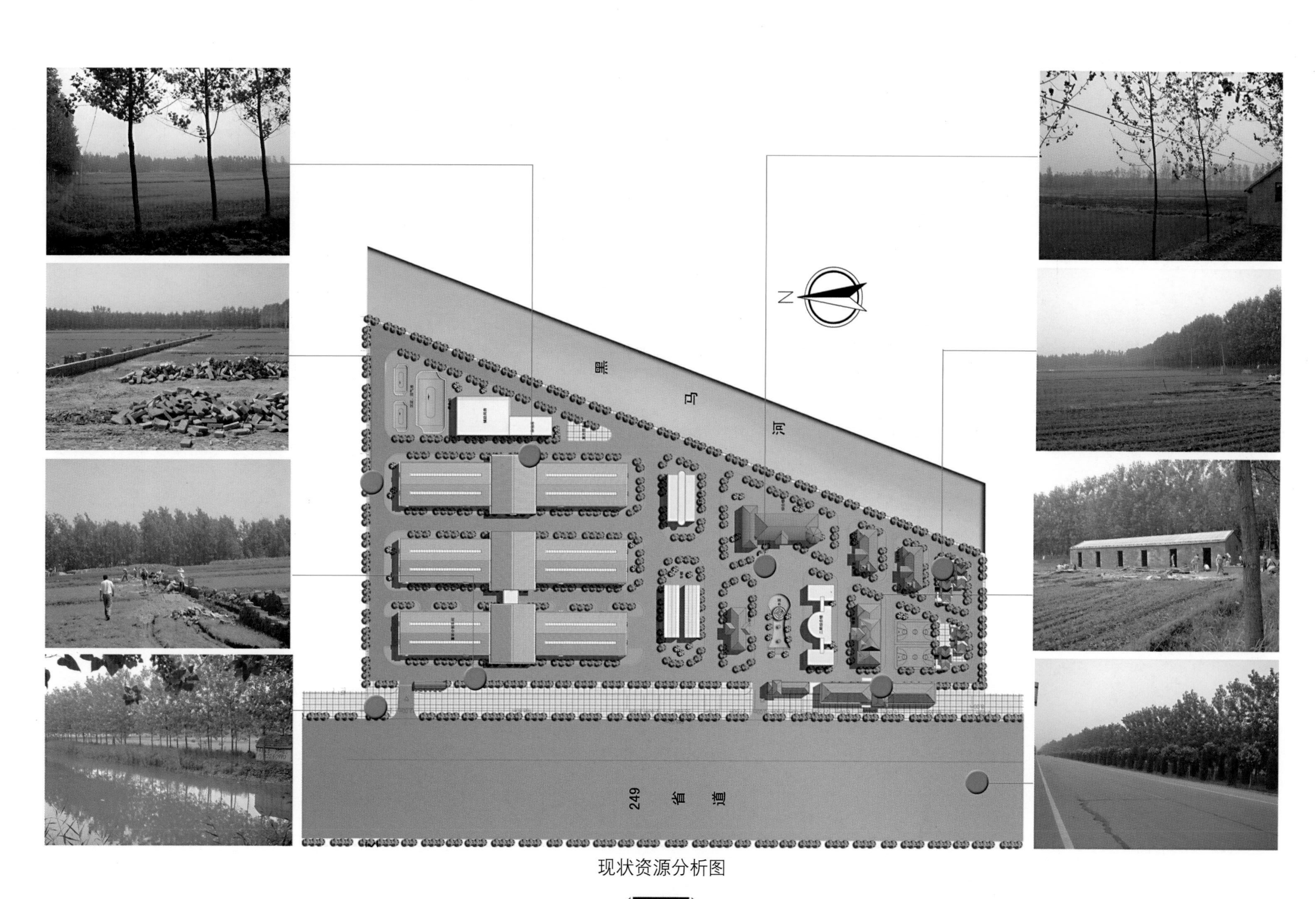

现状资源分析图

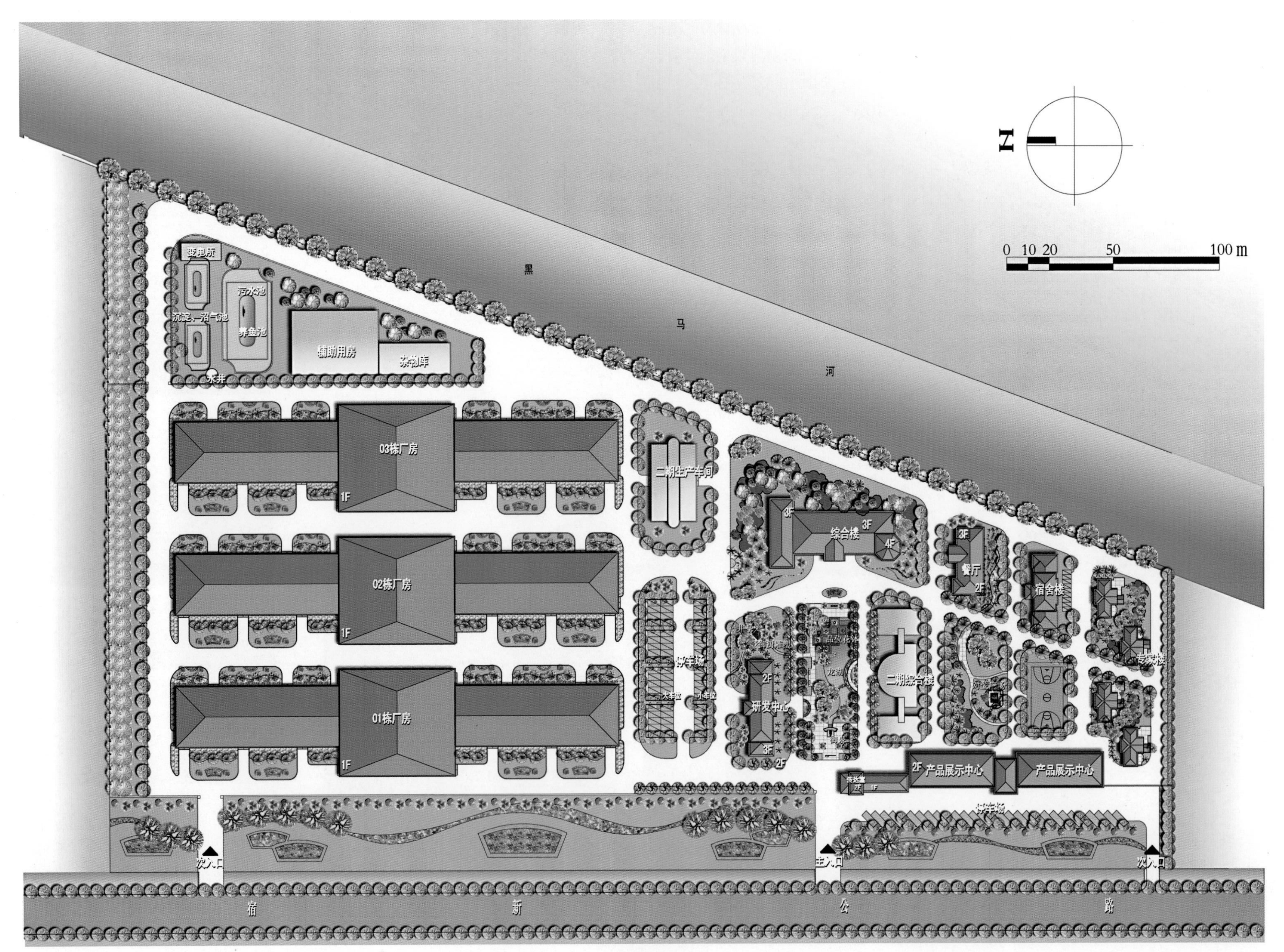

N
0 10 20 50 100 m
黑
马
河
变电所
污水池
沉淀、沼气池
养鱼池
辅助用房
杂物库
水井
03栋厂房
1F
02栋厂房
1F
01栋厂房
1F
二期生产车间
停车场
大车位
小车位
综合楼
3F
3F
4F
餐厅
3F
2F
宿舍楼
专家楼
品位化体
龙湖
御泉
二期综合楼
研发中心
2F
3F
2F
传达室
2F
1F
2F
产品展示中心
产品展示中心
停车场
次入口
主入口
次入口
宿
新
公
路

总平面图

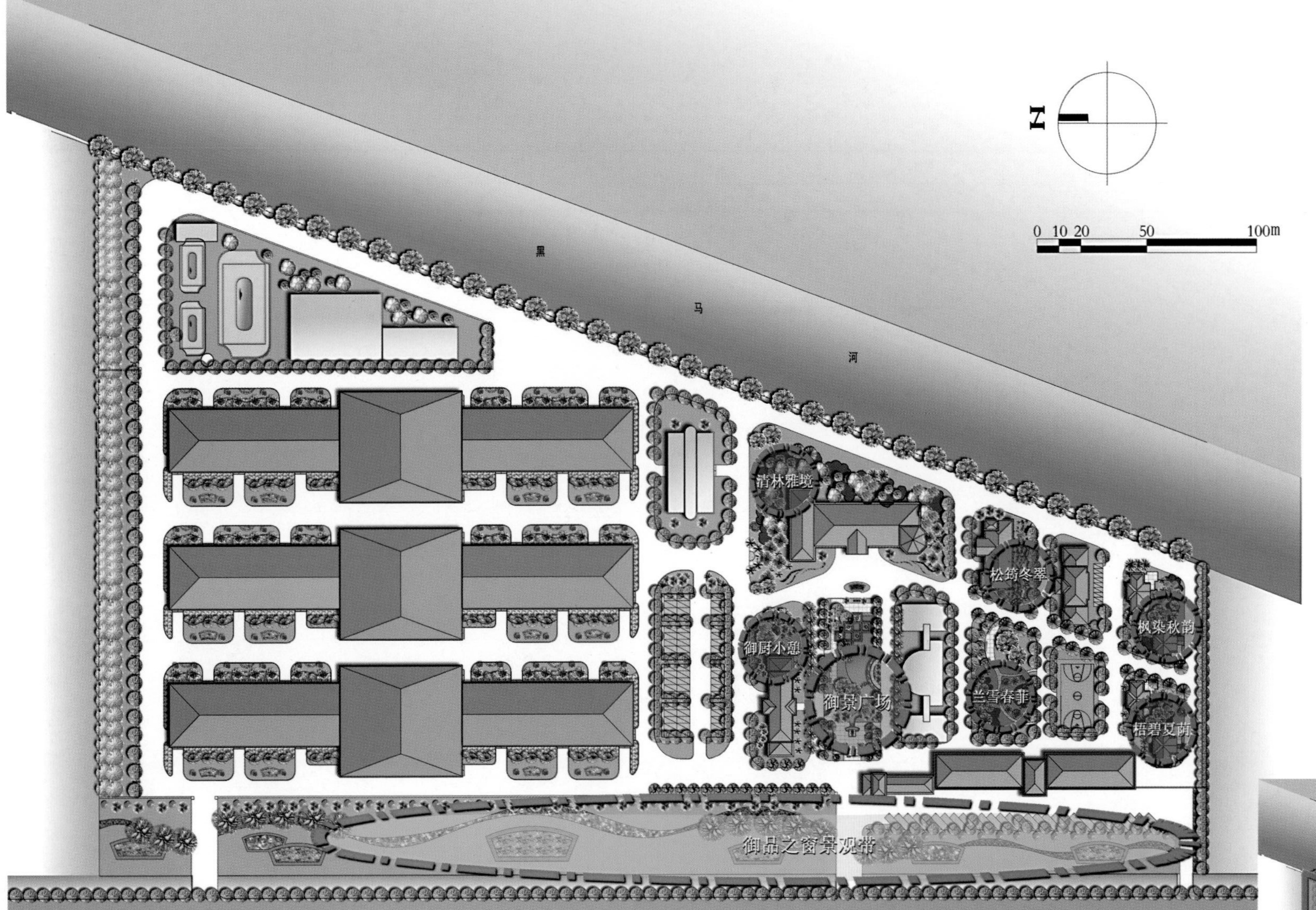
黑
马
河
清林雅境
松筠冬翠
枫染秋韵
御厨小憩
御景广场
兰雪春菲
梧碧夏荫
御品之窗景观带
0 10 20 50 100m
N

景点布局图

功能分析图

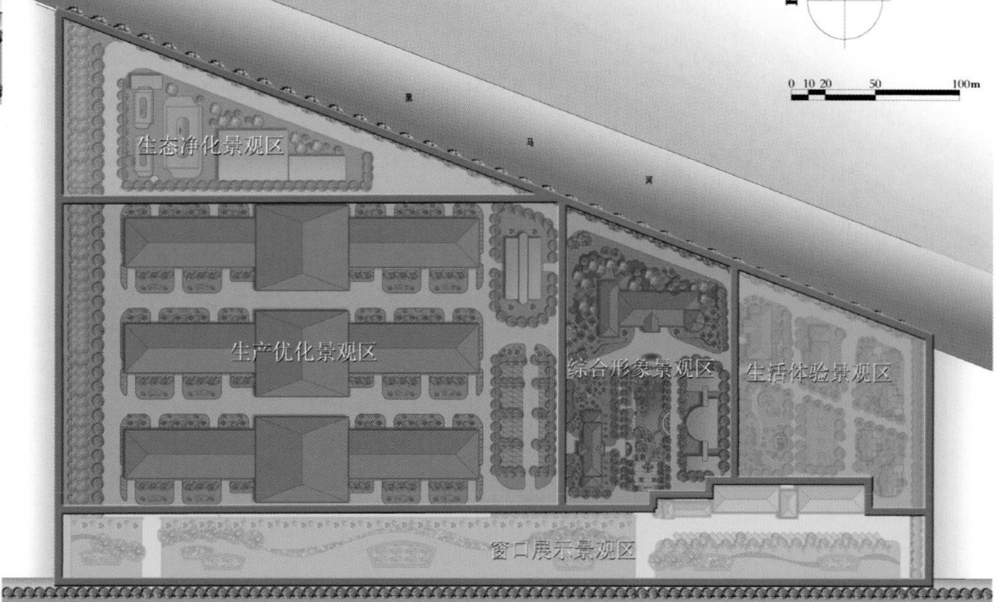
生态净化景观区
生产优化景观区
综合形象景观区
生活体验景观区
窗口展示景观区

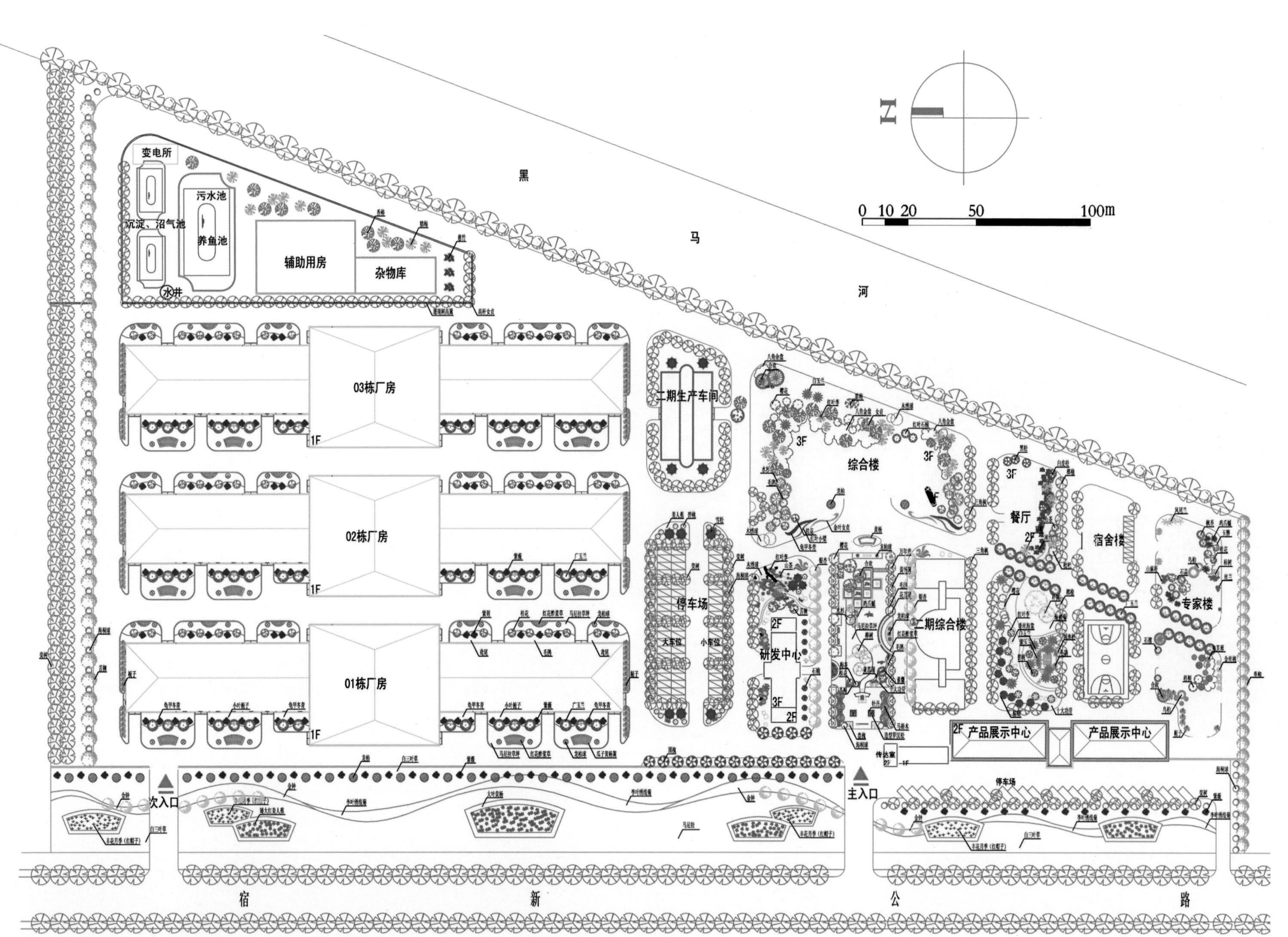
黑
马
河
N
0 10 20 50 100m
变电所
污水池
沉淀、沼气池
养鱼池
水井
辅助用房
杂物库
03栋厂房
02栋厂房
01栋厂房
1F
二期生产车间
综合楼
3F
餐厅
2F
宿舍楼
专家楼
停车场
大车位
小车位
研发中心
二期综合楼
产品展示中心
传达室
次入口
主入口
宿
新
公
路

种植设计图

总体鸟瞰图

御景广场效果图

1. 扇形构架
2. 牡丹花坛
3. 御泉
4. 坐椅
5. 品味花钵
6. 青瓷凝碧
7. 龙湖
8. 主题模纹
9. 旗台
10. 跌水
11. 汀步
12. 木栈桥

0 5 10 20m

御景广场平面图

十一、江苏靖江苏源热电有限公司绿化规划设计

（一）项目概况（略）

（二）设计依据（略）

（三）指导思想（略）

（四）规划设计原则（略）

（五）现状分析

该项目位于靖江开发区靖江市八圩镇，占地11.07hm^2，东西长约420m，南北宽约260m，东临十圩码头。全厂大致分为厂前区、生产区、扩建区三部分，其中厂前区是规划重点，生产区部分用地扩建，扩建区是公司二期规划的预留地。建筑已用面积达1/3，绿化用地已基本平整完毕。公司主要污染源是二氧化硫、粉尘与噪声。

（六）总体构思和布局

根据苏源热电有限公司的功能划分，结合公司的地形、土壤、环境污染、原有绿化等现状，将公司绿化规划为以厂前区、生产区、扩建区为核心，配以大门、主干道、森林停车场、通透围墙环绕的完整的四季常绿、三季有花的草坪绿地，实施自动喷灌的生态可持续发展的花园式公司。

1. 厂前区 厂前区位于公司南部，占地面积23 320m^2，其中绿地面积15 727m^2，是绿化规划的中心和重点，创造并体现本公司形象。

（1）中心广场绿地 位于公司大门中轴线上，占地面积1 100m^2，是规划的中心和重点，与大门形成对景，以能体现公司形象的雕塑为主景，用花坛、喷泉水体为烘托的中心广场。花坛四季有花，广场地面铺装采用彩色花岗岩，庄重大方，可用作访客临时停车场。

（2）休闲广场绿地 位于中心广场的东部，广场占地面积908m^2，环形住宅楼大门的中轴线上，广场中心的轴线上设有扇状造型的模纹色块与扇状水池，轴线两侧对称布置花坛、树球、草坪，点缀景石，以流线型色块地被体现生机活泼、亲切自然的生活环境。该区所设铺装地面、花坛坐凳，为员工提供休闲、散步、晨练、交流的场所。

（3）办公楼环境绿地 位于中心广场的西部，在办公大楼的南部，办公大楼占地面积689m^2，绿地以公司大门主干道为中轴线与西部对称布置大小、造型一致的流线型色块草坪、树球。在办公楼大门的正前方种植高大乔木银杏，与中心广场西部孤植银杏形成对景。

在办公楼的周边铺设草坪、地被，并配以带状花坛，烘托主体建筑，与建筑风格融为一体，绿化设计集中体现自然与人的和谐共生。

2. 生产区 生产区位于公司中部，占地面积59 633m^2，其中绿地面积32 008m^2，绿化规划主要功能是维护交通与生产区的安全、卫生，起到美化环境、绿色环保的作用。

（1）生产区南部 位于公司主干道的东部，由于该区已被规划为生产扩建用地，现绿化规划大面积草坪为主体，以降低损耗。

（2）生产区东北部 位于公司主干道的东北部，由于公司有一定的粉尘与噪声污染，该地处于下风向，因此规划采用抗污染、吸噪声的乔、灌、草复层配置，形成花园式的庭院空间。

（3）生产区西部 位于公司主干道的西部、办公楼的北部，在靠近最西侧防护林处设有体育活动场地，设有篮球场两处、网球场一处，为公司员工提供工作之余运动休闲场所。在绿化设计上以高大乔木进行立体种植，创造有利于体育活动的“绿肺”空间。

（4）生产区西北部 位于公司主干道的西北部，规划采用抗污染、吸噪声的花灌木与草坪进行绿化美化。变压器四周用绿色屏障进行维护。

3. 扩建区 扩建区位于公司北部，属于公司二期规划的预留地，占地面积23 878m^2，考虑经济效益的开发，其中23 138m^{2}规划为临时绿化生产用地，主要项目有大树苗木生产、灌木树球生产、花圃苗木生产、温室花卉生产等。既能维护公司绿化效果，为公司提供绿化苗木、花草资源，又可获得一定的经济效益。

4. 周围环境

（1）大门

①南大门：位于公司最南端，为本公司主要出入口，以四季花坛与彩色灯光烘托公司标牌，以提升公司形象。

②东大门：位于公司东北部，为本公司次要出入口，目前以物流为主，绿化和道路及周边环境相结合。

（2）道路 占地面积16 913m^2，道路绿化选用银杏、鹅掌楸、香樟为骨干树种，配有大叶黄杨球、海桐球、小叶女贞球等抗污染、吸噪声的立体栽植配置，形成绿色廊道。

（3）停车场 位于公司西南部，围墙与办公楼前绿地之间，占地面积1 775m^2，为本公司专用停车场，规划以高大乔木为主的防护林为遮蔽、花砖植草格为地的森林停车场。

（4）通透围墙 位于公司最南端，与本公司南大门相连，以铸铁通透式围栏内外借景呼应，布置四季花坛与彩色灯光以强化装饰效果。

（5）灯光照明 在大门入口、中心广场、休闲广场、办公绿地、生产区草坪等处设置园灯、投射灯、草坪灯、地埋灯、潜水灯等。

（七）树种规划

植物的选择以抗污染、吸粉尘、吸噪声、能净化环境且有较高观赏性的，能减少对环境的污染的乡土乔木、灌木树种及多年生草本植物，易于粗放管理。在公司四周设置透空型铸铁栅栏，以花灌木为主体植物景观。利用植物的不同生态习性及形态、色彩、质地等营造各具特色的景观区域。植物配置运用乔、灌、草相结合的多层次群落构筑，在有限的绿色范围内，达到最大的绿量。同时考虑到今后的养护成本，植物选择时要考虑便于管理。

1. **骨干树种的选择** 常绿乔木骨干树种有香樟、女贞、广玉兰，落叶乔木骨干树种有刺槐、重阳木、鹅掌楸、白蜡、枫杨、榉树。

2. **基调树种的选择** 常绿基调树种有夹竹桃、山茶、瓜子黄杨、蚊母树、凤尾兰、小叶女贞、海桐、含笑、八角金盘、金银木、珊瑚树、细叶油茶、花柏、栀子花、石楠、桃叶珊瑚等。落叶基调树种有紫穗槐、蜡梅、木槿、紫荆、紫玉兰、连翘、紫藤、紫薇、石榴等。

（八）经济技术指标

靖江苏源热电有限公司规划总面积为106 831m^2，其中绿化占地71 613m^2，绿地率达67%；建筑占地15 495m^2，占总面积的15%；道路占地16 913m^2，占总面积的15%；铺装广场占地2 008m^2，用地比2%；运动场地占地1 542m^2，占总面积的1%。

其中，厂前区绿化面积15 727m^2，属规划重点，单价50元/m^2；生产区绿化面积32 008m^2，单价30元/m^2；扩建区绿化面积23 878m^2，单价20元/m^2。

住宅楼景观效果图

中心广场效果图

厂牌围墙效果图

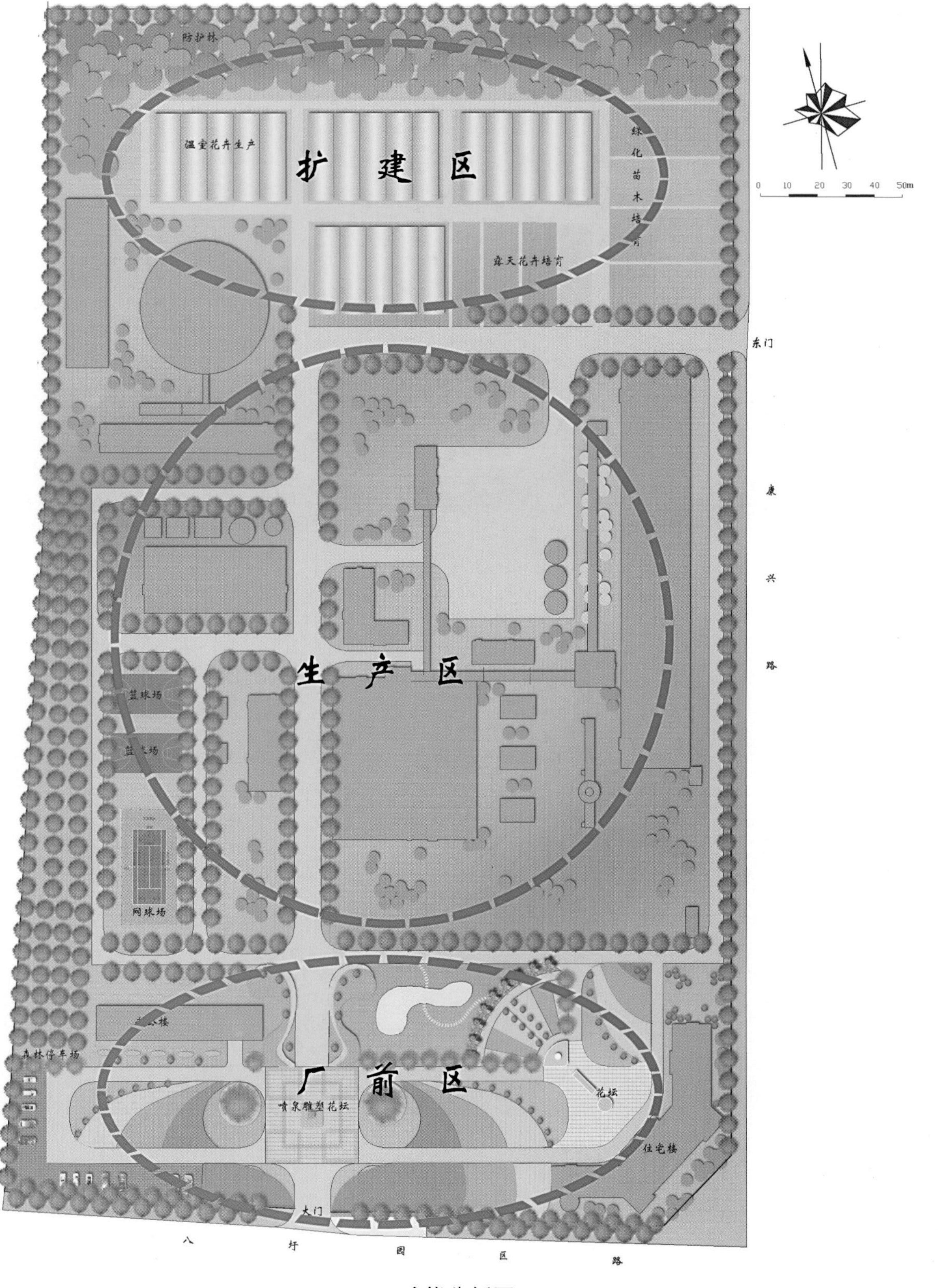
防护林
温室花卉生产
扩 建 区
绿化苗木培育
露天花卉培育
东门
康
兴
路
生 产 区
篮球场
网球场
厂 前 区
喷泉雕塑花坛
花坛
住宅楼
大门
八
纡
园
区
路
0 10 20 30 40 50m

功能分析图

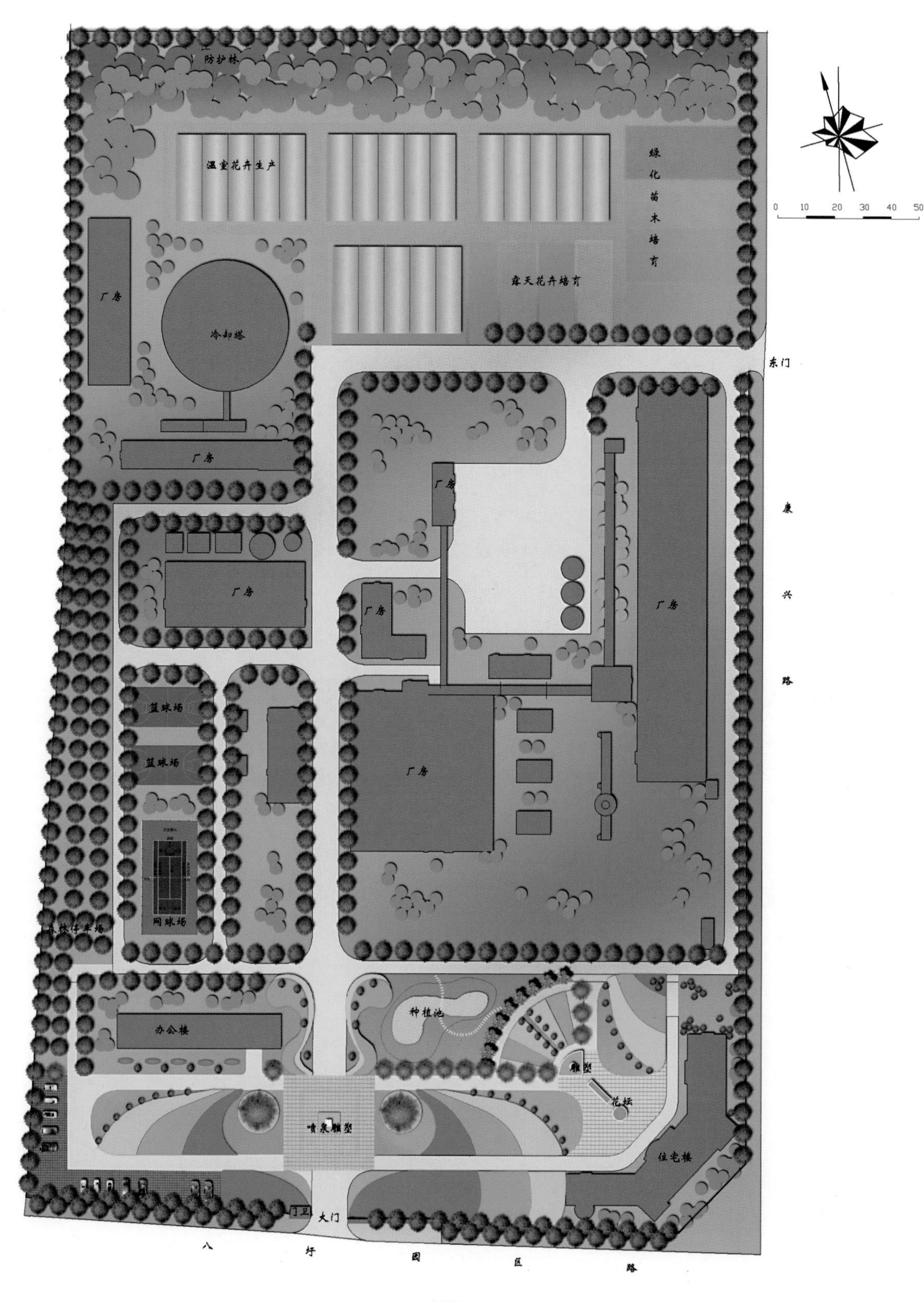
防护林
温室花卉生产
绿化苗木培育
露天花卉培育
厂房
冷却塔
东门
康
兴
路
篮球场
网球场
办公楼
种植池
雕塑
花坛
喷泉雕塑
住宅楼
大门
八
纡
园
区
路
0 10 20 30 40 50m

总平面图

十二、某地海事处庭园绿化规划设计

（一）场地现状概况

该庭园总占地面积约7 800m²，东西长约1 200m，南北长60 ~ 80m，整体为长条形。其中建筑占地1 200m²，分布于场地南北两侧，场地东侧有一较大面积的水体，约为3 400m²。总体地势平坦，水面开阔。

（二）设计理念

该场地作为海事处的一个庭园活动空间，具有其形象性、开放性和实用性等诸多属性，所以设计方案重点满足观赏、休憩和美化环境的功能要求，同时体现场地文化精神与特色，即设计过程始终体现景观、生态、文化的设计理念。

（三）总体构思与布局

设计景观在东西方向主要视觉轴线上展开，设计不同功能的景观空间，以主要场地、水景和道路为主线，景观贯穿其中。引用“帆、船、港、锚、浪”作为设计元素，体现出场地与海事文化的紧密关系。

整体上采用简洁的、形象的布局风格。以水面为中心进行布局，主要景观有水纹铺地广场、亲水台阶、起航（船形休闲平台、白帆雕塑）、观景水廊等，形成一个连续的海事文化主题景观空间。

1. 入口广场　场地入口前广场为象征海洋的蓝底白线的水波纹铺地，直接伸向中心水体，并与停车场等周围场地形成一个完整的庭园空间，既满足了平时行车和活动的功能，又给人以美观、流畅、明快的感觉。

2. 亲水台阶　因场地原水体面积较大，所以在广场与水面的交接处采用流线型的亲水台阶，中间放置自然块石，成为亲水休闲活动的场所。

3. 起航　位于东西轴线的端点和视线焦点处，为庭园之主景。平面上以船形木制平台为主，边沿设置坐凳，形成一个水上休憩活动的场地，立面由象征白帆的特色景观小品（金属雕塑）构成，在葱郁的绿色背景和宽阔的水面衬托下，就像一艘扬帆启航的船驶出港湾。

4. 观景水廊　采用钢木结构，与主建筑风格统一，形成一通透、简洁的长条形水面观景空间，临水一侧放置休息桌凳，既满足了通行需要，又可作为临水的休闲空间。廊顶采用木格与玻璃相间的设计形式，并在廊边种植攀缘植物，创造一个富有光影变化的休息赏景空间。

（四）竖向设计

由于场地整体较为平坦，水体占地面积较大，在考虑因地制宜、尽量减少土方工程的前提下，改造部分水岸线，使水面及岸线景观更具欣赏性，并达到丰富层次的效果。

（五）植物景观设计

植物景观设计因地制宜，塑造多变景观，美化庭园，创造良好的庭园生态环境。注重物种的多样性，充分考虑不同层次的植物的生长习性，形成乔、灌、地被、草的多层群落结构，常绿树种与落叶树种相结合的多样滨水绿色景观。树种选择以适地适树为原则，注重速生树种与慢生树种的结合，强调近期与远期兼顾的绿化效果及特色景观空间的形成。

建筑周边绿化以落叶小乔木为主，下植耐阴常绿花灌木，营造浓郁的带状景观，主要树种有国槐、紫薇、蜡梅、南天竹、八角金盘等。

水边绿化则以落叶大乔木与常绿树种形成上层界面空间，并作为背景树种，同时充分考虑到景观天际线的变化。选择色叶树种作为主要前景树种，并通过植物群落的搭配，塑造丰富的季节景观。主要树种有三角枫、香樟、垂柳、女贞、合欢、栾树、鸡爪槭、杜鹃、山茶、琼花、木芙蓉、夹竹桃、海桐、金丝桃等。

大门及围墙效果图

鸟瞰图

剖、立面图

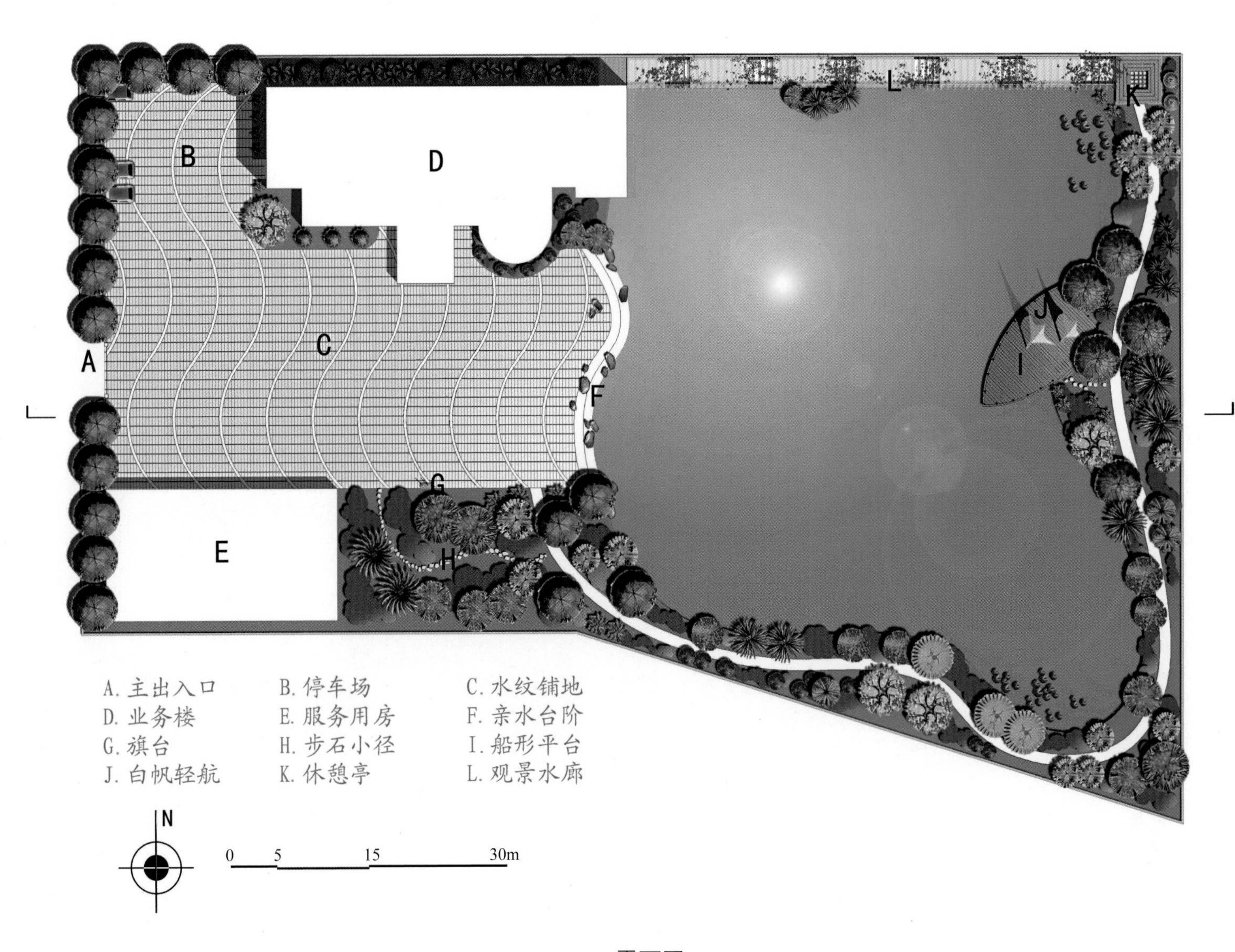

平面图

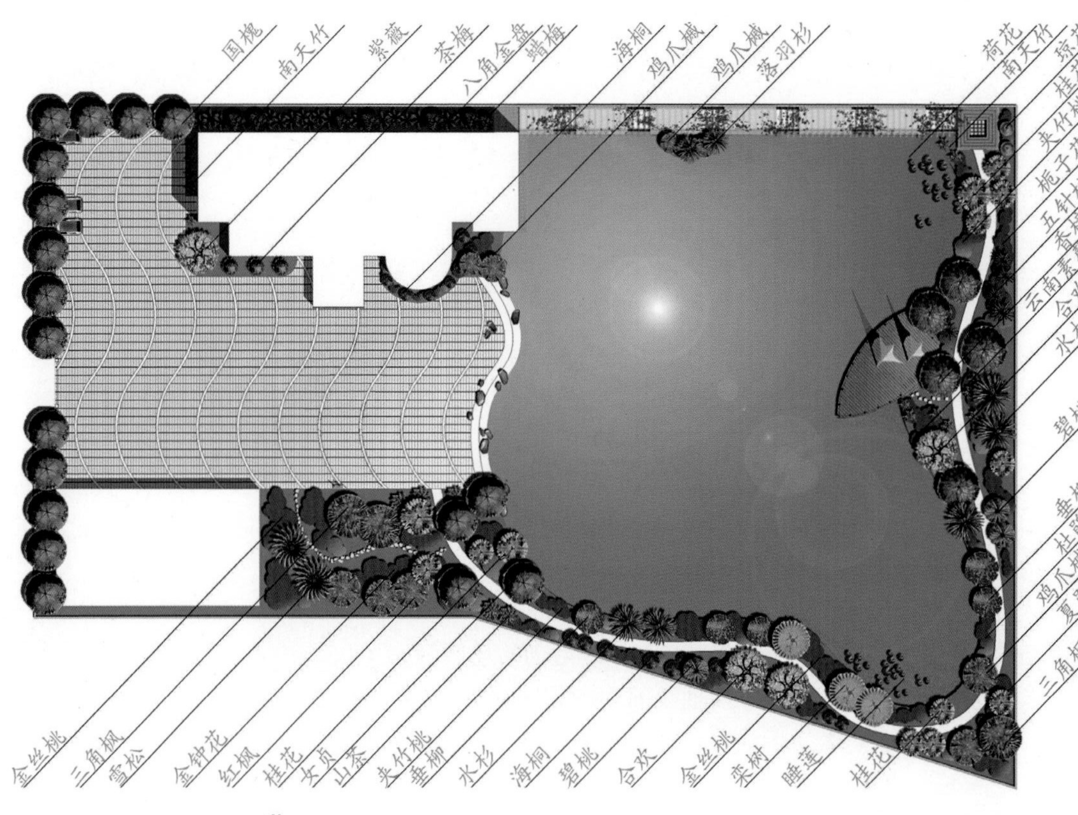

植物配置图

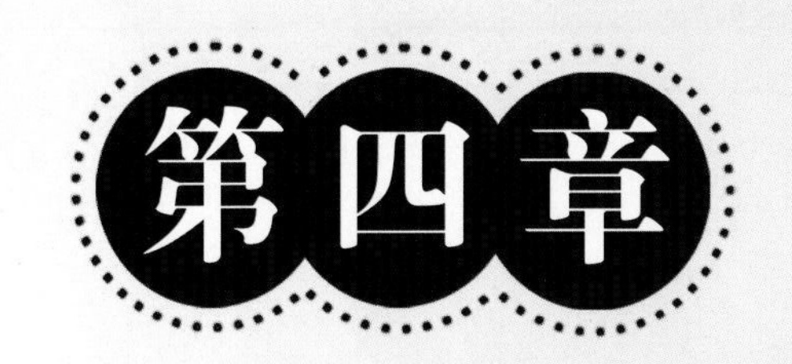

观光农业园与美丽乡村规划设计案例

一、江苏扬州高旻寺观光农业园南湖景区规划设计（胡长龙编写）
二、江苏扬州江都尚任湖主题文化生态园详细规划（马锦义编写）
三、四川富顺豆花村生态文化园规划设计（吴祥艳编写）
四、江苏苏州浦田现代观光生态农业园总体设计（姜卫兵、魏家星编写）
五、江苏高淳傅家坛新村总体规划（胡长龙编写）
六、上海崇明前卫村乡村旅游总体规划（戴洪编写）
七、江苏常熟蒋巷乡村旅游总体规划（戴洪编写）

一、江苏扬州高旻寺观光农业园南湖景区规划设计

（一）规划原则及指导思想

①因地制宜，充分利用园区内现有的地形、地势等自然条件及历史人文景观资源，与现有的道路水系和各园区相衔接，合理规划交通、地形及各功能分区。

②全区规划以水上休闲娱乐为主，形成集赏景、游乐、休闲、度假为一体的生态旅游区。

③园区水面较集中，水资源极为丰富，应加以充分利用。随着扬州市八里镇风景旅游发展的需要，结合高旻寺风景观光建设，要求设置一个以水体为主的风景休闲区。

④规划充分考虑游客的参与意识，融观赏功能、休闲功能和教育功能于一体。

（二）总体规划构思

根据高旻寺观光农业园的总体规划布局以及南湖园区的地理条件优势和良好的自然景观，将休闲园按功能分布依次划分为水上活动区、休疗养区和管理区等，总面积为6hm^2。

（三）景点布局

1. 水上活动区　位于园区中部水域，占地43hm^2，供游人进行垂钓、划船、游泳等活动。

（1）垂钓区　沿岸的周边与花池相结合，错落有致地设置了一些造型各异的垂钓平台，以石块为原材料，方便游人休息、垂钓。

（2）汀步　位于垂钓区与水上运动区的交接处，该处湖面最窄，在水中设置汀步石块，可供游人嬉戏，同时也可连接两侧景区，方便游人交通需求。

（3）码头　设在游乐区北侧岸边及各岛对应处，主要是方便游人水上娱乐，如划船、水上赏景，又可连接其他景区，以确保游人顺利安全、快捷地进出水上游乐区。

（4）娱乐综合楼　位于游乐区中心，整个综合楼就建在水面上，这座环状建筑是水上游乐区的中心，各种水上娱乐项目一应俱全，如游泳池、跳水台、室内温水池、冲浪，同时还可以开展各类大型文艺表演，足以让游人尽兴而归，其建筑为现代风格。

（5）水族餐厅　位于娱乐综合楼南面，主要是让游客参与收获鱼、虾类全过程，并参与捕捉、烧烤、品尝等活动。

（6）休闲茶舍　位于游乐区东南部，在尽情玩乐之余，坐息、品茗、赏景，其建筑风格为田园农家风格。

（7）观景亭　位于游乐区一高坡上，主要是让游人在此驻足远望此间美景，一览无余，其建筑风格为浑厚稳重的唐代南亭。

（8）水生植物科普展示馆　位于游乐区西部，建筑为现代风格，展示馆里设有水生动、植物标本及一些水生动、植物现代生产技术及科技示范等，让游客们在休闲娱乐之余也学到一些科普知识。这里也可作为青少年水产科普基地，让他们了解大自然、热爱大自然。

（9）八仙岛　位于南湖北部，共有大、中、小三个岛屿，仿蓬莱、瀛洲、方丈三山仙境，再现瑶池美景，其中最大的岛上设有八仙亭，供游人休息、赏景之用，其他两个岛上种植池杉形成水上森林景观，以便吸引水上游客进入林中戏水。

（10）南湖　“无山不成景，无水不成园”。整个南湖休闲区就是以南湖水为主体，南湖水体以静态为主，清澈平和，烟波袅袅，既可静态观赏，又可乘船动态游乐。

2. 休疗养区　休疗养俱乐部位于整个休闲湖区的北部，占地80hm^2，主要是为游客提供休息、就餐、住宿、健身、疗养等服务，服务对象主要是老年人，其建筑风格为扬州民居式。

3. 管理区　位于园区的最北侧，负责园区管理和游客接待。

（1）管理区办公大楼　位于园区最北端，靠近北大门，为全园管理中心，其主要功能是接待游客、洽谈业务、宣传教育、安全保卫。

（2）森林停车场　位于北大门东侧，占地约13.5hm^2，按照停车场的规范要求，全面种植落叶高大乔木，主要为游客提供停车服务。

（四）出入口及道路设置

1. 出入口　本园区共设北、南两个出入口。北出入口位于园区最北端，为主要出入口，方便市内及北部游客出入。南出入口位于园区东南角，为次入口，以方便南游部客出入。

2. 主次干道　主干道宽6m，长1 900m，自北出入口起经过管理区、休疗养区，再经南湖沿岸过垂钓区，至水生植物科普展示馆再到八里大道。次干道宽4m，长900m，从八里大道到服务部、码头，绕过娱乐综合楼到水族餐厅，至观景亭，同时也可直达休闲茶舍，至此分为两条路，一条与主干道相接，另一条通向垂钓区的汀步，然后再与主干道相通。

（五）地形处理

根据现有地形，中部水域面积较大，因地制宜地创造一水面较大的人工湖，多余土方堆于南北两部形成山丘，水体中部造蓬莱三岛，以适应水上游览、垂钓、娱乐的需要。

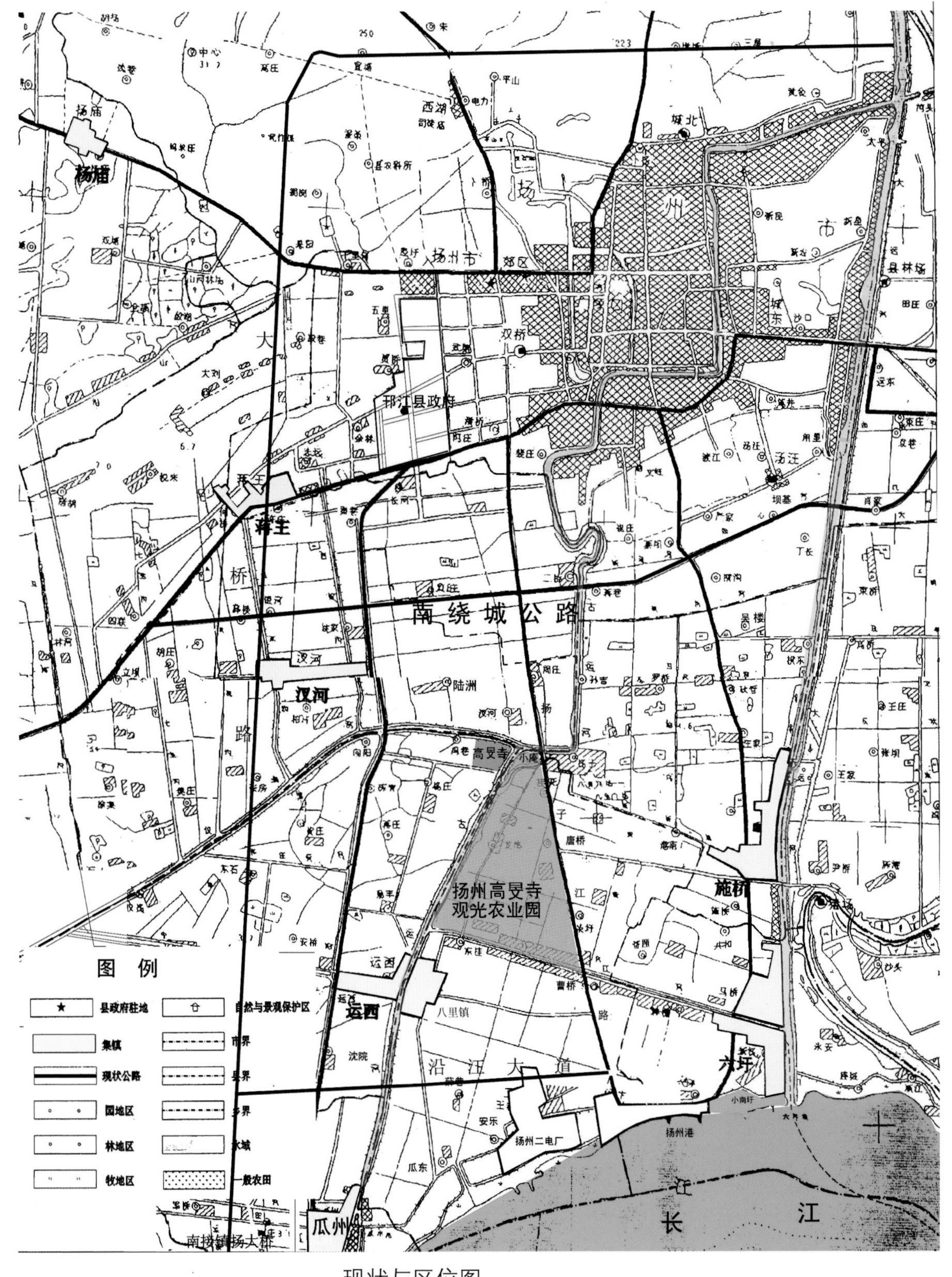

现状与区位图

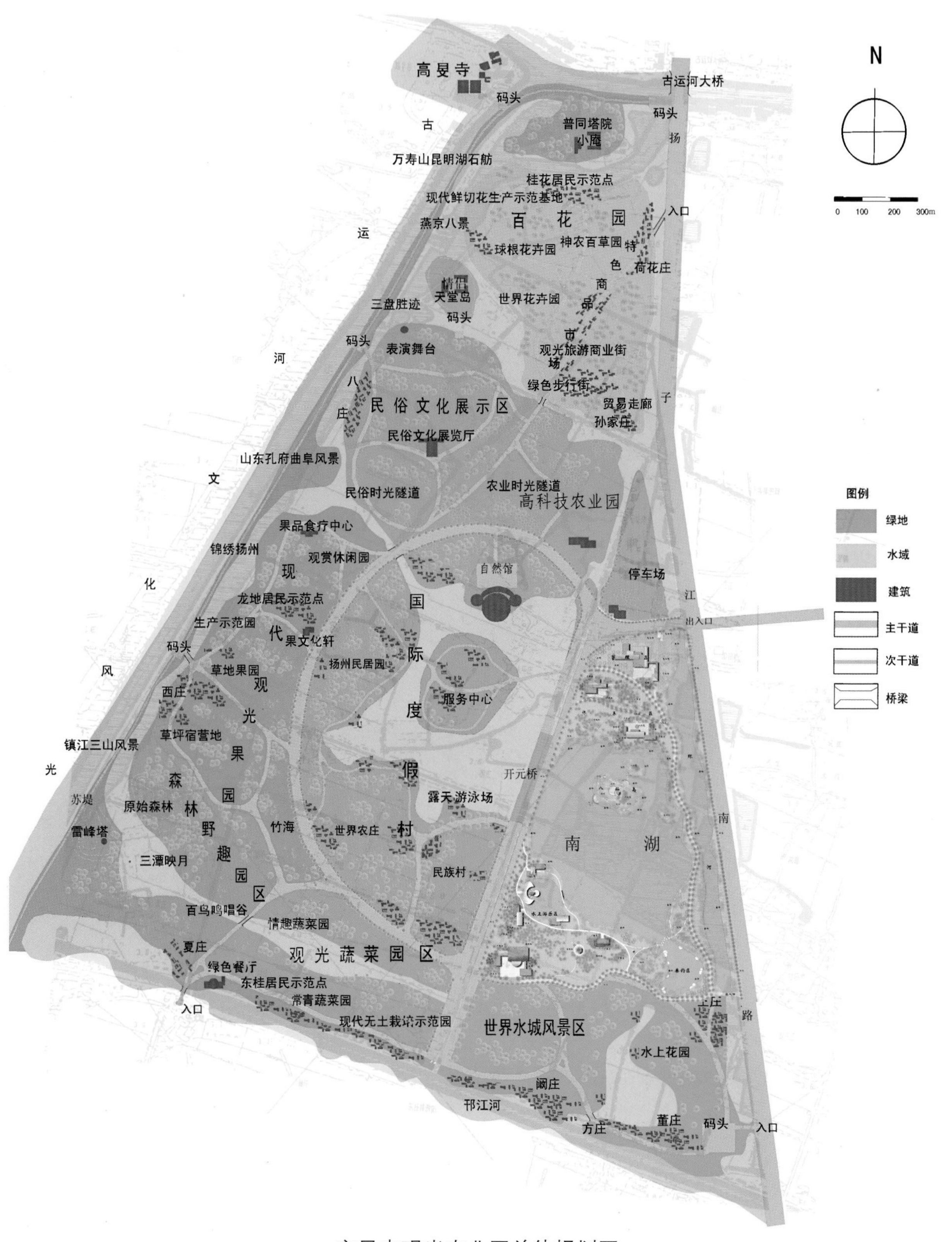

高旻寺观光农业园总体规划图

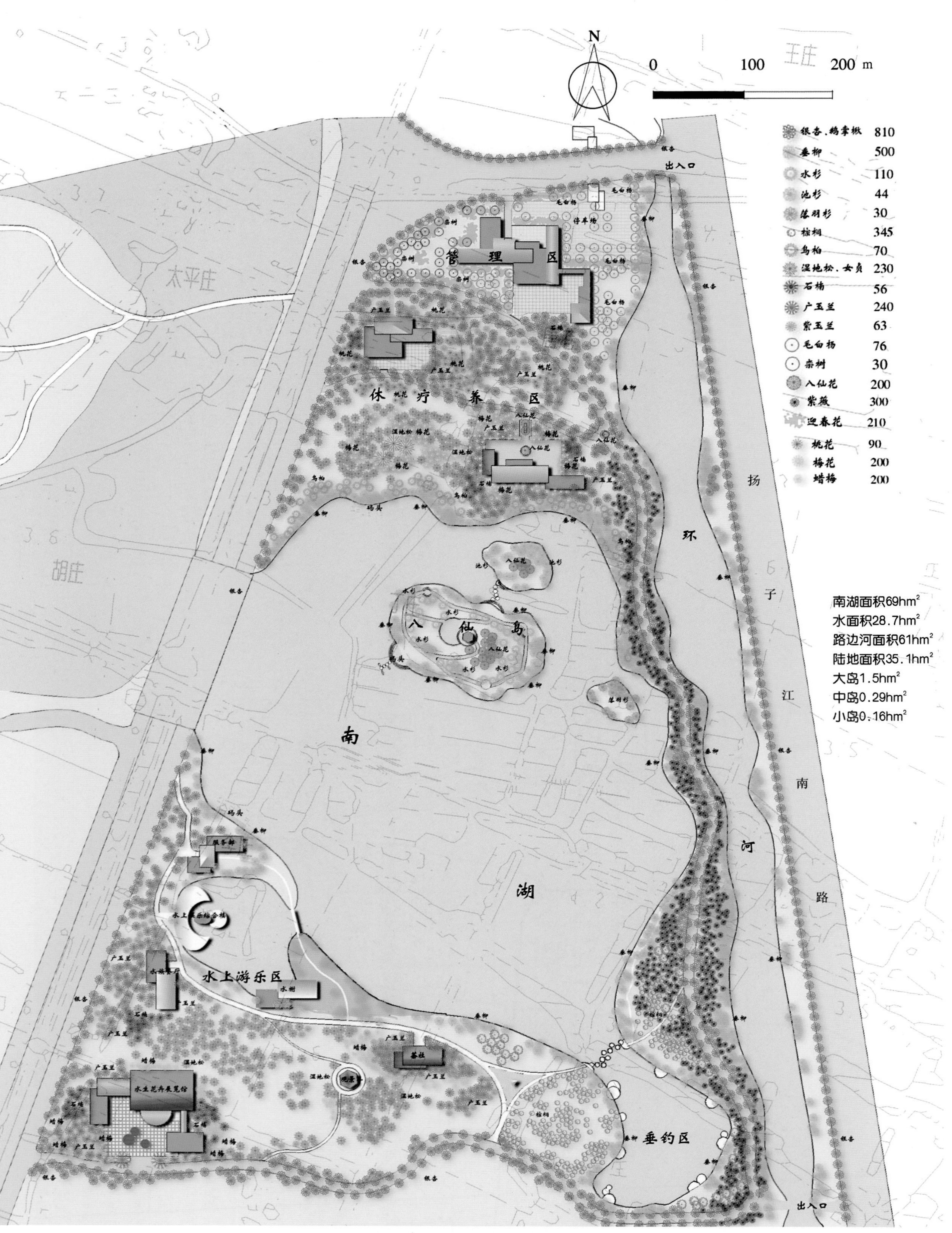

N
0 100 200 m
王庄
太平庄
胡庄
银杏、鹅掌楸 810
垂柳 500
水杉 110
池杉 44
落羽杉 30
棕榈 345
乌桕 70
湿地松、女贞 230
石楠 56
广玉兰 240
紫玉兰 63
毛白杨 76
杂树 30
八仙花 200
紫薇 300
迎春花 210
桃花 90
梅花 200
蜡梅 200
南湖面积69hm^2
水面积28.7hm^2
路边河面积61hm^2
陆地面积35.1hm^2
大岛1.5hm^2
中岛0.29hm^2
小岛0.16hm^2
出入口
管理区
休疗养区
八仙岛
南湖
水上游乐区
垂钓区
扬子江南路
环河
茶社
水上花卉展览馆

南湖景区绿化设计图

N
0
100
200 m
王庄
出入口
停车场
管理区
扬子江南路
太平庄
唐港
休疗养区
环河
码头
八仙岛
胡庄
南湖
服务部
水上娱乐综合楼
水上游乐区
水族餐厅
水榭
茶社
观景亭
水生花卉展览馆
垂钓区
出入口

南湖景区竖向设计图

二、江苏扬州江都尚任湖主题文化生态园详细规划

（一）项目概述

1. **基地概述**　江都尚任湖主题文化生态园位于扬州市江都区，北至老通扬运河，西邻经三路和港城大道（328国道），南至规划中的轩煌路，东至安大公路（233省道），占地面积约8hm^2。生态园现状用地主要为农地、部分村庄建设用地、道路水利设施用地和“四旁”荒地、鱼塘等。生态园所处位置交通便利。

2. **规划指导思想**　结合地方历史文化资源挖掘和自然生态环境营造，发展旅游休闲接待等现代服务产业，重点打造一个具有鲜明主题文化特色和旅游综合接待功能，自然环境优美，能够持续发展的主题文化生态园和历史名人纪念公园，并以此带动和促进整个农业旅游观光区的发展。

3. **规划基本原则**

（1）主题特色化　基于地方建设“神韵古镇，甜蜜宜陵”的独特理念和目标，规划以甜蜜的爱情文化为主导特色，兼具其他地方特色产业、文化资源以及生态环境，富有特色的区域旅游休闲观光目的地。

（2）功能系列化　具备游、购、娱、吃、住、行等旅游要素内容，并具有一定规模优势、专业化水准和系列化的特色服务项目。

（3）游客多元化　主题文化生态园要满足不同人群的需求。

（4）景观艺术化　创造丰富多彩的艺术景观。

（5）服务人性化　以人为本，满足游客可能存在的实际需求。

（6）环境自然化　创造优美的湖泊、丛林、草地、花境等自然景色。

4. **功能定位**　主题文化生态园主要定位三大功能：公园绿地、旅游接待和生态居住。

（1）公园绿地　公园绿地是主体文化生态园的最重要的组成部分，主要是为当地居民创造一个日常文化娱乐、休闲活动、健身养生以及防灾避灾的绿色公共空间，也是宜陵镇最重要的生态绿地之一。

（2）旅游接待　旅游接待是宜陵镇发展旅游服务产业的重要项目之一，打造多功能、高品位旅游接待服务中心。

（3）生态居住　对基地内的原有村庄进行改造，建设与生态旅游环境景观相协调的高品位生态社区。

（二）项目规划

1. **主题创意与分区结构**　规划构思创意主要来源于对当地历史文化的挖掘。明末清初著名戏曲家孔尚任曾多次造访宜陵，并留下诗赋，其著名的以爱情为题材的戏曲《桃花扇》也为世人所知晓。

人类在几千年的文明发展长河中，有着非常丰富的文化积淀，其中关于爱情的故事，对爱的追求，是最生动的，也是永恒的。

江都尚任湖主题文化生态园具有丰富的爱情文化内涵、专业化的婚庆系列配套服务设施和多样化的休闲体验项目。围绕“爱情文化—婚庆服务”为广大游人和客户展开一系列的景观画面和生活环境场景。

根据主题文化生态园的功能定位，首先将用地分为三类四块，即公园绿地、旅游接待服务用地和居住用地，其中居住用地分为两块。公园绿地面积最大，约65hm^2，居住用地两块面积共15hm^2，旅游接待服务用地面积约7hm^2。

结合主题文化内涵的具体内容展开布局，将主题文化生态园总体空间结构分为“一轴八区”。

一轴：即象征丘比特之箭的尚任长堤景观轴。

八区：将“爱情—婚庆”综合主题文化内容展开，分为相关的八个小主题景区，分别为主题文化展示区、浪漫爱情体验区、婚纱摄影服务区、水上娱乐活动区、儿童活动区、休闲垂钓区、旅游管理接待区、生态居住区。

公园绿地是本次规划的重点，根据规划构思和主题创意，其空间结构布局以大面积湖水为中心景观，并取名尚任湖，湖中设三岛（一池三山），三岛分别取名桃花岛、同心岛和童乐岛。桃花岛位于湖近中部，椭圆形，其边缘线与湖面外缘轮廓线共同构成双心相连的尚任湖（连心湖）平面形象。另设一条长堤（取名尚任长堤），横贯湖区东西，象征丘比特爱情之箭。至此，尚任湖爱情主题大地艺术景观形成。

2. **道路交通规划**　整个园区道路规划为三级道路系统。

（1）一级道路　为环湖主要道路，主要连接生态园内外交通，规划路面宽10 ~ 18m。

（2）二级道路　为公园和居住区内部联系各个分区的主要道路，规划路面宽4 ~ 6m。

（3）三级道路　公园内部的游览步道，规划路面宽1.5 ~ 2.5m。

（4）公园出入口　环湖路与港城大道、经三路围合的主题公园中心区域实行封闭式管理，规划设置4个出入口，与安达路和经三路相接的东、西出入口为公园主要出入口（即大门），是接待游人的主要通道；南、北两个出入口为次要出入口，主要为经营服务以及满足部分游客进出需要。

（5）停车场、码头　园区内共设置停车场9处，其中较大规模的公共停车场3处，分别位于东、西主出入口和生态餐厅附近，规划占地面积约3万m^2，有停车位约600个，其中大巴车位50个，以满足园区旅游观光接待等各类停车需要。

规划还将尚任湖与老通扬运河打通（利用原有河沟），使生态园与规划中的慈云风景区、宜陵运河老街等旅游景点通过水路交通联系起来，形成富有特色的水上游览观光路线。并根据景点规划布局和游览活动需要，在园区内设置4个游船码头。

3. **水系规划**　基地中部有一片鱼塘，且当地交通工程建设需要大量的土方，计划在此区域取土。因此，规划将生态园中心区域建成湖泊湿地景观，并结合主题构思创意，形成形态独特的双心形的连心湖——尚任湖中心水景，湖区面积约30hm^2（含岛）。

规划还利用原有的河沟，使尚任湖与老通扬运河以及生态园居住区、规划中的新镇区等水系相连，形成生态园完整的水系结构。改善了园区的水资源条件，提升了蓄水灌溉能力和自然生态景观效果，同时也提高了防洪排涝与水质净化能力。

4. 竖向规划 主题文化生态园竖向规划以现状地形地势为基础，大部分地面高程保持在5.50m左右。重点改造尚任湖水系地形。水岸线曲折变化，常水位水岸高程与老通扬运河水位一致，为3.00m，湖底中部高程0 ~ 1.50m。湖中岛屿和湖周边适当堆置地形，创造具有一定起伏变化的地面景观。湖中最大的岛桃花岛地势最高处高程9.30m，湖西南局部地形高程在8.00m左右。

5. 种植规划 主题文化生态园种植规划以环境生态植被景观为主，兼顾主题文化意境和地方特色产业景观种植内容。

6. 景点与游线规划 景点创意规划充分结合爱情主题文化和宜陵镇自然与历史人文景观资源特色，以及生态休闲旅游体验功能需要，规划构思了36个旅游观光休闲体验小景点。

游览路线3条：主要游览路线、婚庆活动路线和游船路线。其中游船路线是生态园与老通扬运河、规划中的紫云风景区等旅游项目景点之间的水上旅游观光路线。

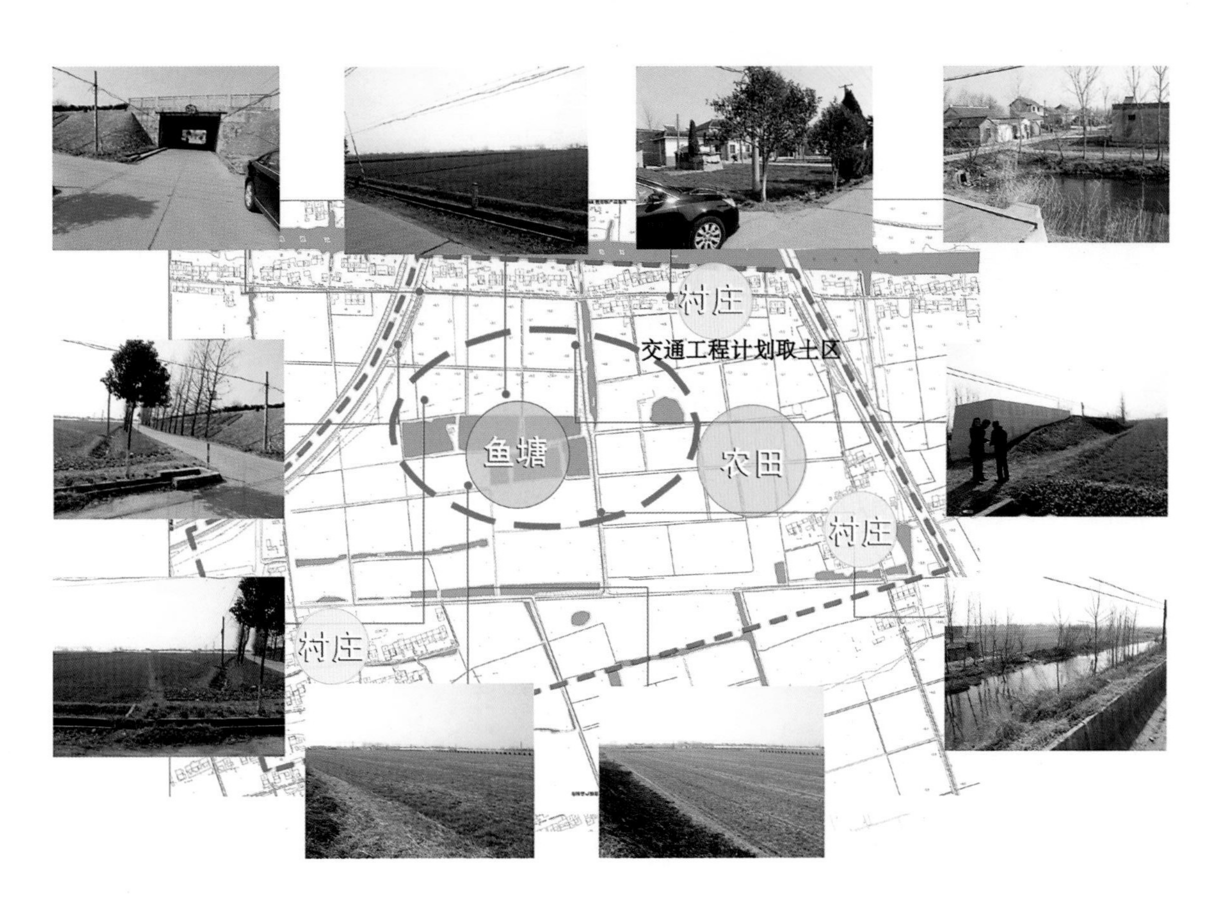

基地现状图

功能分区图

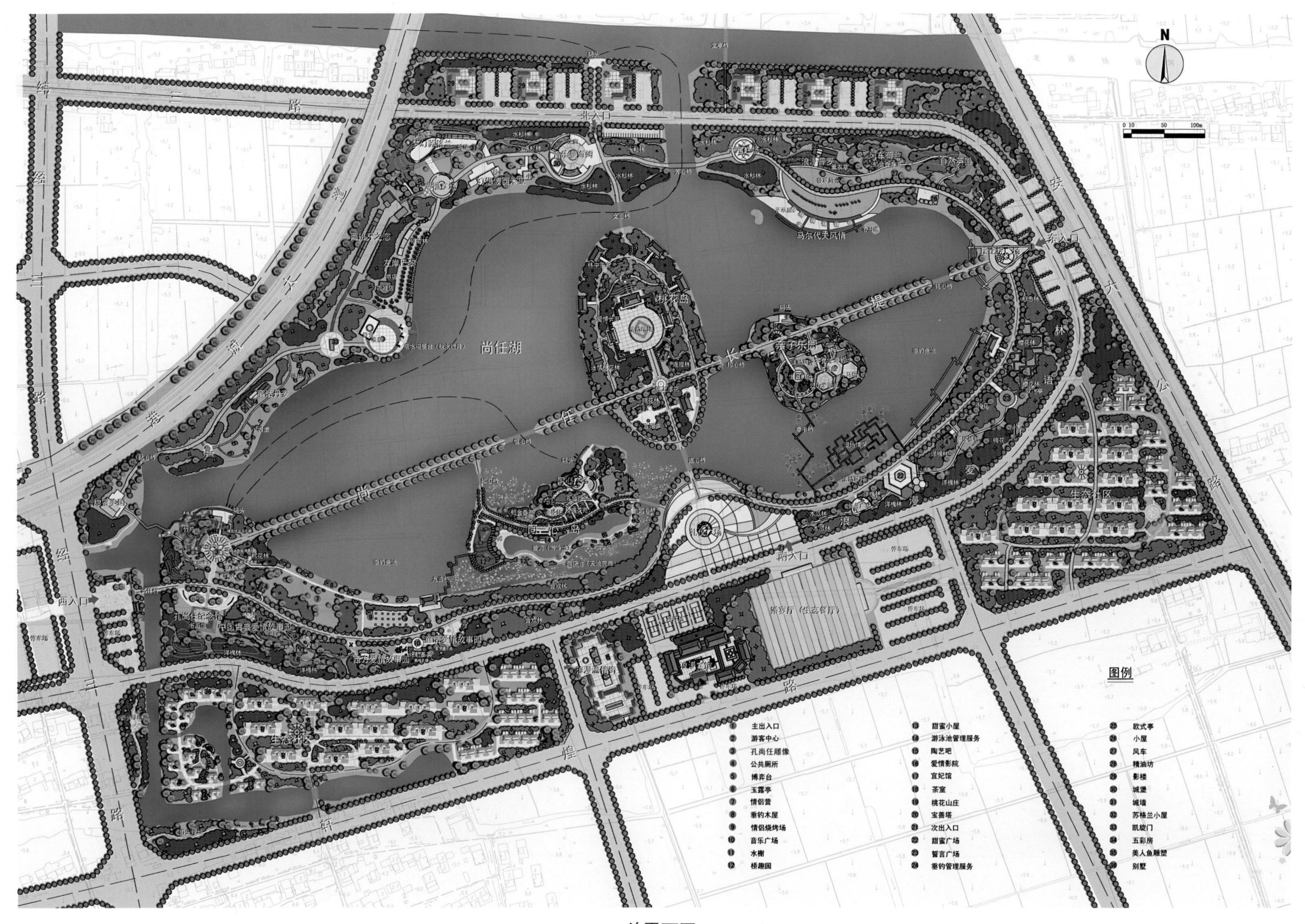
N
北入口
东入口
南入口
西入口
尚任湖
桃花岛
图例
1 主出入口
2 游客中心
3 孔尚任雕像
4 公共厕所
5 博弈台
6 玉露亭
7 情侣营
8 垂钓木屋
9 情侣烧烤场
10 音乐广场
11 水榭
12 桥趣园
13 甜蜜小屋
14 游泳池管理服务
15 陶艺吧
16 爱情影院
17 宜妃馆
18 茶室
19 桃花山庄
20 宝善塔
21 次出入口
22 甜蜜广场
23 誓言广场
24 垂钓管理服务
25 欧式亭
26 小屋
27 风车
28 精油坊
29 影楼
30 城堡
31 城墙
32 苏格兰小屋
33 凯旋门
34 五彩房
35 美人鱼雕塑
36 别墅

总平面图

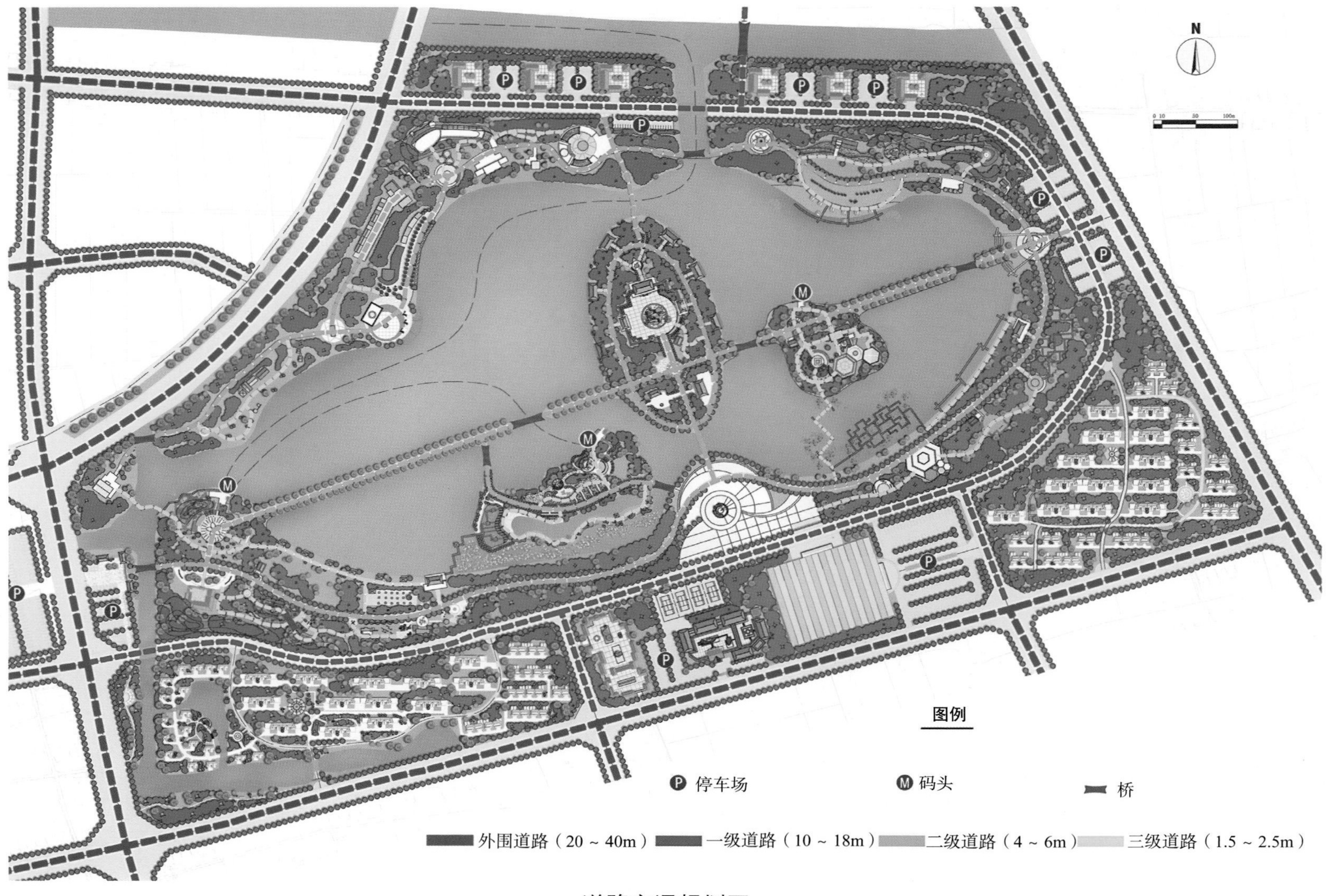

道路交通规划图

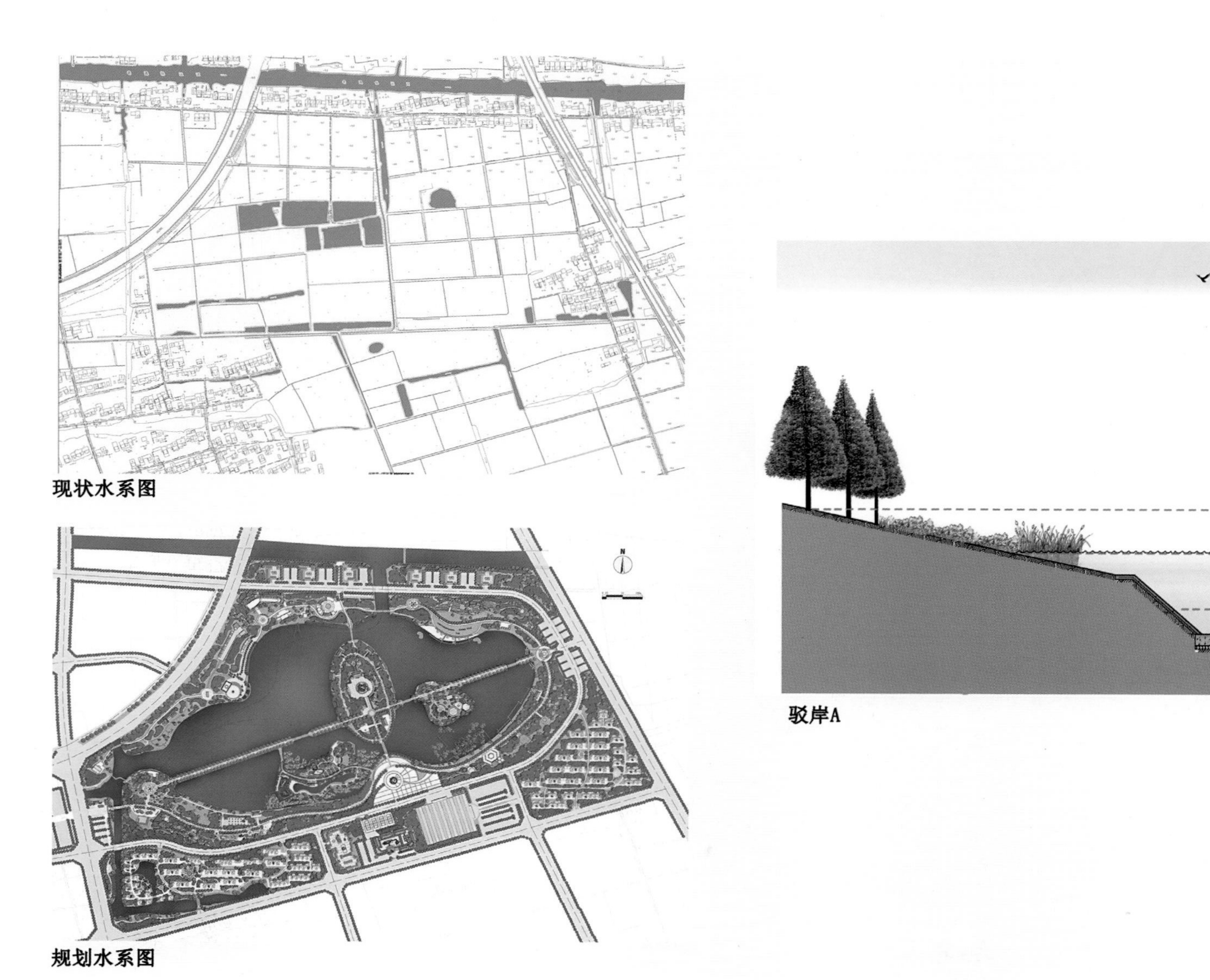

水系规划图

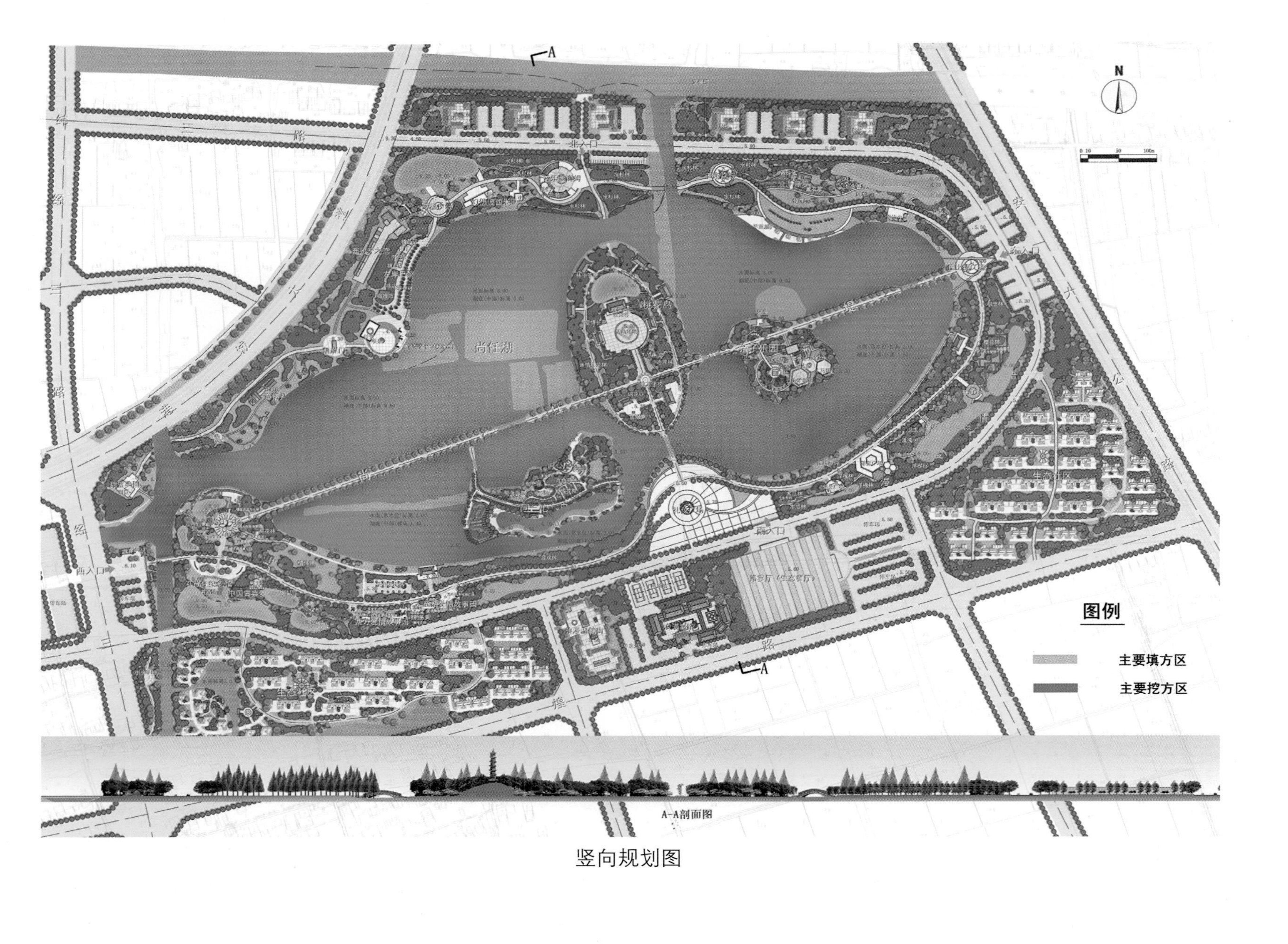
N
图例
主要填方区
主要挖方区
尚任湖
A-A剖面图
竖向规划图

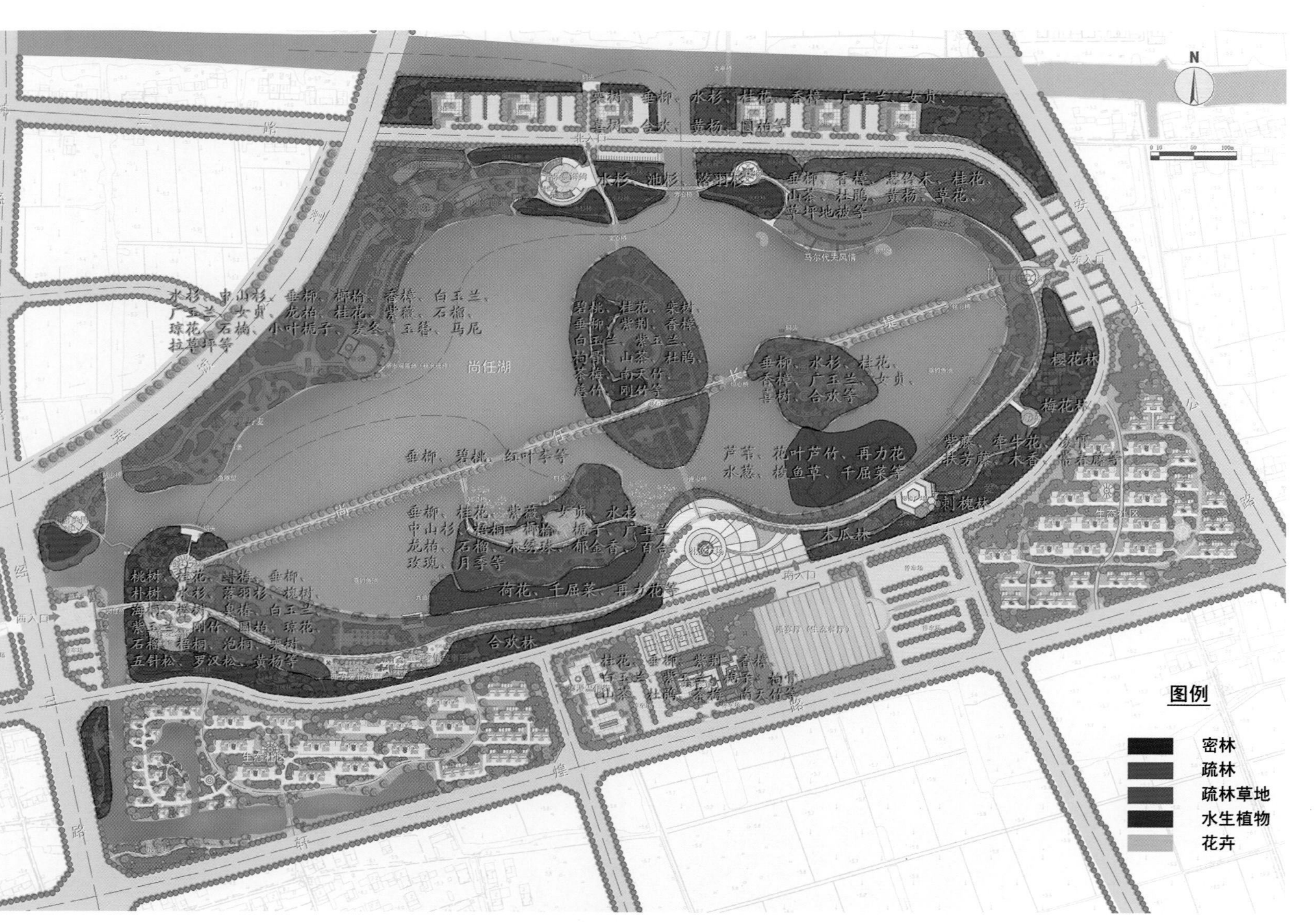
N
图例
密林
疏林
疏林草地
水生植物
花卉
尚任湖
樱花林
梅花林
木瓜林
合欢林
水杉、中山杉、垂柳、榔榆、香樟、白玉兰、
广玉兰、女贞、龙柏、桂花、紫薇、石榴、
琼花、石楠、小叶栀子、麦冬、玉簪、马尾
拉草坪等
垂柳、碧桃、红叶李等
芦苇、花叶芦竹、再力花
水葱、梭鱼草、千屈菜等
荷花、千屈菜、再力花等
垂柳、水杉、桂花、
香樟、广玉兰、女贞、
喜树、合欢等
种植规划图

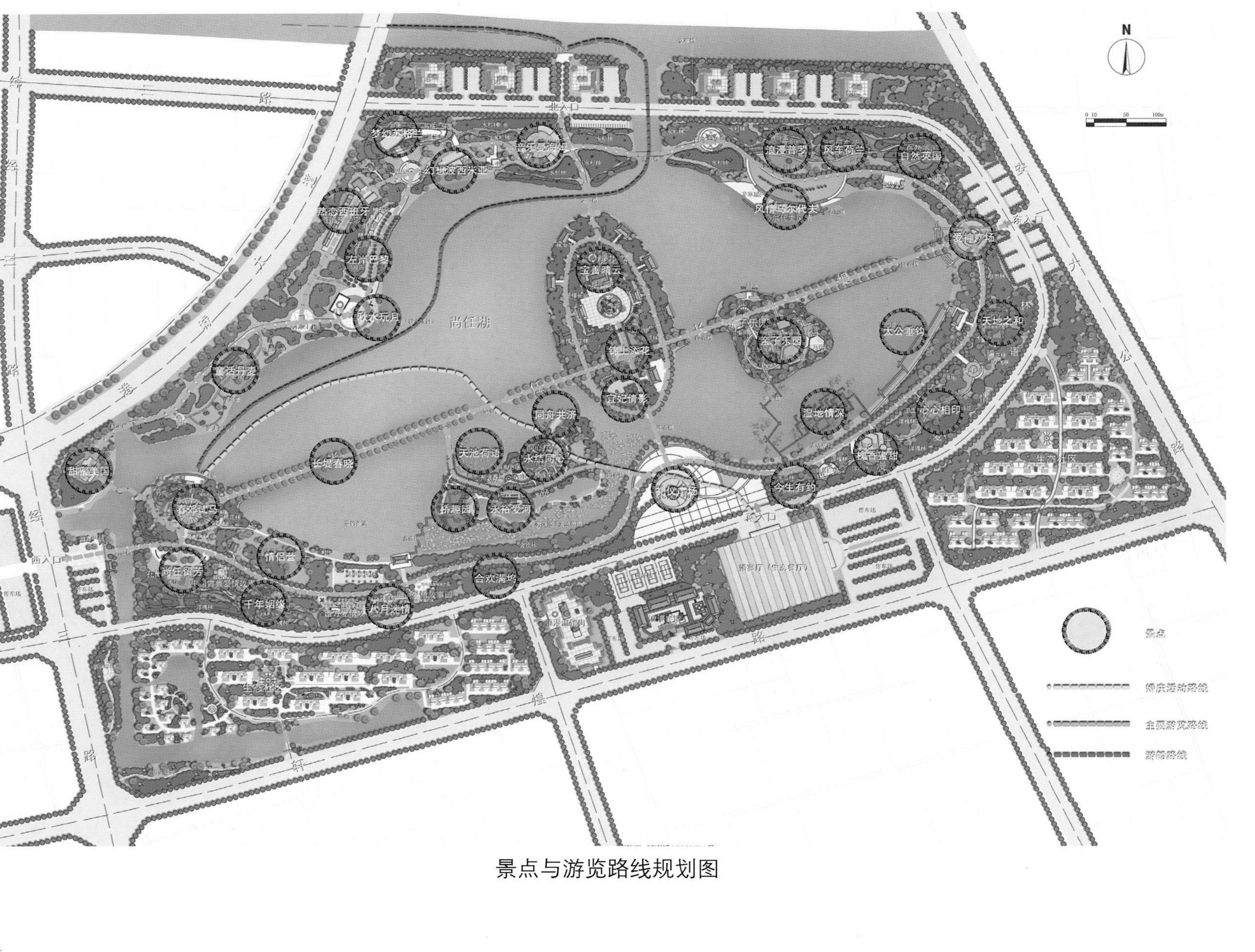

景点与游览路线规划图

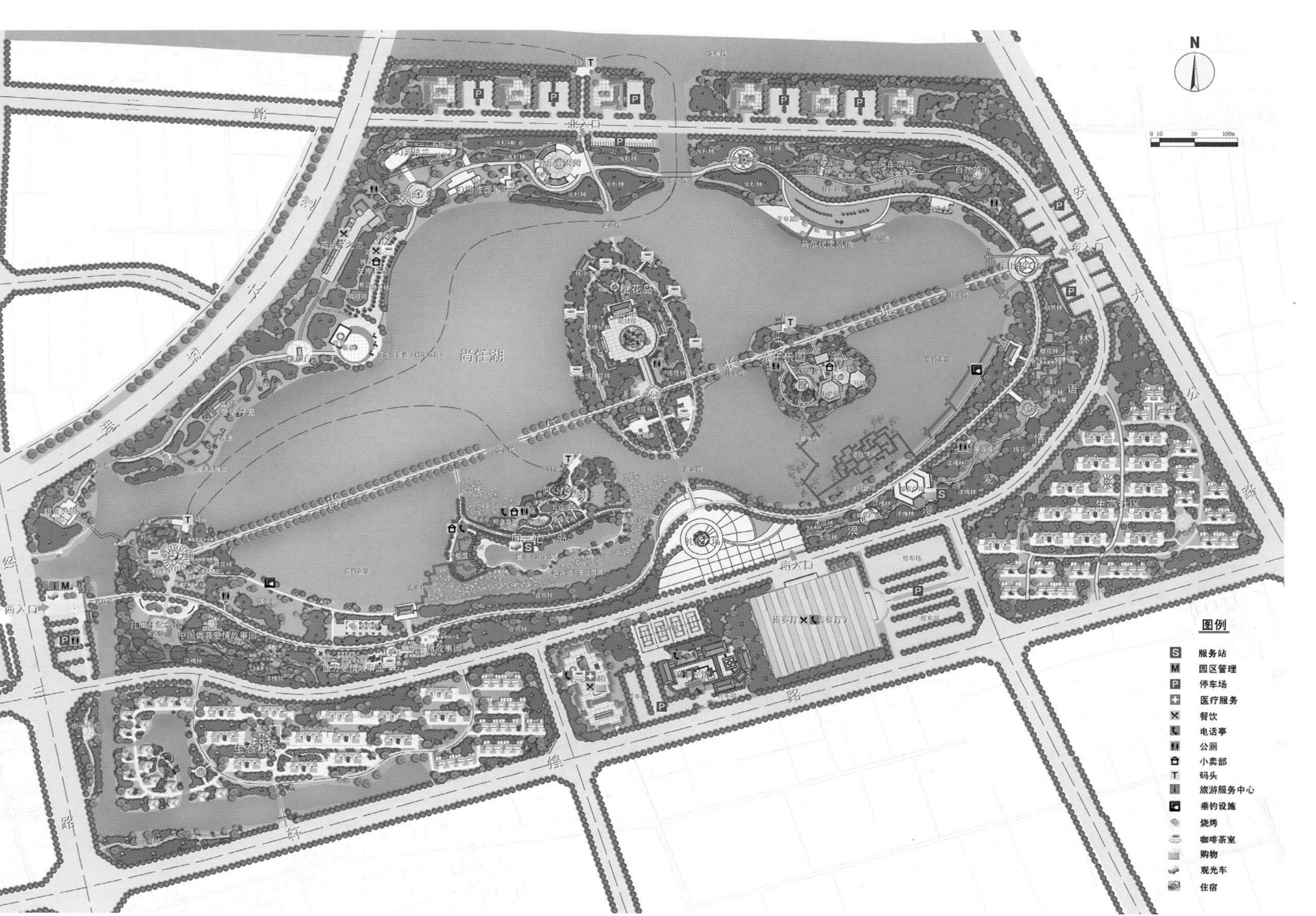

旅游设施规划图

恒心桥（“钻戒”桥）效果图

公园南门效果图

“尚任”主题纪念雕塑效果图

甜蜜广场效果图

同心广场占地面积350m²，是同心岛最重要的景观之一，同心广场通过不同景观的设计表达爱人间的“永结同心”之意。在同心广场的中心设有“同心结”景观雕塑，景观雕塑是以同心结的系法为设计灵感来源，用简洁的结与系于其上的同心锁突出了同心广场“永结同心”的主题，同心广场前的铺状以中国结中的“吉祥结”为设计元素，体现“吉祥如意”之意。

同心广场平面图

同心广场效果图

同心广场设计方案图

构思来源

喜在眼前
图案由喜鹊和铜钱组成

喜得连科
图案由喜鹊和莲花芦苇组成

喜报三元
图案由喜鹊和三个桂圆组成

欢天喜地
图案由喜鹊和獾组成

鹤桥效果图

局部景点图

鸟瞰图

三、四川富顺豆花村生态文化园规划设计

（一）项目概况

富顺豆花村生态文化园项目位于四川富顺县城东部7km，省道305北侧，鳌溪河畔，占地33hm^2。该项目立足于四川新农村综合体建设的宏观背景，结合富顺县城东部景观大道的规划建设，力求将其打造成富顺县城东部重要的门户景观，同时，也作为富顺市民休闲旅游、短期度假的基地，以及展示富顺“豆花文化”的重要窗口。

项目组通过对区域大环境及基地本身进行详细的踏勘分析，结合国内相似项目案例考察，提出切实可行的设计方案，最终实现提高土地收益、改善生态环境、满足市民休闲需求等多种功能，从而带动整个农村综合体的规划建设。

1. 设计理念　全园整体景观规划遵循最大限度地利用自然山水条件的原则，因地制宜地布局各类园林建筑、活动空间等。景区与景点设计主题时刻围绕“豆花文化”展开，以浪漫的手法抒写富顺深厚的豆花文化，彰显富顺人民的勤劳和智慧。

2. 整体布局　全园被水系分割成三个半岛，整体功能分区一方面考虑半岛间的相互衔接，另一方面考虑整个项目经营管理的方便性以及景观系统的相互映衬。全园从总体功能角度划分为入口区、豆花文化体验区、生态田园休闲区、苗圃区4个一级分区。在一级分区的基础上，又根据景区和景点的详细内容划分出二级分区，例如豆花文化体验区根据细节内容划分为豆花庄区、豆花谷区、豆花苑区、滨水垂钓休闲区、生态湿地区等。

3. 景观结构　全园整体景观结构规划完全建立在对现状优美的自然山水资源充分利用的基础上，同时结合各景点具体功能进行布局。

①首先，借助全园4个制高点，形成鸟瞰全园的景观视野，同时，这4个点也是借景周边田园风光的重要节点。登临山顶，内外田园美景尽收眼底。

②其次，认真经营建筑观景点。全园建筑功能主要包括服务、会议、接待、休息等，建筑布局一方面考虑经营管理的方便性、经济性、实用性，另一方面考虑建筑内外的整体景观效果。为凸显地域特色和整个园林的田园风格，建筑布局采取庭院式、川东南民居风格，与周边温婉的自然环境融为一体，凸显川南特色。

③最后，利用一般性的景观节点，营造不同高度、不同视域的景观小空间，丰富园林层次和游园感受。

（二）景区设计

1. 豆花文化体验区　豆花文化体验区位于园区核心部位，是基于生态田园、自然风光的背景下营造的，在青山绿水之间，用故事手法向游人娓娓道来，主要包括幽人豆花谷、宜人豆花湾、醉人听香园、迷人知味坡以及磨盘山、豆花坊、生态湿地、水上码头、钓鱼湾等几个部分。

①豆花谷、磨盘山、豆花湾构建了豆花文化体验的核心体系，通过山水格局蕴养豆花文化；通过参与豆花的制作流程，来丰富游人的直观体验；通过展示豆花的历史文化，来烘染游人的豆花情怀；通过对豆花品种的横向品味，来滋润游人的味蕾感官。

②豆花谷依山面水，三面环翠，是整个园区的桃源胜地，是一处幽雅宁静的园中之园，宾馆休息区坐落于此，与豆花庄、豆花总店相呼应，成为体验豆花文化的场所之一，提供舒适完善的景区服务。

③磨盘山上有磨台，磨台设有雾喷装置，远远望去仿佛炊烟袅袅。水流似豆花，自磨盘山上跌流而下，汇入豆花湾中。豆花湾畔有人家，游人在豆花坊中亲手体验做豆花，品豆花美味，赏山湾美景。此种品鉴豆花的方式是任何喧哗闹市中无法比拟的。

④豆花湾畔是听香园，园中的林荫下有展示豆花工艺流程的文化雕塑和文字解读。园中设有音响装置，置身湾畔，一曲《豆花香》，可以勾起人们对儿时的无限回忆。

⑤滨水垂钓休闲区是在原来鱼塘的基础上进行改造的，破除原来僵硬的硬质岸线，用生态手法进行改造提升。并在视线上佳的观景区设置亭台水榭，利用水面之间的高差形成叠瀑，环湖设有步行道，打造环境宜人的生态滨水环境。整个水域与建筑区呈环抱状，相互因借，相映和谐。水域内放养鱼苗，可供垂钓休闲、观鱼赏荷等活动。

2. 生态田园休闲区　生态田园休闲区占据整个东部半岛，主导功能为：结合部分苗木生产，打造以森林草坪为主的，市民日常休闲游览的园林空间。全区共包含五个二级功能区，毗邻305省道安排全园的次入口区，向北依次布局叠水花田区、农业体验区、山林休闲区、草坪休闲区、花岛区等。草坪休息区和花岛区紧密结合，打造全园最富浪漫气息的场所，为新婚夫妇提供婚纱摄影、举办草坪婚礼的外景场地。全区植物种植以园林化手法包裹苗圃种植，充分将植物与地形结合，塑造全区景观空间的骨架。

图例
树林
铺地
菜田
花田
水面
木平台
草地
主园路
建筑
设计范围线
1 主入口
2 豆花庄
3 停车场
4 豆花总店
5 豆花谷
6 池杉叠瀑
7 知鱼亭
8 观鱼轩
9 钓鱼矶
10 服务站
11 磨盘山
12 听香园
13 豆花湾
14 豆花坊
15 豆花台
16 异卉坡
17 知味坡
18 湿地
19 玉带桥
20 运动场
21 大草坪
22 樟林小筑
23 码头
24 花岛
25 豆花剧场
26 得树台
27 竹翠湖
28 映月台
29 开心农场
30 梅花谷
31 畔池
32 码头
33 望花阁
34 温室
35 次入口
36 停车场
N
0 10 30 50 100m

总平面图

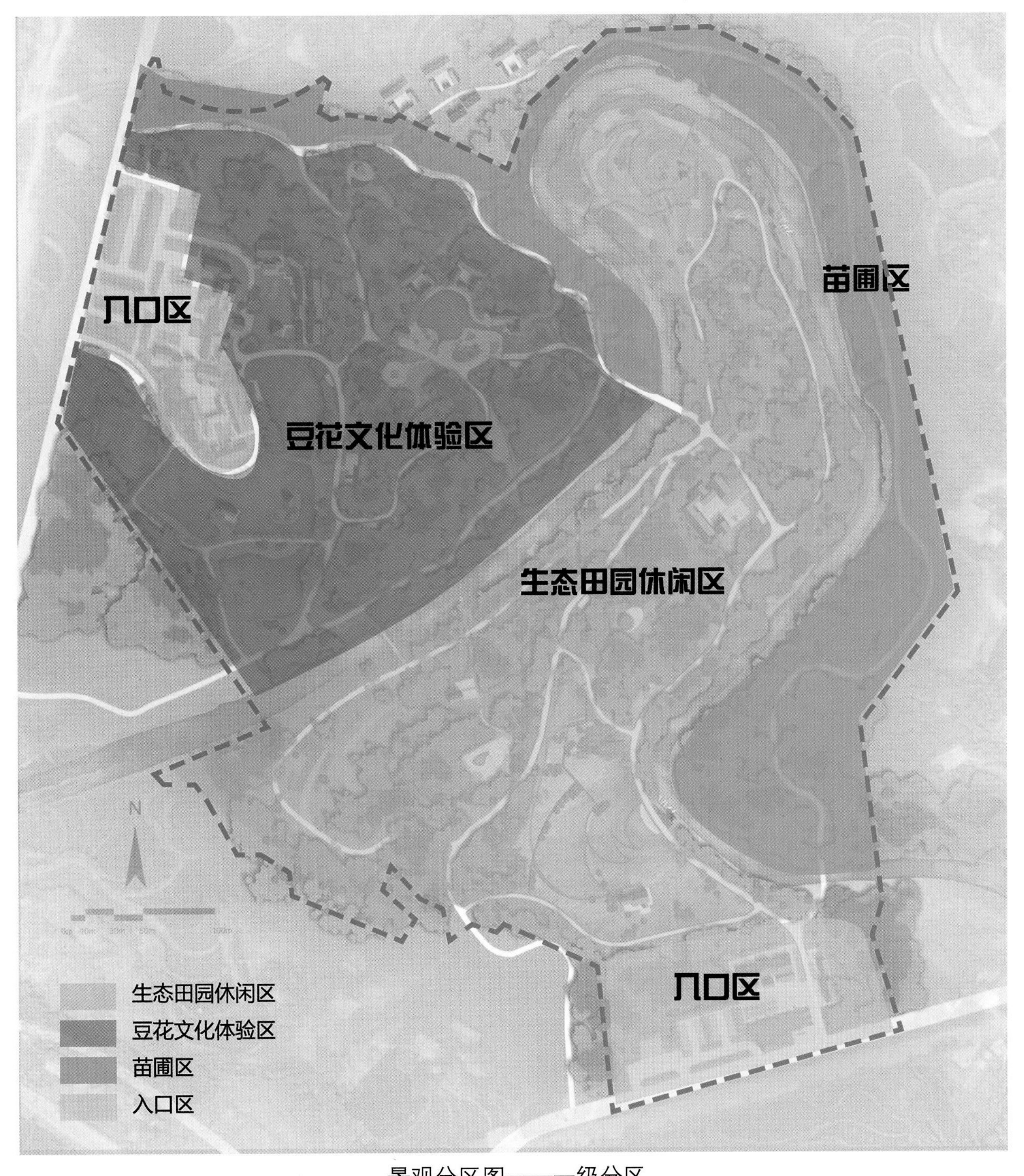

景观分区图——一级分区

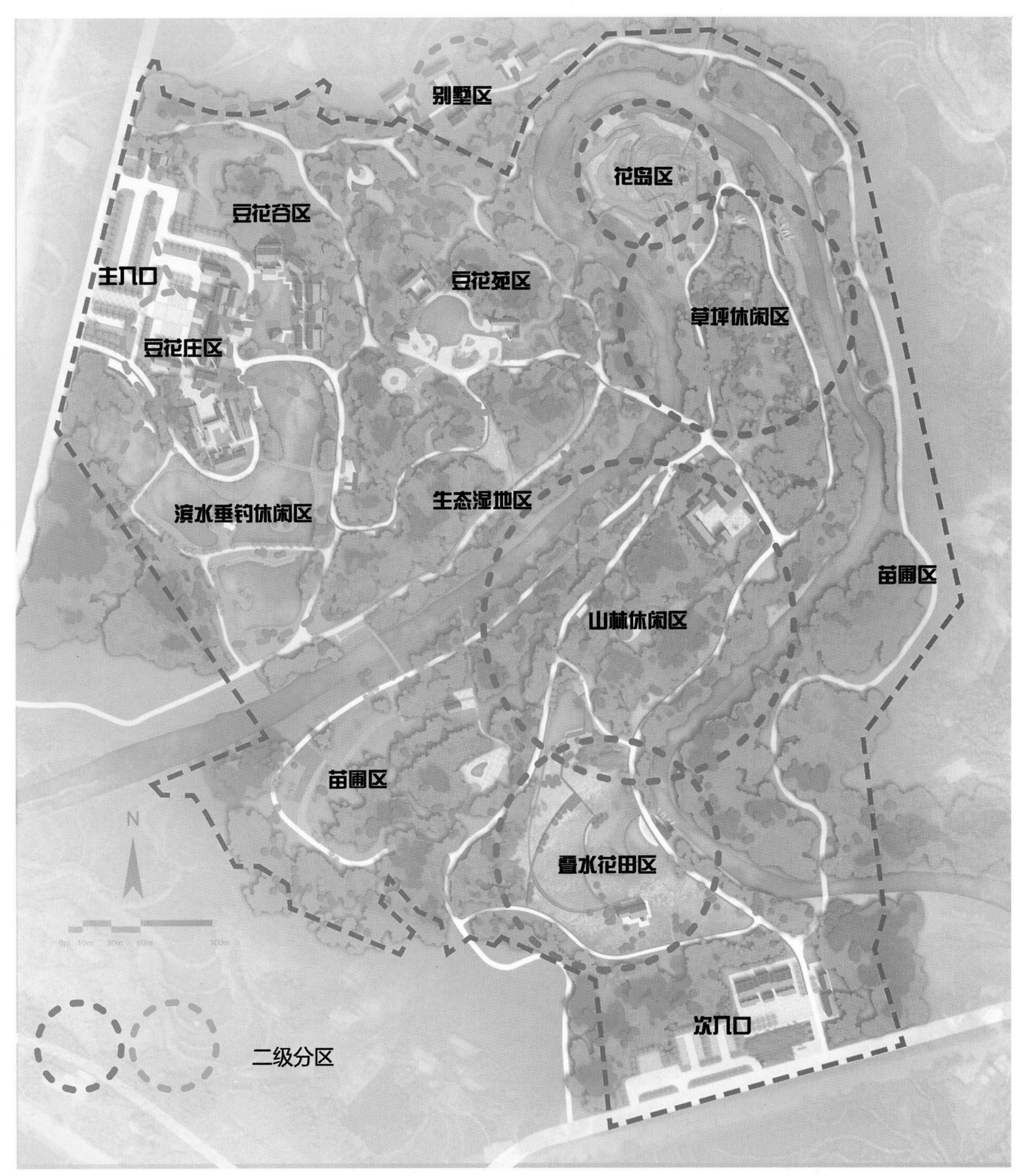

景观分区图——二级分区

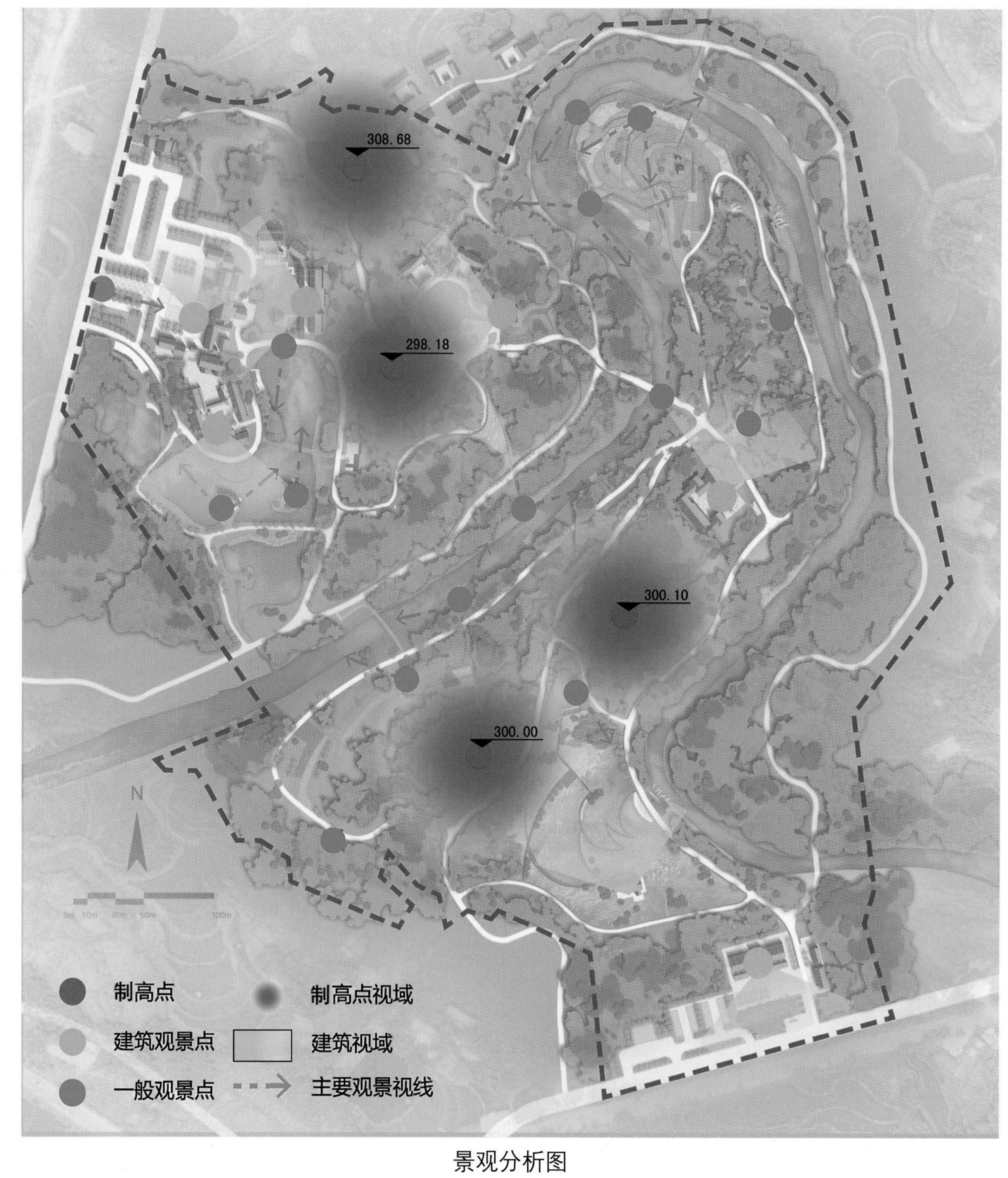

景观分析图

288.0
288.0
286.5
285.5
284.5
282.5
274.9
289.0
280.5
N
现状蓄水池
河流
雨水收集区
水流方向
水池
旱沟

竖向规划图

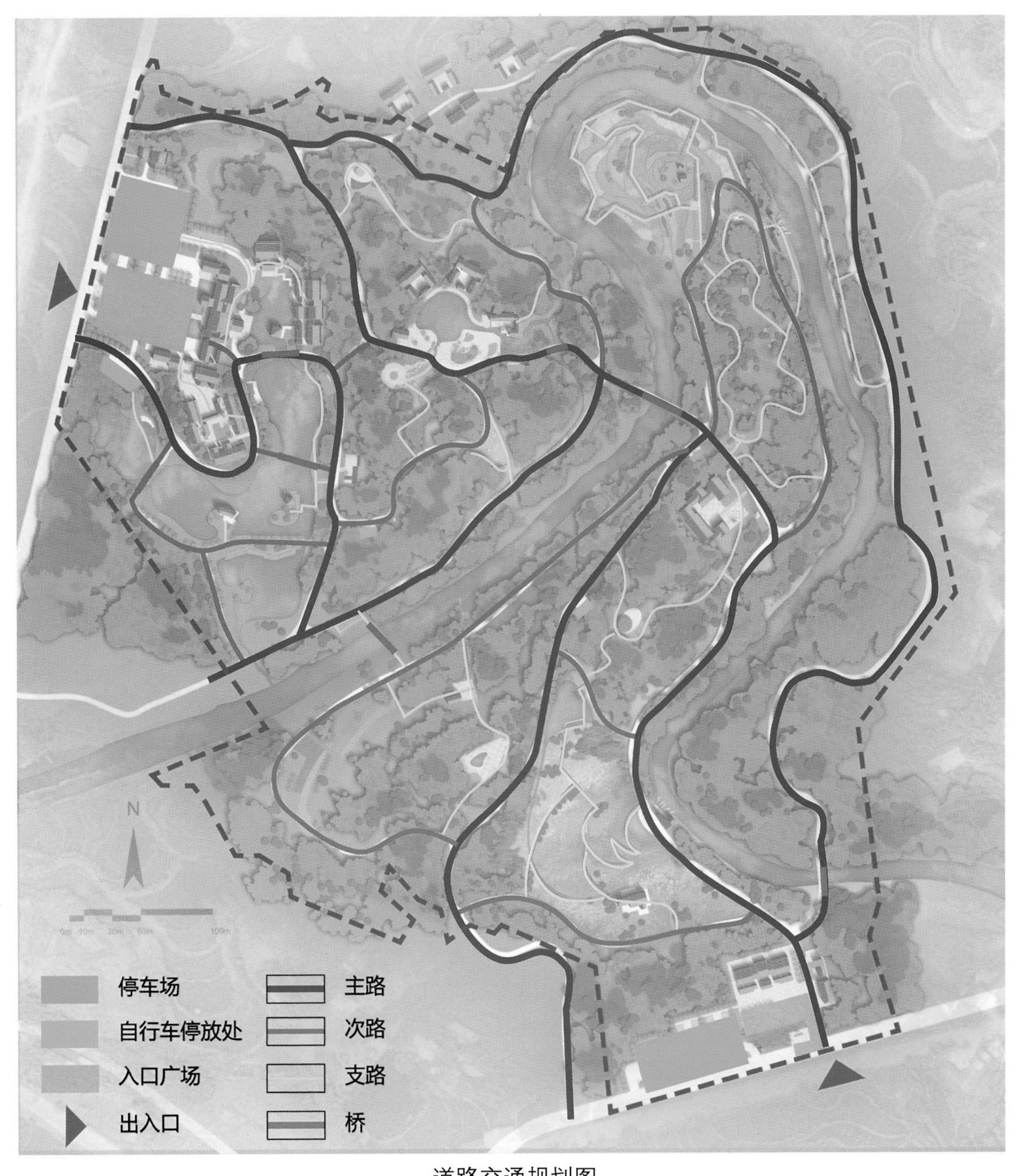

道路交通规划图

自行车停放处

自行车游览路线

自行车游览路线图

西北入口

豆花苑区

滨水湿地区

磨盘山区

鸟瞰图

四、江苏苏州浦田现代观光生态农业园总体设计

（一）项目概况

1. 选址地点与范围　项目规划区选址于苏州东北部的唯亭镇，占地面积74.5hm²。项目区为苏州工业园区最后一块农用地空间，规划区域以平地为主且土壤肥沃，非常适合各种农作物生长。

2. 与周边关系分析与评价　苏州浦田现代农业生态观光园为苏州工业园区新开发的休闲观光农业项目，属于长三角核心地带和上海经济强烈辐射区，区位优越，交通便利；园区距上海虹桥机场60km，距无锡硕放机场20km；西面靠近苏州市区，距市中心10min车程；南接工业园区中心地带，距园区新行政中心5min车程；北临著名的大闸蟹产地阳澄湖；通过沪宁高速公路、沪宁城铁和312国道、阳澄湖大道可便捷到达园区。

（二）分区规划与项目安排

根据现代农业园区体系框架，按照生产规律类同、技术要求类似、景观特色相近和经营管理统一或功能相似的产业或项目可规划为同区或连片，并进行用地规划的合理布局与分区。有利于分期开发、分步开发和分区开发。

因此，苏州浦田现代农业生态观光园依据建设目标、规划原则和发展定位，结合项目区的区位特征、地形地貌、农林资源和土地利用现状，遵循“因地制宜、用地集约、服务配套集中”的规划原则，按照“景观协调、产业集群、项目类聚、便于分期建设”的开发思路，整个园区分为综合展示服务区（14.2hm²）、优质粮油示范区（50hm²）、设施蔬果展示区（10.3hm²）。

总体鸟瞰图

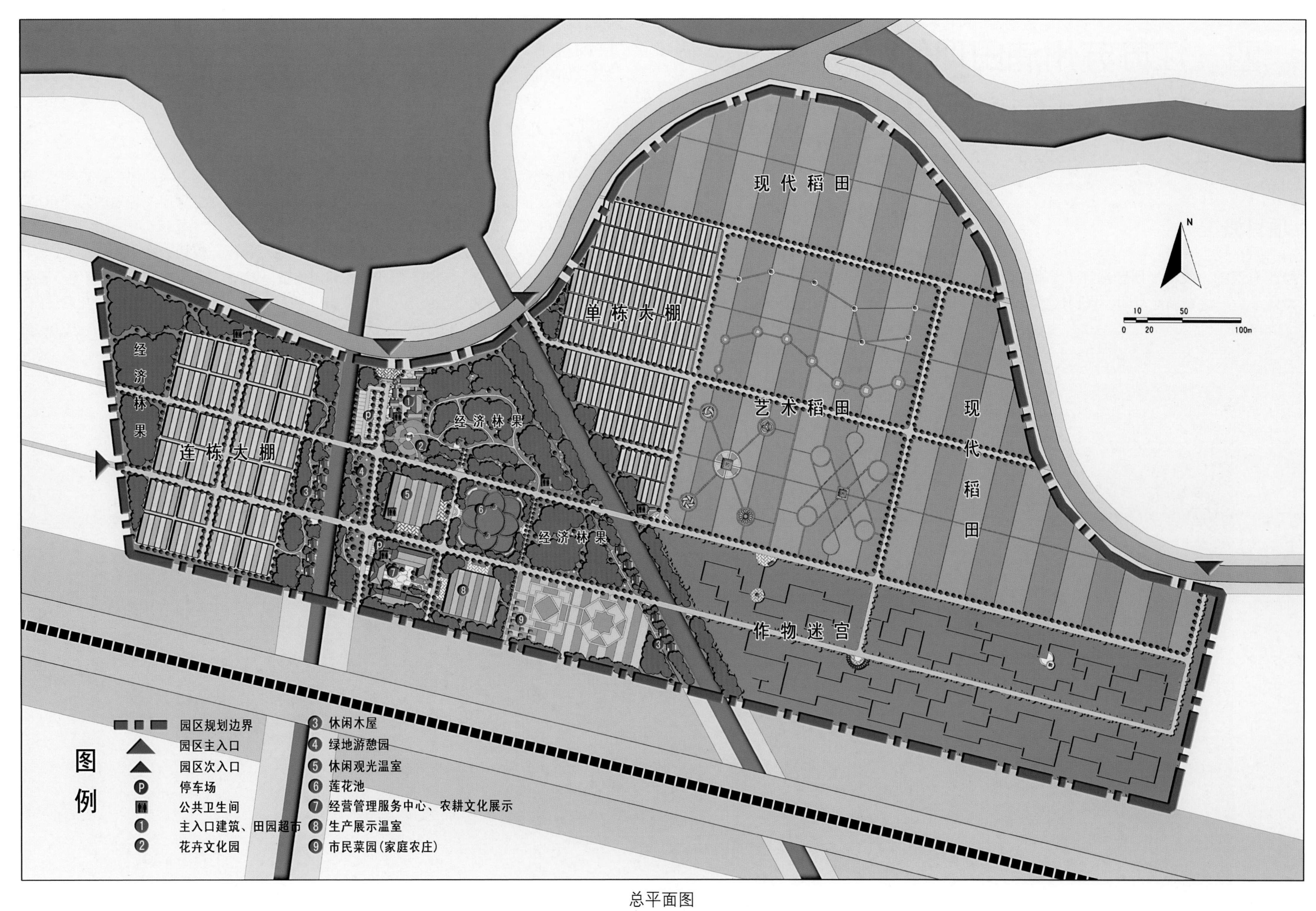

现代稻田
单栋大棚
艺术稻田
现代稻田
经济林果
经济林果
连栋大棚
经济林果
作物迷宫
10 50
0 20 100m
N
图例
园区规划边界
园区主入口
园区次入口
停车场
公共卫生间
① 主入口建筑、田园超市
② 花卉文化园
③ 休闲木屋
④ 绿地游憩园
⑤ 休闲观光温室
⑥ 莲花池
⑦ 经营管理服务中心、农耕文化展示
⑧ 生产展示温室
⑨ 市民菜园(家庭农庄)

总平面图

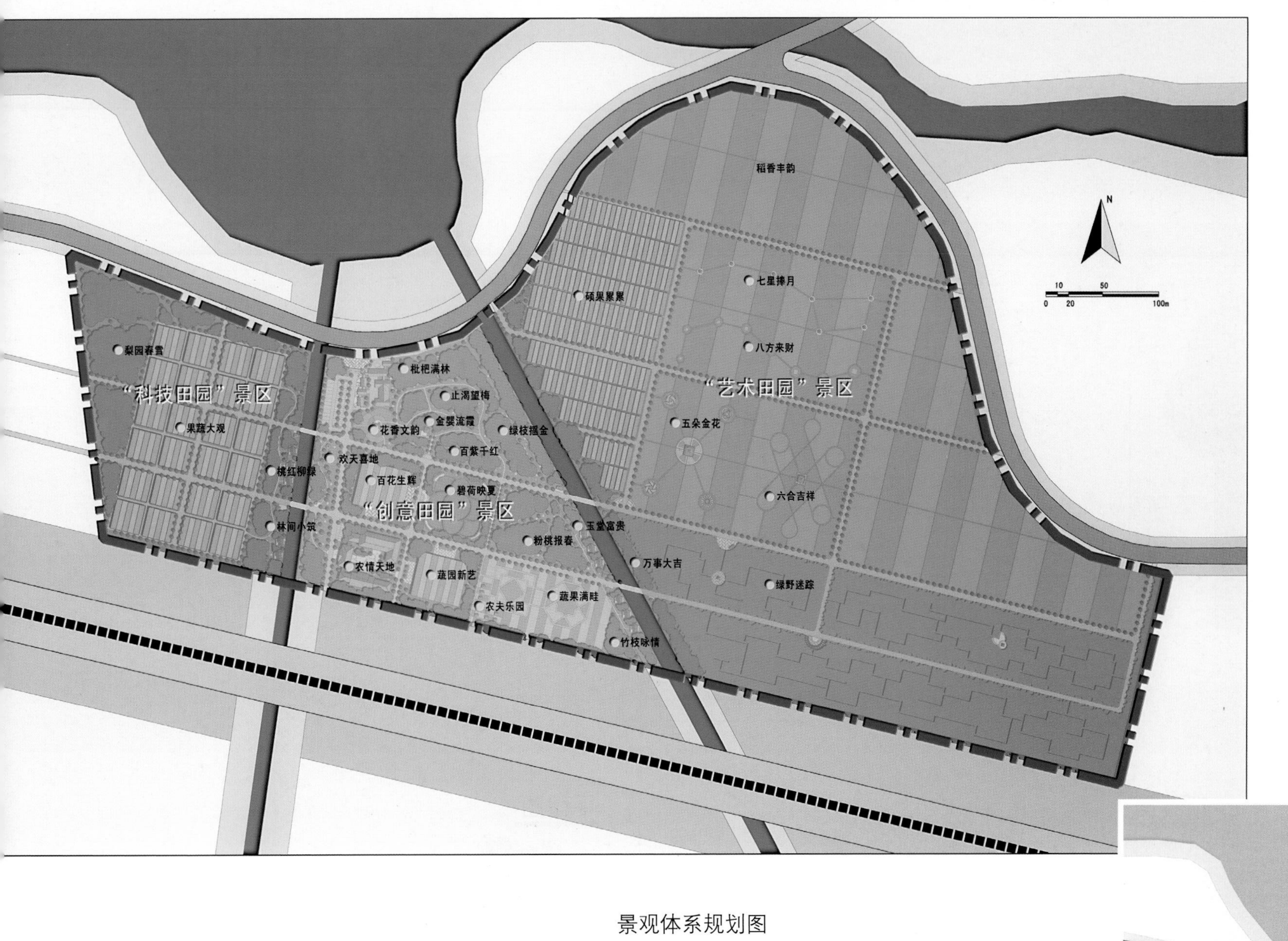

景观体系规划图

道路交通规划图

图 例

过境道路（20m）	支路（2m）	石板路（2m）	主入口
主干道（5~7m）	游步道（1.2~1.5m）	田埂（0.4m）	次入口
次干道（3~5m）	生产道（3m）	停车场	泵站

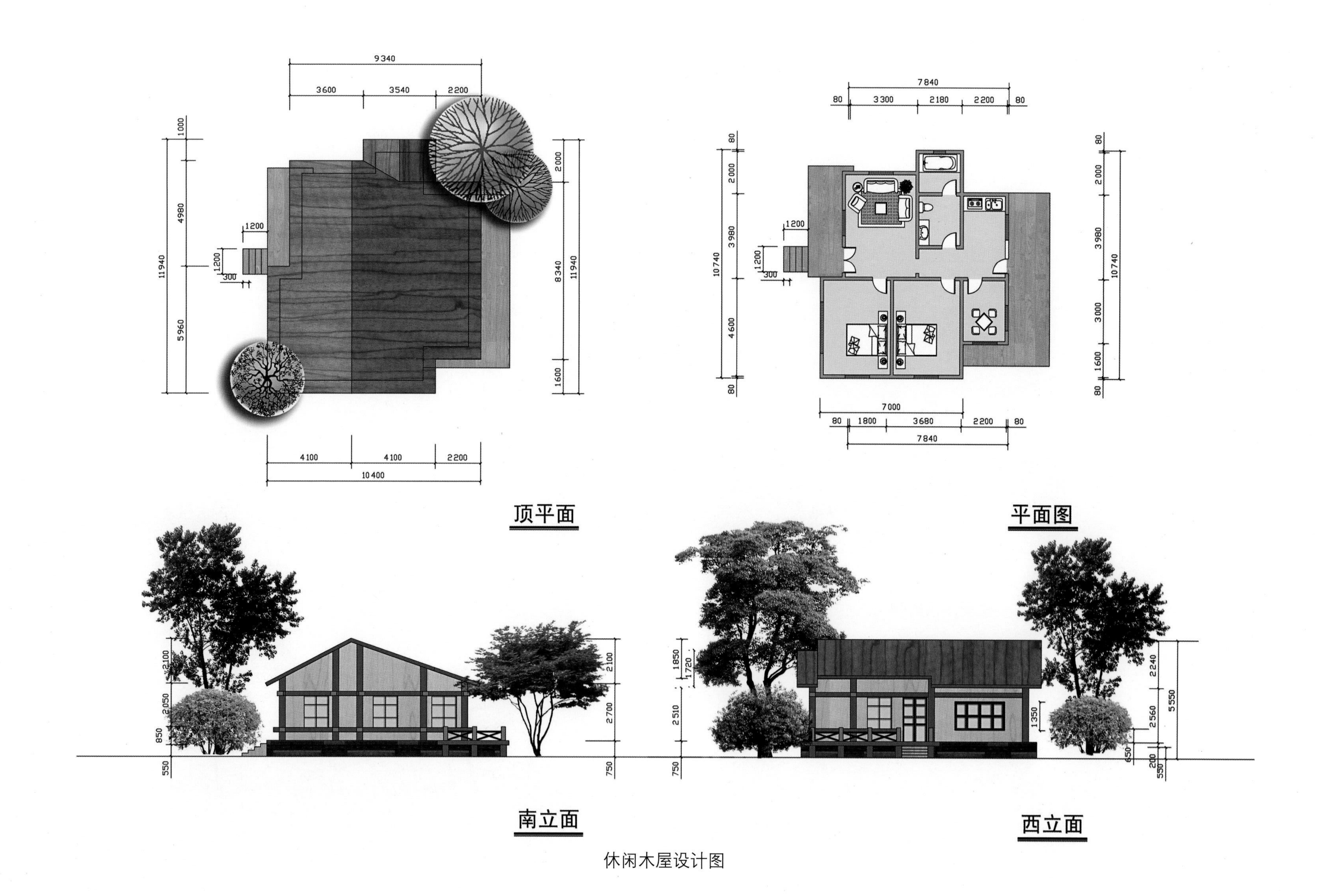
9340
3600
3540
2200
1000
4980
11940
5960
1200
1200
300
2000
8340
11940
1600
4100
4100
2200
10400
顶平面
7840
80
3300
2180
2200
80
2000
3980
10740
4600
3000
1600
7000
1800
3680
7840
平面图
南立面
西立面
5550

休闲木屋设计图

五、江苏高淳傅家坛新村总体规划

（一）总体概况

1. 地理位置　傅家坛新村地处江苏南京高淳东坝镇高淳林场，位于长江以南，占地面积约70hm²。高淳是南京市近郊，东邻镇江、苏锡常地区，西邻安徽宣州、芜湖、马鞍山，是（江苏、安徽）四县市（溧阳、高淳、溧水、郎溪）交界处，交通方便，森林自然资源丰富。由于受到南京六朝古都经济和文化的辐射，近年来经济发展势头强劲。

2. 自然条件（略）

3. 交通条件（略）

4. 人文历史（略）

5. 经济状况　目前，傅家坛是茶、桑、早园竹、苗木的生产基地，现拥有千亩茶、桑及早园竹，有着较高的农业经济收入。同时，傅家坛与郎溪交界处拥有苏皖最大的杉木大卖场和丰富的农副产品资源，有利于旅游产业的开发。通过傅家坛新村的农业观光、水上娱乐、珍禽观赏、农家美食、农副产品加工及选购等，能吸引更多的游客，有着较好的旅游开发前景。

（二）规划定位

凭借傅家坛林场优越的地理位置，本规划综合应用当前生态、农林等多学科发展的最新成果，在保障生态大环境的前提下，顺应现代城市居民出游观光休闲和娱乐度假的需求，建设集生态农业、旅游观光、休闲度假、娱乐健身为一体的新农村模式园区。本规划将思路拓展到"人地共生"的理想模式，即立足于"农"与"旅"最佳结合点上求得发展，抓住现代化农业生产这个主题，根据生态经济理论，应用景观生态原理和造园技法，使现代农业生产具有更深层次的生态、经济与人文内涵。在满足基础设施的前提下，实现观光农业和生态旅游的结合，满足人们回归自然的愿望，同时，展现山乡粗犷豪放风情，使远来游客宾至如归。

（三）规划原则

规划原则包括：人与自然和谐，农业生产和旅游开发相结合，注重景观特色创造，保护和建设并重。

（四）指导思想（略）

（五）规划依据（略）

（六）总体规划

1. 总体构思　傅家坛新村自然环境优越，具有生态旅游观光开发的潜力。初步构思创造一个"五珠相连，镜湖水系环绕"的生态示范新村形象。重点放在农业高科技的引进、农林科技的普及和教育上，使主人和客人都可以参与农业劳作，享受劳动的愉悦，同时又可以接受农林科普教育，最终形成社会主义新时代的新农村、新农户"三新"农村的示范点及农业生产、旅游、科普教育基地。

2. 规划理念

（1）打造生态水景与人居环境的融合　规划首先考虑建立可持续发展的人居环境空间，改变现有水体面积小、缺乏管理的状况，科学运用水资源，连通七家塘水库与现存水塘，改造后的傅家坛新村形成生态人居与生态水景融为一体的环境空间，有益于打造美好的人居环境，也为旅游客源市场的开发打下基础。

（2）发展高科技农林产业　以科技兴农为出发点，充分运用高科技手段改造新农村，使之建设成为新时期具地方特色的农林科技示范点，促进周边农林业的和谐发展。

（3）以"农"为特色，开发旅游市场　本规划以"农"为特色，适度发展生态旅游农业，一方面缓解地方资源环境的压力，另一方面提高地方农业综合生产能力，增加地方农业收入，倡导良性循环的经济生态模式，有助于实现旅游业的可持续发展。

（4）建立新时代的新农村、新农户　旧有的东坝镇尚未形成新农村建设的秩序，新的规划高起点发展新农村农业旅游业，生活方式一改过去落后的状态，能让各家各户在经济上达到创收的目的。

（5）建立中小学实习实践基地　傅家坛新村的建设，可为本地及附近中小学生提供实践基地，科教与娱乐相结合。农户还可以自制一些园艺农具产品，廉价精致的农具可以吸引一大批园艺爱好者，也可以形成一个新的旅游产品热点。

3. 功能分区与景点布局　从全村自然地理环境考虑，将该村分为6个区：管理中心区、水产区、花卉园艺区、林果生产区、农副业生产加工区、水上运动区等。

（1）管理中心区　位于新村的北部，占地4hm²。该区是吸引游客的主要门面，是新村的形象所在。该区中包括接待中心和会议中心，将综合商业服务设置于此，兼顾对外的商业综合服务功能和对内的物业管理等，并为游客提供休息的场所和进出车辆的停留场所，也是私家车俱乐部的重要站点。在规划上遵循自然、纯朴、开阔、充满朝气的原则，主要设置有森林广场。新村入口处的"大马灯"雕塑花坛为该区的主要景观，寓意新村事业腾飞，前景美好，又体现了东坝文化。

（2）水产区　主要位于新村的最北端，占地7.7hm²。结合水塘构建以湿地植物和滤食性鱼类组成的湿地小生态系统，用于水产养殖业，以淡水鱼生产为主，发展观赏鱼和热带鱼。在丰富整个园区景观的同时，能分级净化水质，形成农、林、渔、副多样性的新农村。

（3）花卉园艺区　该区位于管理区以西，占地9.2hm²。以现代适时的花卉园艺新品种展示为主，特别是绿色蔬菜、瓜果为园区内自产无公害绿色食品的基地，同时设置绿色餐厅，引导

群众参与生产、观光旅游。

（4）林果生产区 该区位于花卉园艺区以南，占地13.9hm²。以现有的松、杉、竹、杨等林木为主要景观资源，进一步培育观赏价值和市场经济价值较高的景观树种，适当增设名、特、优果树新品种。不仅为游人提供采摘的乐趣，又能创造幽静深远的环境空间。此区规划有会馆，是农民会务的场所，也是开展农林科技和卫生等方面的宣传教育工作的场所。

（5）农副业生产加工区 位于南出入口的内部，占地10.9hm²。是科技示范的重点区之一，采用新技术对农副业产品进行加工，既可以向游人展示现代农副业加工工艺的新流程，又可以作为绿色食品销售的基地。另设小型养殖场，散养各种珍稀小动物，并结合原来的茶园和桑田，形成具有典型农家特色的农副产品生产和加工区。

（6）水上运动区 以南部水库的水体为主，连接全村水面，面积24.2hm²。主要以水库为中心开展各种水上运动项目，分区开展不同运动项目，如垂钓、竹筏、游船等。

4. 交通布局

（1）道路 园区道路系统规划力求概念明晰、功能明确，使各功能区有机衔接，形成张弛有度的特色空间形态，主次出入口与主环路以及外部交通干道衔接得当，既联系方便又互不干扰，实行人车分流。

一级干道：由北大门主入口经管理中心区，到花卉园艺区、林果生产区，再经农副业生产加工区直达南大门，与双望公路相接。为新村内外连接的主要行车通道，规划宽6～7m，长1 105m。

二级干道：主要功能是循环贯穿园区内六大分区，并连通各个景区和每个居住区，起到行车参观游览和方便居住的目的，规划宽4～5m，长950m。

三级次道：结合景观空间体系，设置步行系统，通过巧妙布局，步移景异，创造舒适宜人、富有魅力的人行空间，以满足游览、观光、休闲的需要，规划宽2～3m，长2 625m。

步行道：主要为游园小道，在幽静的森林环境空间及驳岸等处设置步行小道，用于观景、散步之用，规划宽1～1.5m。长5 250m。

（2）出入口 自北向南沿双望公路分别于管理中心区和农副业生产加工区规划有主出入口和次出入口两处，占地面积1hm²。

（3）森林停车场 分别在北大门的主出入口和南大门出入口设置森林停车场和私家车俱乐部，以满足观光游客停车及住宿的需要，占地面积2.1hm²。

（4）桥梁 全园共有沿路的过水桥梁4处。由北向南依次为：

傅家桥坊：位于北大门入口处，桥和坊一体，造型古朴，也是迎宾的标志性景观。

曲桥春色：位于水产区与花卉园艺区之间，曲桥造型，是过水、亲水、观景为一体的景观桥。

观水桥：花卉生产区和林果生产区的过渡桥梁，为江南拱桥风格，外形美观。

赏水桥：林果生产区连接农副业生产加工区的景观桥，主要功能为过水赏景，为江南拱桥风格，造型美观，桥下可通行各种游船。

（七）其他配套工程（略）

（八）经济技术指标（略）

现状图

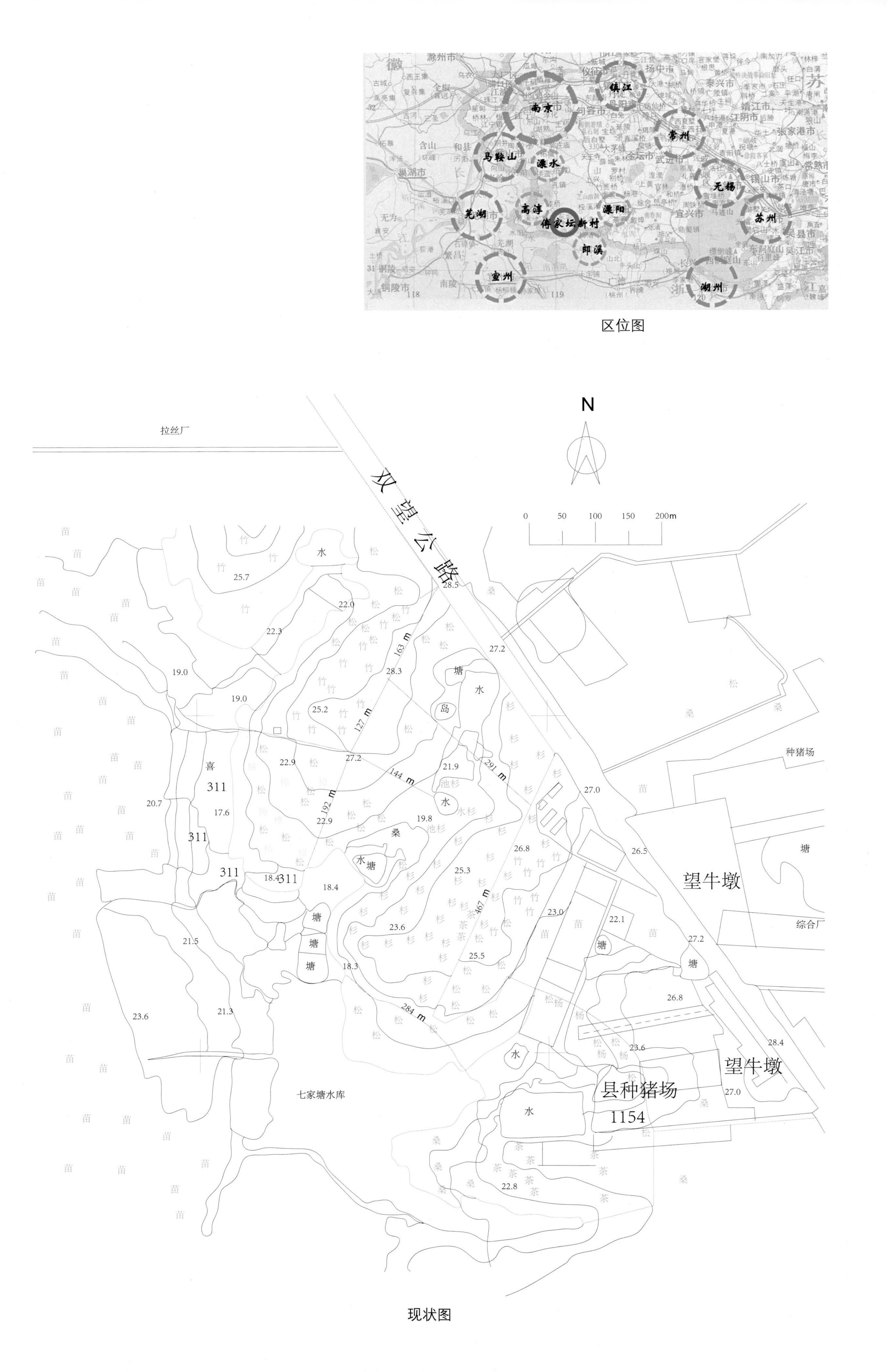
南京
镇江
常州
马鞍山
溧水
无锡
芜湖
高淳
傅家坛新村
溧阳
苏州
郎溪
宣州
湖州
拉丝厂
双望公路
N
0
50
100
150
200m
种猪场
望牛墩
综合厂
县种猪场
1154
七家塘水库

区位图

现状图

拉丝厂
大马灯
别墅
傅家桥坊
别墅
出入口
龙门鱼跃
森林泊车
马灯迎宾
傅家桥坊
曲桥春色
管理中心
雕塑
别墅
爱心花坛
曲潭垂钓
双望公路
田园野趣
田园野趣
太平风情
听水瀑
田园野趣
别墅
观水桥
林中赶鹿
绿色餐府
果林寻梦
0 50 100m
曲潭垂钓
科技讲堂
浣纱女
出入口
民间作坊
停车场
把船问水
贵水桥
七家横水库
水上活动
曲潭垂钓
欢乐禽园
别墅
别墅
桑柔茶鸡

规划平面图

拉丝厂
水产区
出入口
停车场
管理中心区
健身康复中心
花卉园艺区
宾馆
林果生产区
农副业生产加工区
水上运动区
N
0 50 100m

功能分区图

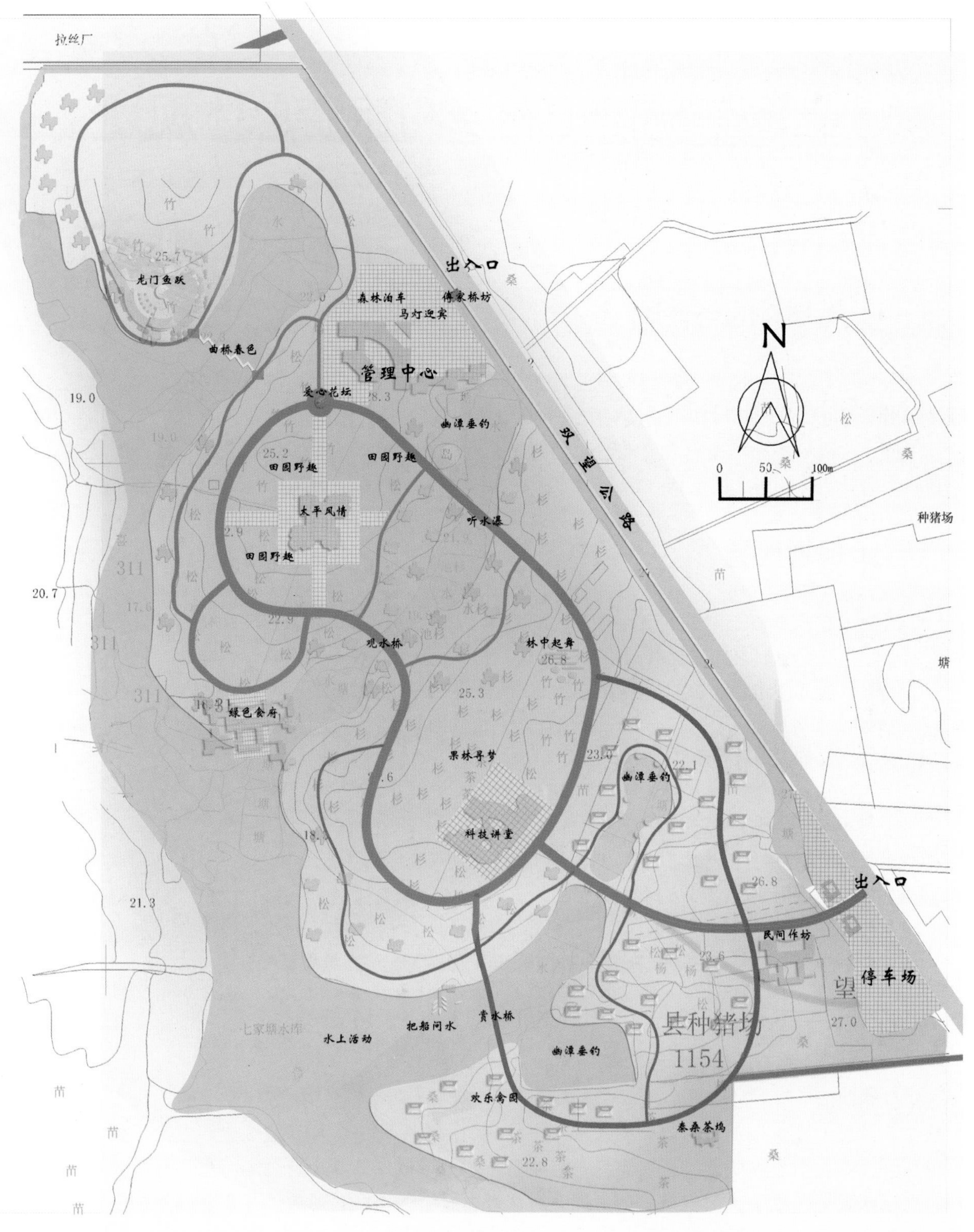
拉丝厂
龙门鱼跃
曲桥春色
森林泊车
马灯迎宾
出入口
爱心花坛
管理中心
曲津垂钓
田园野趣
太平风情
林中起舞
绿色食府
果林寻梦
科技讲堂
民间作坊
停车场
水上活动
把船问水
欢乐禽园
县种猪场
1154
种猪场
N
0 50 100m

道路规划图

六、上海崇明前卫村乡村旅游总体规划

（一）规划目的与性质

本次规划是为了解决前卫村目前旅游发展的实际问题，并为未来旅游发展指明方向。规划既具有未来发展的战略指导作用，又有解决近期旅游困境的可操作性。

因此，本规划不是一个符合《旅游规划通则》严格意义要求的旅游发展总体规划，而是一个和旅游提升相关的概念性策划。

（二）规划任务

①对前卫村未来旅游发展的战略性问题的总体规划修订，主要考虑在现状制约条件下，对旅游发展的主题定位、总体布局等战略规划设计。

②解决目前具体迫切问题的相关策划面。

（三）本规划指导思想

（1）保护优先原则　生态保护优先。

（2）协调发展原则　旅游与农业、旅游与居民生活协调。

（3）特色发展原则　坚持乡村特色。

（4）可操作原则　突破现有固化思维，针对前卫村的实际情况制定可以落实的旅游发展规划。

（5）统一规划分期发展原则　近期、远期分步开发，实现可持续发展。

（四）总体战略

1. 总体目标　前卫村旅游发展的最终目标是要打造一个以生态民俗体验为特色的海派乡村休闲旅游目的地。在近期前卫村要做好农家乐乡村旅游的转型提升工作，成为崇明农家乐旅游转型的标杆；在中期发展阶段，打造海派乡村旅游特色，形成以体验为特色的海派乡村旅游示范地；在远期发展过程中，前卫村进一步提升海派乡村旅游的特征，形成国际化品牌的中国乡村旅游目的地。未来的前卫村是一个宜访宜居的美丽乡村，是旅游者向往的5A级旅游景区，也是本地居民安居乐业的生态乡村，它是中国建设智慧乡村和生态乡村的样板地。

2. 社会发展目标　第一，提高生活质量；第二，扩大居民就业；第三，进一步提升前卫村总体形象，成为现代化新农村的样板；第四，结合崇明“海上花园”，创造村前屋后、季季花开的优美环境。

（五）功能分区

根据前卫村旅游资源与旅游设施的分布等状况，结合未来产品与市场开发，前卫村作为一个旅游目的地，划分为五个功能分区：瀛洲古风民俗文化游赏体验区，乡居生活养心度假区，生态农庄农耕风物休闲游憩区，循环农业观光修学区，文体运动康体娱乐区。

其中文体运动康体娱乐区形成“双核联动、一带两翼”的空间结构布局。“双核”指古风人文核，由瀛洲古风园为依托的民俗文化旅游开发核心，农业生态核，以农业采摘园为依托的农业生态旅游开发核心。“一带”指休闲游憩带，连接两核和两翼的廊道。“两翼”指循环农业加科教修学翼，乡居生活加休闲体验翼。

（六）景点规划设计（略）

入　口

农家乐庭院

瀛农古风园入口

瀛农古风园景点

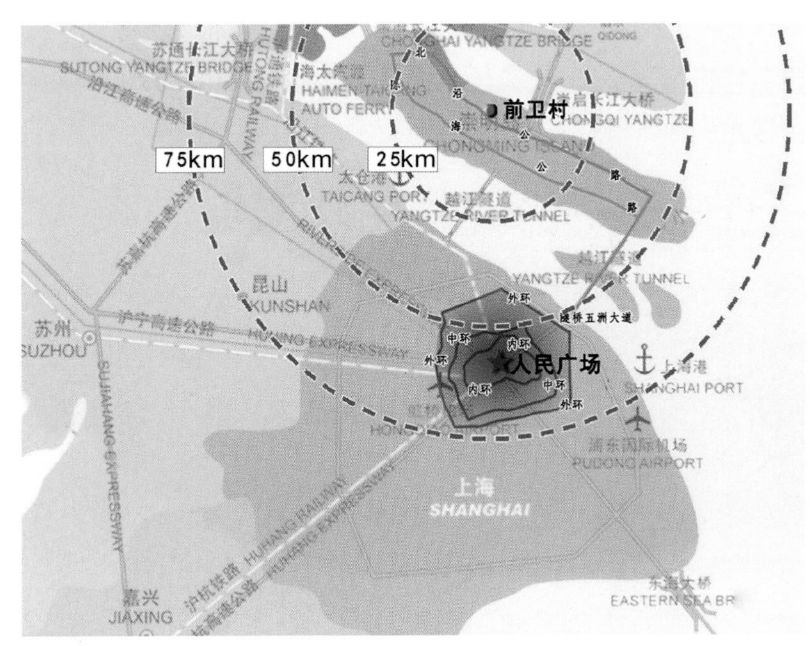

区位图

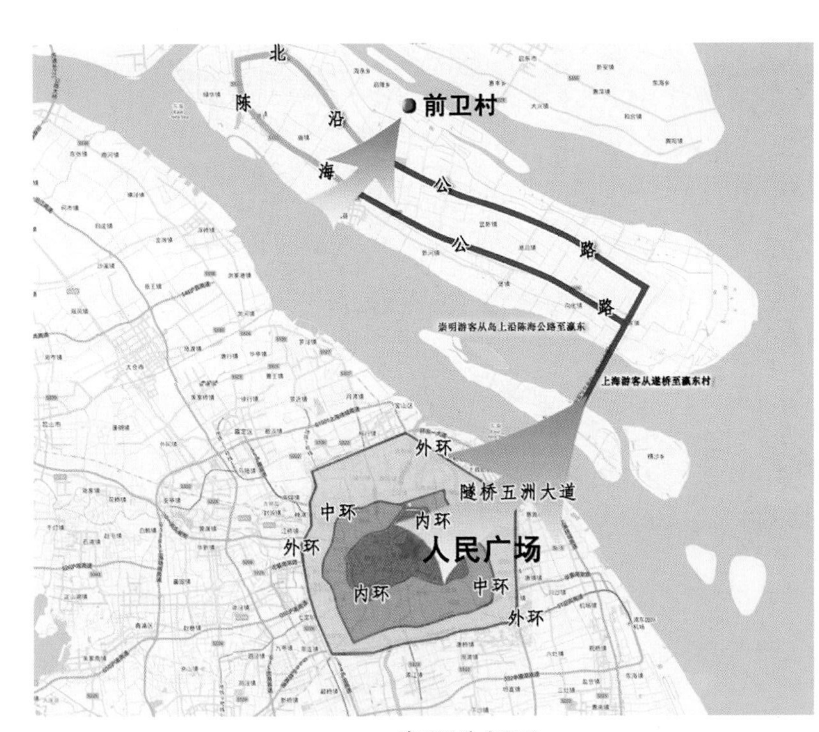

客源分析图

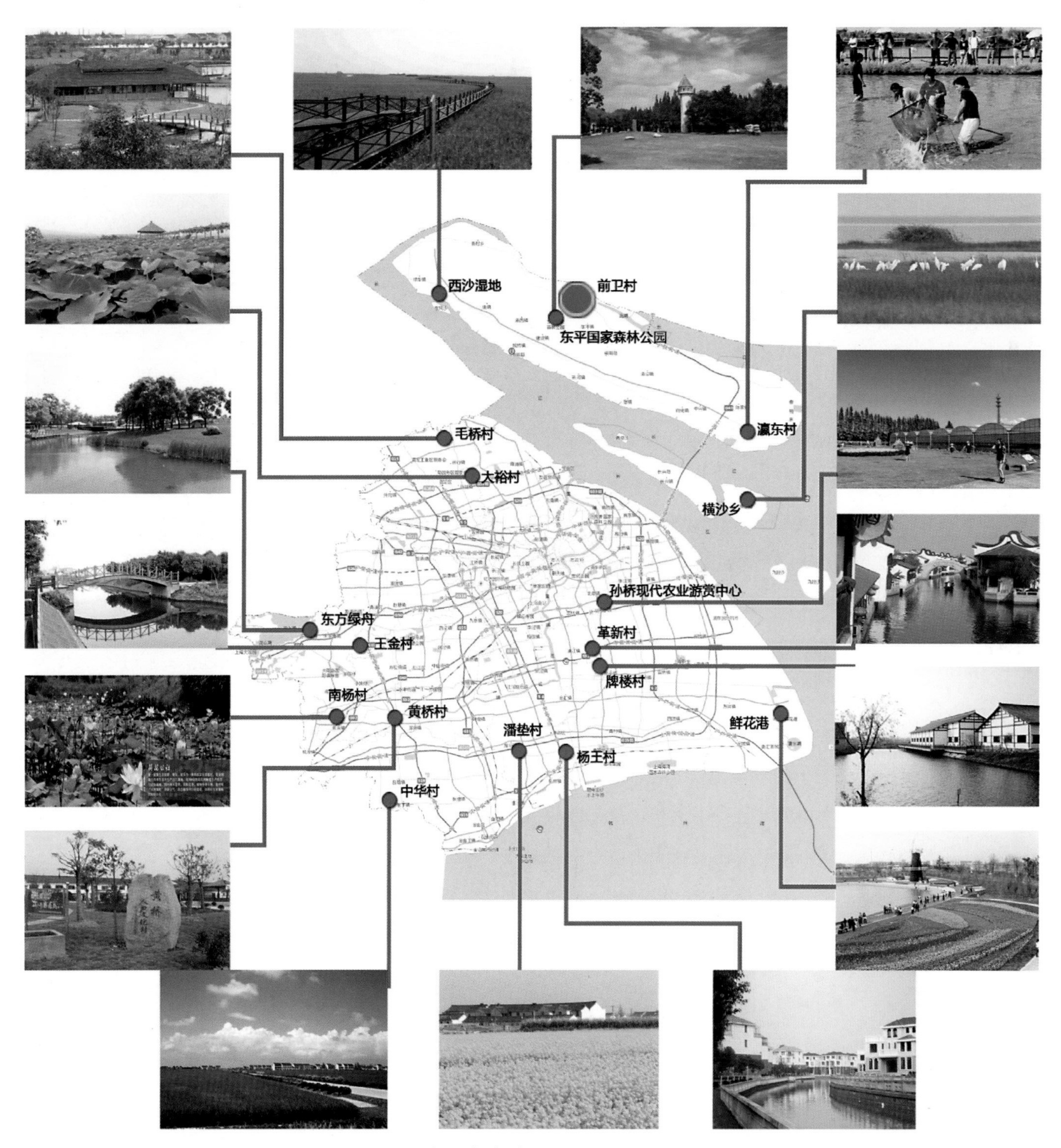

旅游竞合分析图

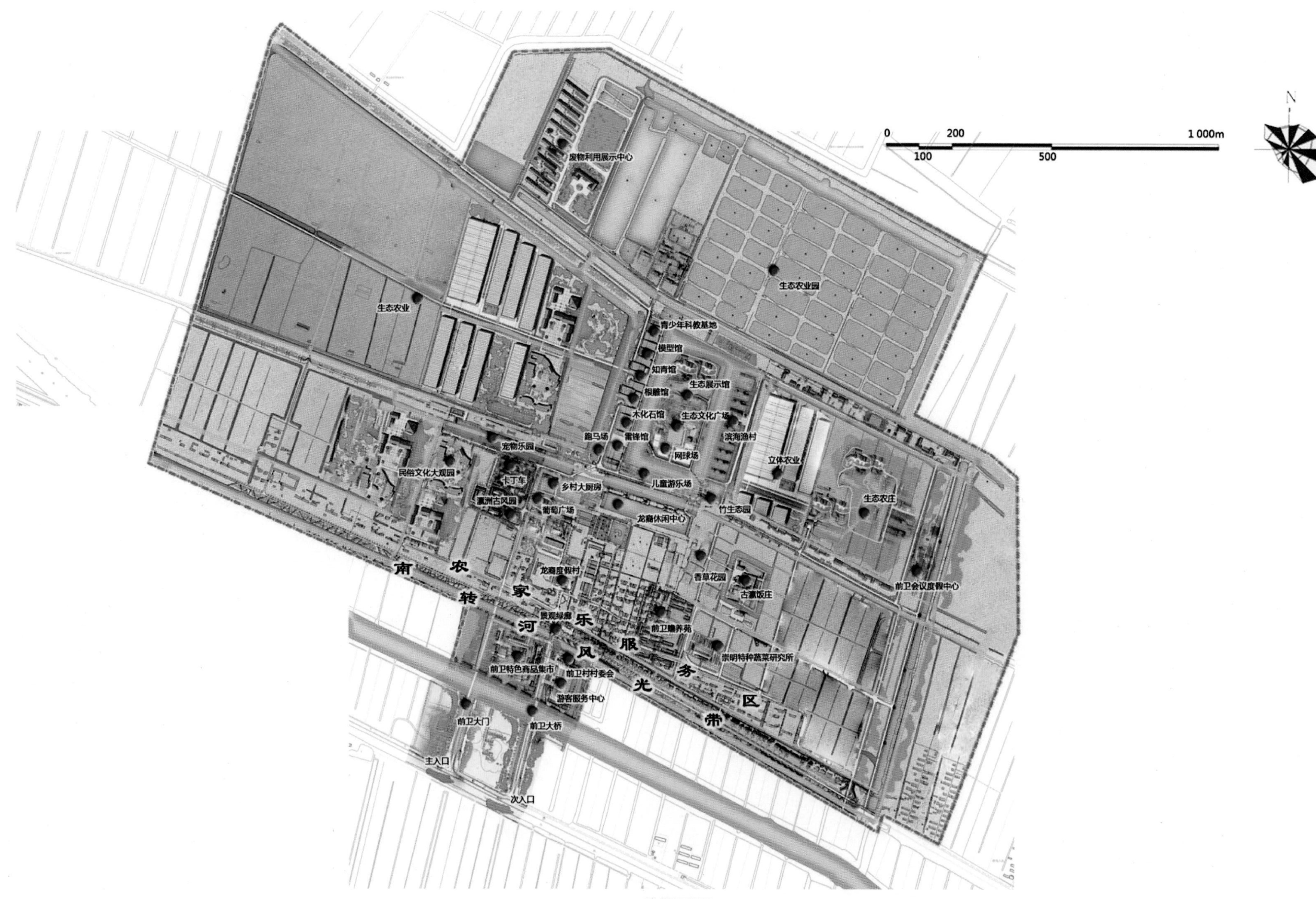

0
200
1 000m
100
500
N
废物利用展示中心
生态农业园
生态农业
青少年科教基地
模型馆
知青馆
生态展示馆
根雕馆
木化石馆
生态文化广场
滨海渔村
跑马场
雷锋馆
网球场
宠物乐园
立体农业
民俗文化大观园
卡丁车
乡村大厨房
儿童游乐场
生态农庄
瀛洲古风园
葡萄广场
竹生态园
龙窗休闲中心
龙窗度假村
香草花园
古瀛饭庄
前卫会议度假中心
南转河风光带
农家乐服务区
景观绿廊
崇明特种蔬菜研究所
前卫特色商品集市
前卫村村委会
游客服务中心
前卫大门
前卫大桥
主入口
次入口

总平面图

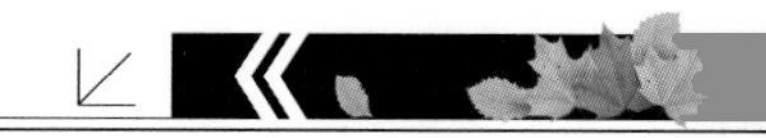

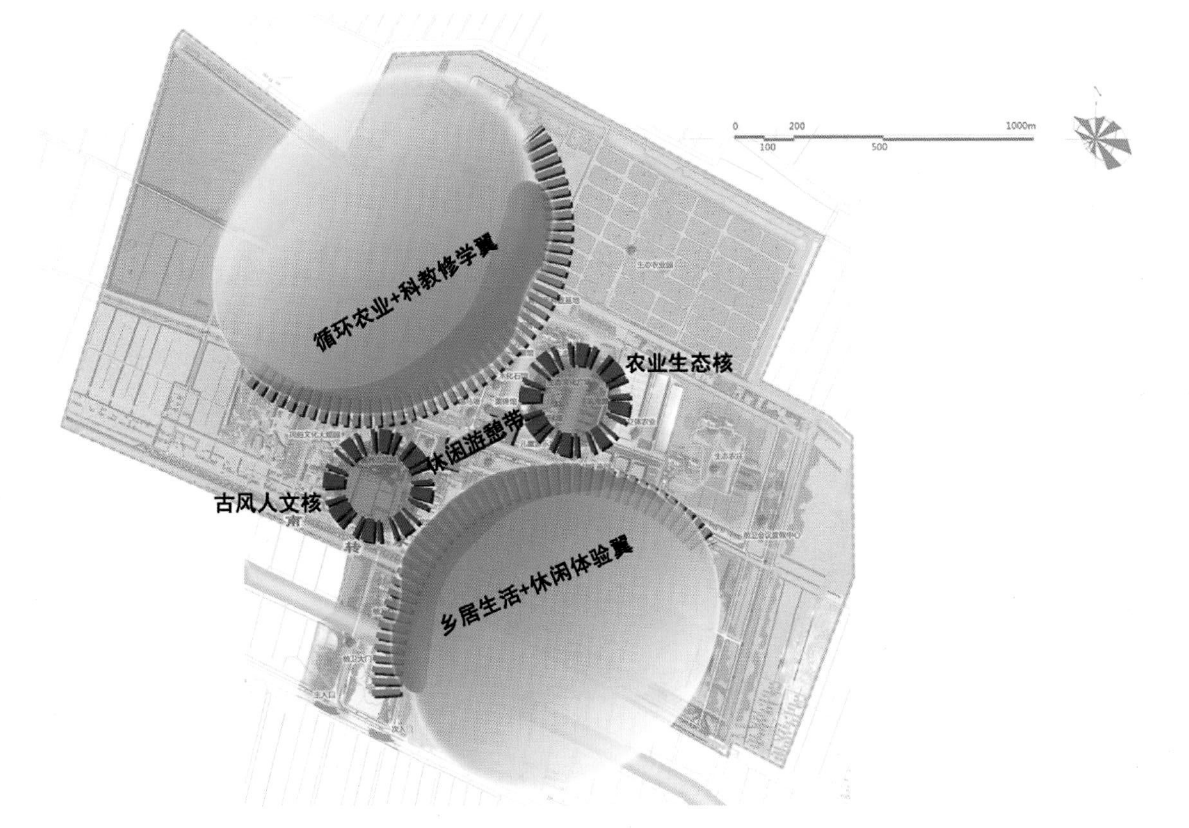

功能结构图

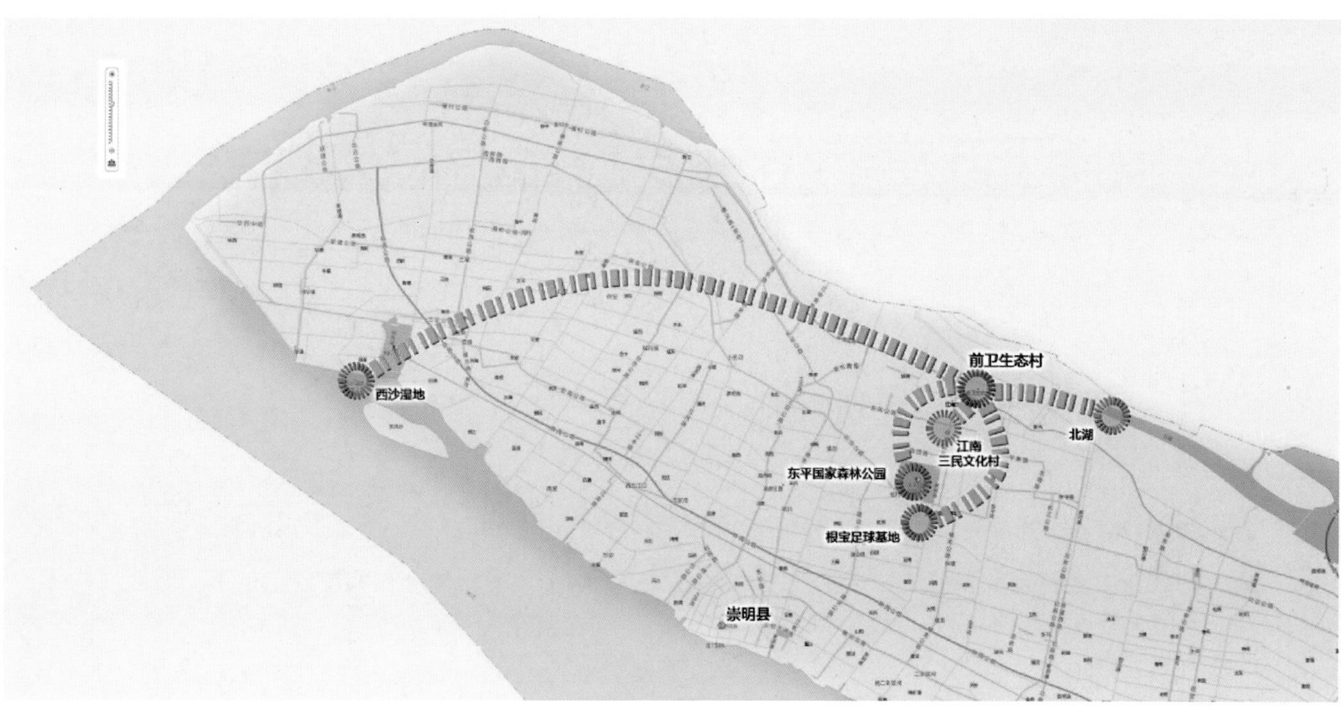

景点联动线路图

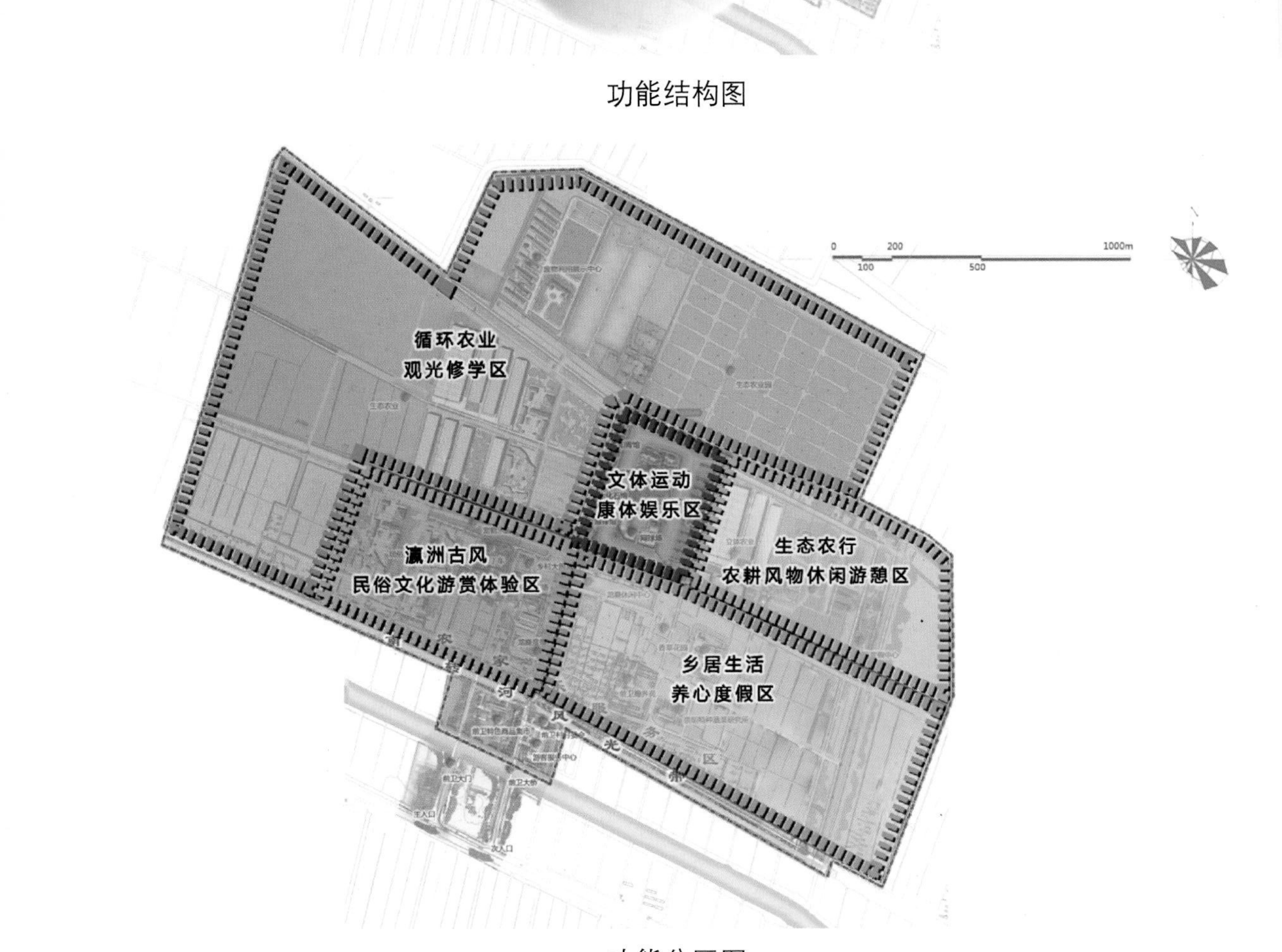

功能分区图

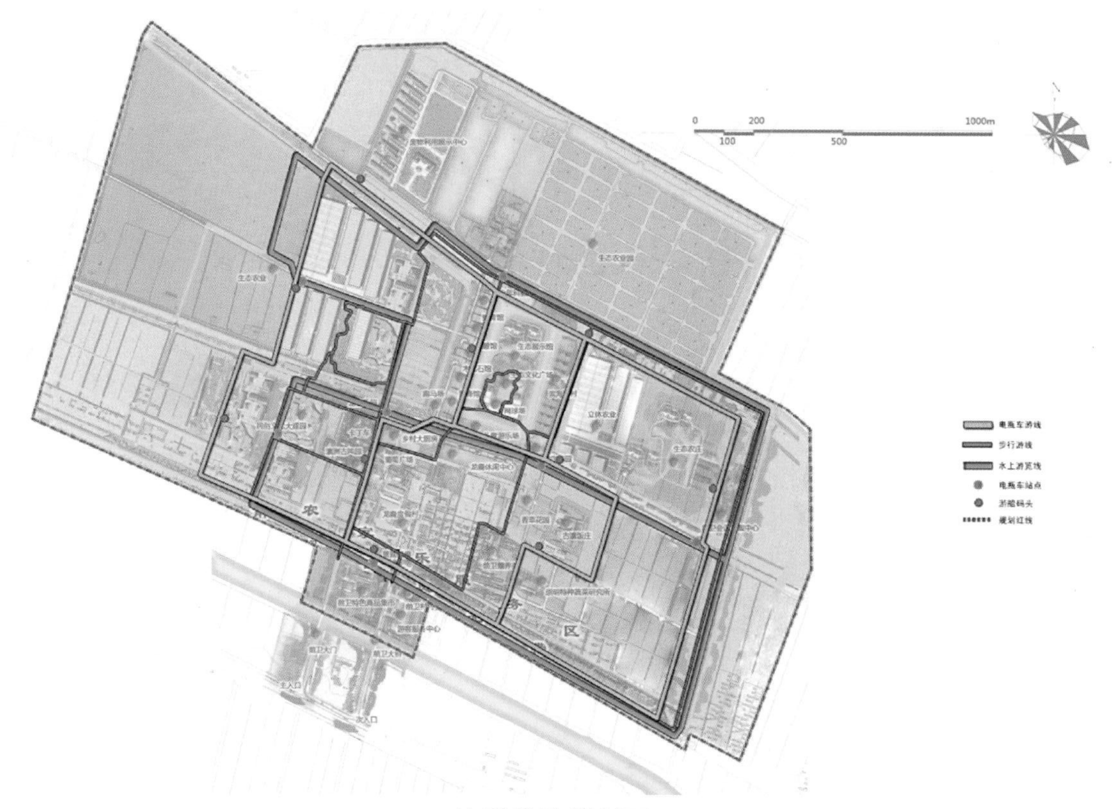

旅游线路规划图

七、江苏常熟蒋巷乡村旅游总体规划

（一）规划导引与规划原则

1. **规划导引** 蒋巷乡村旅游规划区是建设社会主义新农村的大好形势下发展的，总体定位是集观光、教育、科普、休闲功能于一体的乡村旅游区。主要表现亮点在于水乡农村村落景观、完善的农业生态链以及蒋巷村民改天换地、不屈不挠的艰苦创业精神。在此规划定位下，园区规划必须具备以下风格特点："红""绿""水""土"。

2. **规划原则**

①围绕乡村旅游的定位进行景观规划，整体风格围绕江南水乡乡村、农家和生态的特色展开。

②保证自然生态系统物质循环和能量流动的完整和连续，提高生态系统的自我调节能力。

③人与生态的融合，使人的活动能融入生态环境之中。

④协调整体环境。

⑤远近结合，分期开发。

（二）景观规划

1. **景观轴线规划** 根据现有地形，本规划区的景观轴线基本上都呈东西向，沿水面东向展开，有一条主轴和三条副轴。

（1）**景观主轴** 景观主轴沿民俗区中间的水体东西向展开。由西往东地势逐步降低，水面逐渐开阔。沿轴线体现了蒋巷的历史和文化发展，风格以村落景观为主，控制着整个规划区的景观发展方向。

（2）**景观副轴** 景观副轴与主轴相呼应，也以东西向为主。副轴一共有3条，分别位于水巷人家、果园和规划区东部水面。水巷人家的景观副轴线以20世纪70～80年代的民居建筑为特色，蒋巷地方的农家风俗习惯为主线，沿水巷方向展开，形成极具地域特色的文化展示区。果园的景观副轴线也是东西向展开，以各种果林和硕果累累的丰收景象表现农家风光，结合林中的鸡、鸭、鹅等，以生机勃勃的形式展示现代蒋巷美满富足的农家生活。规划区东部水面的景观副轴线是南北向的，结合规划区水面两侧的建设现状，向外游览观赏广阔的水田等田园风光。

2. **河道水系规划**

（1）**水体疏通** 水体疏通的主要地段在民俗区和休闲区内，主要工作包括打通荒草洼、绿烟湖和蒋陂三个水体，使三个水体连成一个整体。

（2）**水体开挖** 主要是开挖青草塘，恢复老蒋巷村落的特殊地形。

（3）**水岸改造** 对整个旅游区内的水体岸线进行自然化、景观化的改造。

（4）**河岸处理** 所有河岸均要由现在的混凝土驳岸改为草坡岸、块石嵌草型的生态驳岸，另在临河处设立多处亲水平台，供游人临水游赏。

3. **建筑景观规划指导思想** 建筑风格体现江南水乡乡村风貌和蒋巷的发展历程，建筑绝大部分分布在入口区、民俗馆区与休闲区。处理好传统与创新之间的关系，造就具有特色的建筑个性与特征。建筑布局不破坏周围环境和景观轮廓，疏密结合，错落有致。

4. **植物景观规划**

①园区的西侧和北侧河边种植树形高大、树叶繁茂的桂花、马褂木、香樟等，形成园区内外新旧两种不同风格特色景观的分隔和障景。

②整个园区在电瓶车道两侧以水杉作为行道树，形成壮观的道路景观。在次干道两边种植稍小的乡土植物香樟或桂花等，共同形成整个园区的植物景观骨架。

③园区村落景区及入口处点缀观赏价值很高的大型古银杏，作为村落及景区标志性的植物景观，提升景区的品位。

④根雕馆西南部辟梨花苑，面积约300m^2。

⑤绿烟湖南部、荒草洼东部的桃花岗上遍植桃花，花开时节，形成落英缤纷、芳华泻地的美景。

⑥民俗区西北角的桑树林为园区内最高冈阜，山上山下遍植桑树，中建丛翠亭。

⑦果林面积约13.3hm^2，为果园区的主体部分。以人工种植的各种果林为主景观，创造多层次绿化景观。果林内仅在路的交叉口设置少量亭、台等景观建筑，以供游人在采摘果实和游览之余休息赏景之用。景观建筑宜采用木材、竹子之类的自然材料构成，体现田园、果园的自然之趣。

⑧樟林位于果园区的西南角。香樟枝繁叶茂，富有自然野趣，时有鸟类光临。规划此处应进行保护，游人只能在远处观赏，尽量减少游人对鸟类的干扰，吸引野外的鸟类来此憩息，为园区增加声音景观和灵动的景观要素。

5. **厂房区景观化改造** 蒋巷良好的经济状况90%以上归于工业，其中江苏常盛集团功不可没，现在规划区仅有的厂房就是常盛轻钢材料有限公司。鉴于厂房的功能要求和重要性，厂房的建筑有其自身的景观特点，与整个旅游园区的风格相差较大。

因此有必要对现有的厂房进行景观化改造，利用植物对其进行绿化和美化。要点如下：

①完善厂区绿化，绿地率必须达到厂区面积的30%以上。利用厂区的空闲用地进行绿化，并且对现有绿化的植物搭配进行调整，多选用香樟、桂花、含笑、石楠、大叶黄杨、珊瑚树等乡土常绿植物，并配以月季、红花酢浆草、美人蕉、虞美人等花卉，形成三季有花、四季常绿的植物景观。

②在厂区和休闲区、家园区之间用水杉、银杏等高大植物和珊瑚树形成两层的景观隔离带，既保证游人活动空间的相对统一，又是一道优美的植物景观线。

优质粮食生产基地
田庐度假村
工厂
学生公寓
剧院
怡春亭
小学
八仙塘
凤生亭
绿烟湖
水巷人家
五常园
游船码头
长虹桥
白浪桥
桃花岗
绿秀湖
春池餐厅
蒋巷新村
清光亭
梅花岭
民俗馆
青草塘
根雕馆
荒草洼
丹桂园
牡丹园
村办公楼
蒋巷宾馆
讽咏亭
荷风厅
西莲塘
卫生所
拓荒人群雕
老年公寓
荣誉墙
陈列馆
农家餐厅
牌楼
商店
咨询
票务
蒋巷度假村
蒋陂
鱼塘
果园
茭塘
常熟市青少年社会实践基地
科普馆
大棚
牛羊棚
动物饲养场
青罗河
九曲桥
绿锦亭
物华亭
N
图例
建筑
水体
绿地景观
道路
规划界线

总平面图

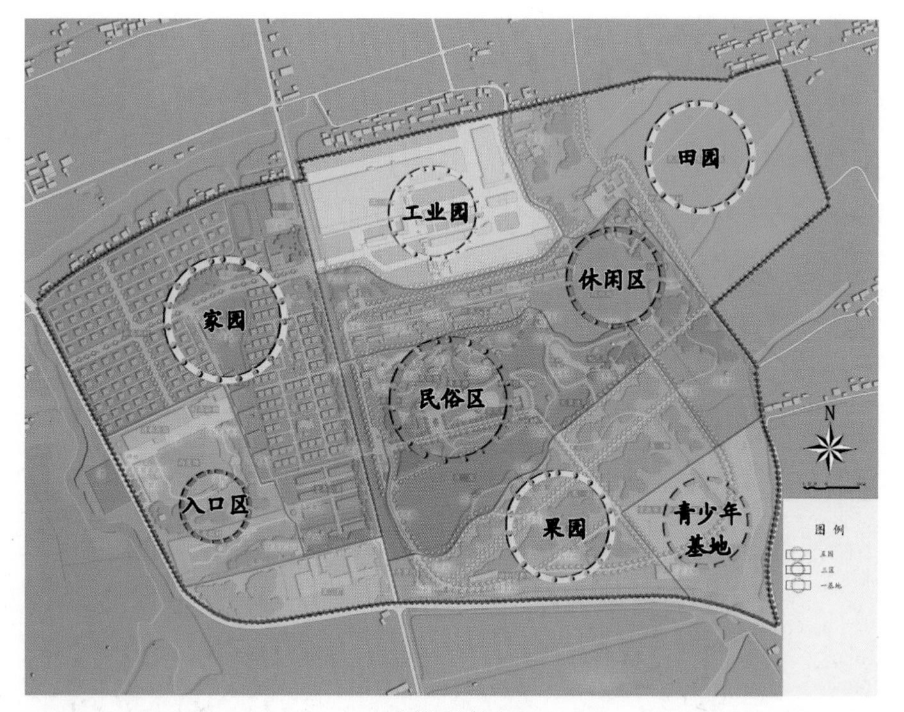

功能结构图

景观结构分析图

电瓶车线路规划图

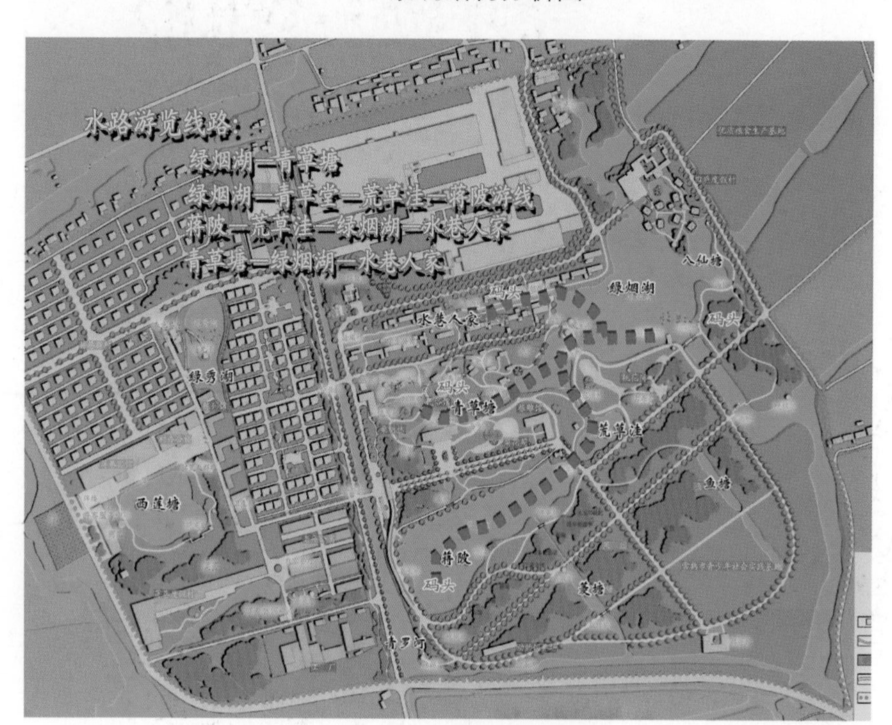

水上游览线路规划图